水库型流域水质安全评估与预警技术研究

王丽婧　郑丙辉　王国强　侯西勇　刘　永　李　虹　等　著

科学出版社

北　京

内 容 简 介

本书系统地梳理和展示了本研究团队在水库型流域水质安全评估与预警技术方面的研究成果。全书共7章，其中，第1章为绪论，主要为研究背景、国内外相关研究进展及小结；第2章为总体技术框架；第3章为研究区概况及水环境演变特征；第4章、第5章和第6章分别详细地阐述了水库型流域水质安全压力源识别方法、水库型流域水质安全评估方法、水库型流域水质安全预警技术；第7章为结论与展望。

本书可供环境科学、环境规划、环境管理等相关专业的技术人员和研究生参考。

图书在版编目（CIP）数据

水库型流域水质安全评估与预警技术研究/王丽婧等著. —北京：科学出版社，2021.11

ISBN 978-7-03-068841-5

Ⅰ. ①水… Ⅱ. ①王… Ⅲ. ①水库-流域-水质-安全评价-研究 ②水库-流域-水污染防治-研究 Ⅳ. ①X524

中国版本图书馆CIP数据核字（2021）第098157号

责任编辑：孟莹莹 程雷星 / 责任校对：任苗苗
责任印制：吴兆东 / 封面设计：无极书装

科学出版社 出版
北京东黄城根北街16号
邮政编码：100717
http://www.sciencep.com

北京虎彩文化传播有限公司 印刷
科学出版社发行 各地新华书店经销

*

2021年11月第 一 版 开本：720×1000 1/16
2021年11月第一次印刷 印张：17
字数：343 000

定价：119.00元

（如有印装质量问题，我社负责调换）

前　言

水库是人类为拦洪蓄水、调节水流在河道上建坝或堤堰而形成的人工水体，其属于人为干扰下的生态系统，具有防洪、发电、供水、航运等功能，在日常生活和社会发展过程中起着重要作用。水库具有独特的水动力学特征和季节调节方式，20 世纪 70 年代以来，在自然演替和人类干扰双重作用下，水库水环境质量已然遭到了不同程度的污染与破坏，水生态灾害时有发生，流域持续发展的需求难以维系，水库水环境安全形势不容乐观。

水质安全评估和预警具有先觉性、预见性，能够为水库型流域持续发展提供决策支撑。从国际上来看，美国、欧洲国家较少谈及流域水质安全的词汇，其相关研究主要与生态风险评估、水污染事故预警等紧密联系。从国内来看，近年来，伴随 2008 年环境保护部全国重点湖泊水库生态安全调查及评估项目、国家“十一五”水体污染控制与治理科技重大专项的启动实施，在学术界催生了一系列有关“生态安全”“水环境风险评估与预警”的研究。然而，纵观前期成果，或者是所关注的要素过于宽泛，涉及水生态系统的方方面面，淡化了“水质安全”的主题，深度和系统性明显不足；或者是聚焦于“突发性事故”，无法满足流域常态发展模式下的“水质安全”保障需求。总体上，我国在流域水质安全评估和预警领域的理论、方法与实践仍处于起步阶段，尚无适合国情的成熟经验可以借鉴。与此同时，水库水生态系统的复杂性、人工干扰等特性更是加大了研究难度。水库湖沼学作为一个相对独立的学科在 20 世纪 90 年代才正式出现，人们对水库的认识长期以来附属于传统湖沼学、借鉴于河流生态学，在一定程度上阻碍了水库水环境安全问题的针对性探索。据此，对以过境水为主体的高坝、深水型水库水体而言，如何从流域尺度认识和评估水质安全，并对流域开发压力对水质安全的影响做出预测、预警等，都有待科学解答。

自 2005 年以来，本研究团队在三峡水库、洞庭湖等重点湖泊、水库持续跟踪开展大型水利工程运行背景下湖泊、水库水环境演变等方面的研究，在此过程中也一直在探索科学有效的湖泊、水库水环境安全评估与预警技术。近年来，面向水库型流域常态化发展（非突发性事故）下的水环境压力，综合国内外学术观点、我国国情需要，在水质安全概念辨析、水质安全评估与预警特征及技术需求分析的基础上，以水库“水质安全”为核心，系统构建了涵盖“问题与需求分析—压力源影响识别—水质安全评估—水质安全预警”等技术环节的水库型流域水质安全评估与预警技术框架，并针对框架中的各项关键技术环节，在三峡库区流域开展了案例研究。

本书系统梳理和展示了本研究团队在水库型流域水质安全评估与预警技术方面的研究成果，共7章，其中，第1章为绪论，主要讲述了研究背景、国内外相关研究进展；第2章为总体技术框架，主要剖析了水库及水库分类系统、水库水生态系统特征，提出了水库型流域水质安全评估预警内涵特征与技术需求、技术框架及技术要点；第3章为研究区概况及水环境演变特征，描述了三峡库区这类特大型、高水位变幅的库区运行背景下所伴生的水动力特征、水质特征、污染物输移特征等水环境演变特征，从特征出发，提炼对水质安全评估与预警研究的关注要点；第4章～第6章分别详细地阐述了水库型流域水质安全压力源识别方法、水库型流域水质安全评估方法、水库型流域水质安全预警的技术思路、具体方法及其案例研究结果，提出了水库型流域的4类主要压力源的识别技术，面向多样化评估管理需求的水库型流域水质安全评估技术，适用于长时间尺度的水质退化风险宏观管理决策或短时间尺度的水质异常风险应对的水库型流域水质安全预警技术；第7章为结论与展望。

本书是团队集体智慧的结晶。全书由王丽婧、郑丙辉总体设计并主笔，第1章和第2章主要由郑丙辉、王丽婧、李莹杰、金菊香、陈妍、李虹等完成；第3章主要由王丽婧、郑丙辉、李虹、田泽斌、邓春光、张佳磊、赵云云、王山军、敖亮、尹真真、赵丽、杨凡等完成；第4章主要由李虹、王丽婧、刘永、梁中耀、方喻宏、汪星、任春坪等完成；第5章主要由赵艳民、王丽婧、李虹、李莹杰等完成；第6章主要由王丽婧、王国强、侯西勇、刘永、李小宝、翟羽佳、杨会彩、阿膺兰、吴莉、梁中耀、雷刚等完成；第7章由李虹、王丽婧、郑丙辉完成。在团队的共同努力下，本书几经修改，并由李虹、王丽婧、郑丙辉最终定稿。

本书的研究与出版得到了“十一五”国家水体污染控制与治理科技重大专项子课题（编号：2009ZX07528-003-01）、“十二五”国家水体污染控制与治理科技重大专项子课题（编号：2012ZX07503-002-06）、国家重点研发计划课题（编号：2017YFC040470002）、长江三峡水利枢纽工程竣工环境保护验收项目（编号：0703928）的专项经费资助。作者在本书的写作与相关研究开展过程中，得到了周维、陈永柏、李崇明、施敏芳、秦延文、付青、王文杰、郭怀成、许新宜、刘德富、纪道斌、王雨春、柴宏祥、刘晓薾、吴光应、张文武、宋乾立、向可翠等领导、专家学者的指导和帮助，重庆市生态环境科学研究院、湖北省环境监测中心站、重庆市开州区生态环境局、重庆市巫山县生态环境局、重庆市巫山县环境监测站、湖北工业大学、三峡大学为相关现场调查、资料收集工作提供了大力支持，在此表示衷心的感谢！

由于作者水平有限，同时相关研究尚处于探索阶段，书中难免存在疏漏，敬请广大读者和同行不吝指正。

作　者

2020年5月于北京

目　　录

1　绪论……1
1.1　研究背景……1
1.2　国内外相关研究进展……3
1.3　小结……24
参考文献……24
2　总体技术框架……32
2.1　水库及水库分类系统……32
2.2　水库水生态系统特征……36
2.3　水库型流域水质安全评估预警总体技术框架……44
2.4　小结……50
参考文献……50
3　研究区概况及水环境演变特征……54
3.1　三峡库区概况……54
3.2　三峡库区水动力特征……68
3.3　三峡库区水质特征……75
3.4　三峡库区污染物输移特征……86
3.5　小结……92
参考文献……94
4　水库型流域水质安全压力源识别方法……95
4.1　技术思路……95
4.2　水库上游来水压力源识别技术……96
4.3　库区产业化压力源识别技术……109
4.4　库区城镇化压力源识别技术……118
4.5　库区土地开发压力源识别技术……128
4.6　小结……149
参考文献……151
5　水库型流域水质安全评估方法……153
5.1　技术思路……153
5.2　基于水质超标状况的水质安全评估技术……154

5.3 耦合水质状态与趋势的水质安全评估技术 …… 160
5.4 三峡库区水质安全综合评估技术 …… 164
5.5 小结 …… 179
参考文献 …… 181
6 水库型流域水质安全预警技术 …… 183
6.1 技术思路 …… 183
6.2 基于压力驱动效应的流域水质安全趋势预警 …… 184
6.3 基于受体敏感特征的流域水质安全状态响应预警 …… 238
6.4 小结 …… 254
参考文献 …… 255
7 总结 …… 258
7.1 主要研究结论 …… 258
7.2 问题与建议 …… 262
附录 …… 264

1 绪　　论

1.1 研 究 背 景

1.1.1 科学需求分析

1. 探索水库水环境安全问题是国际热点研究领域

水库是人类为创造蓄水条件而在河道上建坝或堤堰而建造的人工水体，是一种在人类干扰下的生态系统类型。虽然水库的水文现象与天然湖泊较为相似，但其发展和生态系统的演替受人类塑造的严重影响，因而具有独特的水动力学特征和季节调节方式，与河流、湖泊等类型水体的生态系统特征仍有很大差异（Straškraba et al.，1993）。

2008 年，*Science* 刊登文章，认为“大型筑坝蓄水工程可能对流域生态过程产生深远影响”，并“孕育着极其重要的科学问题”。国内相关学者在 21 世纪也开始将水库视为一类独立而特殊的生态系统，关注其特征、演变规律和管理手段（王丽婧和郑丙辉，2010；林秋奇和韩博平，2001）。事实上，大型水库形成与演化的时间异质性和水库水动力条件的空间异质性，使得传统湖沼学理论无法适应于水库生态系统研究，更使得如何认识、判断和保障水库型流域水环境安全问题成为一大挑战。与此同时，水库湖沼学（reservoir limnology）在 20 世纪 90 年代应运而生，近年来其相关研究成果增长极为迅速，水库生态系统相关理论及实践探索成为国际研究热点领域之一，而在我国，围绕三峡水库等大型水库水环境安全的相关研究更是研究的热点。

2. 保障水库水环境安全是国家和区域持续发展的战略需求

我国水资源时空分布不均匀，水库众多，总库容在 $20\times10^{8}m^{3}$ 以上的水库有 40 多个。大型水库供水及水库建设带来的养殖、防洪、航运、发电等功能在国民经济发展中具有重要作用。然而，自 20 世纪 70 年代以来，随着我国社会经济的迅速发展，水库水体长期处于人类高强度开发利用的胁迫与压力之下。据统计，我国 57.7%的国控重点湖（库）已经是Ⅳ～劣Ⅴ类水质，53.8%的国控重点湖（库）已经富营养化。水库水环境遭受了不同程度的污染与破坏，水生态服务功能受到了不同程度的损害，水生态灾害时有发生，流域持续发展的需求难以维系，流域水环境安全形势不容乐观。

3. 现有成果支撑不足，水库水质安全评估和预警技术研发需求迫切

针对水环境安全的严峻形势，我国水环境保护工作从“水环境常规管理”向“水环境风险管理”转变。水环境安全评估与预警正是水环境风险管理的重要环节，其具有先觉性、预见性，能够为流域持续发展提供科技支撑。“十一五”期间依托国家水专项，虽然开展了水环境监控预警方面的大量实践探索，但大多数成果都集中在“突发性风险”方面，而非“累积性风险”方面，部分成果也无法有效适用于“水库”这一特殊的人工干扰水体，整体上，水库型流域风险防范和预警能力仍然薄弱，水库型流域水质安全评估与预警技术的研发需求迫切。因此，着眼于水库型水体生态系统特征，深入开展水库型流域水质安全评估与预警研究十分重要和必要。

4. 示范区“三峡水库”广受关注且具代表性，水库生态系统演变趋势尚不明晰，开展水质安全评估与预警是水库保护的实际需求

三峡水库是我国的特大型水库，总库容 $393\times10^8\ m^3$，具有防洪、发电、航运等多项功能，综合效益显著。2003 年三峡水库蓄水运行后，水库与原来的河流相比在水动力学特征上发生明显的变化。调查显示，蓄水运行以来，干流水体水质保持稳定；支流受水动力条件变化的影响，水质有所恶化，富营养化及水华问题突出（2003～2009 年三峡库区“水华”共发生 80 余次）；水库水生态安全总体处于“一般安全”状态，但社会经济发展对流域生态系统已然产生直接干扰（中国环境科学研究院，2009）。由于三峡水库成库时间短，生态系统尚不稳定，需要对此类大型新生型水库实施以“预防”为主的水环境风险管理，充分保障水库水利工程的可持续利用与流域可持续发展（中国环境科学研究院，2010）。对此，以三峡水库为典型区，深入开展水质安全评估与预警技术的探索和实践，不仅在技术层面具有代表性和示范性，更在实际需求层面具有重要的现实意义和应用价值。

1.1.2 主要科学问题

目前，我国流域水环境风险管理支撑技术体系的研发尚处于起步阶段，流域水质安全评估和预警工作尚无成熟经验可以借鉴。水库水生态系统的复杂性、人工干扰等特征，更给这项研究增添了难度。对人工调蓄的大型河流型水库而言，如何从流域大尺度角度评估水质安全，并对流域开发等压力对水质的影响作出预测、预警等，都有待深入分析和科学解答。

1. 如何识别水库型流域水质安全保障的压力源

无论是流域水质安全评估还是预警，均有其所要保护的受体、所要防范的源（即压力源或风险源）。然而，由于水生态系统的类型或者技术适应的对象不同，

如湖泊、水库、河流、河口等不同水域，其所关注和识别的压力源、所有待建立的压力源分析方法也有差异。前面已述及，水库生态系统具有其特殊性。那么，对于常态条件下的累积性水环境风险，水库需要关注哪几种压力源？水库受到的人工干扰压力是否需要突出体现？面向水库这类水体，不同的压力源需要侧重和关注哪些影响？对不同的压力源而言，如何去选择合适的评估终点和指标，构建定量的分析方法，从而定量化地识别和评估这些压力？

2. 如何科学评估水库型流域的水质安全

以水库的水环境质量为受体，水库水质的稳定和改善是水质安全评估与预警的终极目标。对于大型水库这类以过境水为主体、高坝、深水的水体，如何选择目标水体/敏感对象？如何筛选其水质指标？大型水库干流、支流水体生境差异较大，评估和判定的标准、风险或预警的级别如何划分？为适应不同尺度的管理决策需求（长期/短期，单项/综合），如何建立科学有效的方法，以判定水库水质安全的状态？

3. 如何有效实现水库型流域水质安全的预测、预警

一般而言，实现定量化的水质预测、预警均需借助数学模型等方法。但数学模型也有多种选择、应用和集成方式。对于累积性水环境风险，水库型流域水质安全预警到底选择哪些模型来实施？面向诸多压力源，在水库人为调度的背景下，模型如何构建和考虑，才能有效实现社会经济-土地利用-负荷排放-水动力水质的模拟？模拟系统的时效性、准确性、可靠性如何控制？面向实际应用的过程中，不同时间尺度的管理决策需求，除了基于压力-响应的机理模拟以外，有无其他的方式来辅助实现快速预测、预警？

1.2 国内外相关研究进展

1.2.1 水库生态学

由于水库湖沼学学科发展相对于传统的湖沼学、河流学较为滞后（萨莫伊洛夫和李恒，1958；湖泊及流域学科发展战略研究秘书组，2002），其作为现代湖沼学一个相对独立的学科在20世纪90年代才正式出现（林秋奇和韩博平，2001），在一定程度上阻碍了水库生态安全（reservoir ecological security）问题的针对性分析与管理方法的探索。

现代水库生态系统研究和主要结论来自研究自然湖泊稀少和水资源较为紧张地区的湖沼学者。捷克学者在这一领域开展的工作较早，也最为系统，Hrbacek领导的研究所在20世纪60年代对布拉格供水水库斯拉皮水库的生态学开展了系

统研究，为水库生态学理论的形成奠定了基础，斯拉皮水库生态系统的长期研究也为水库生态学理论发展提供了系统的数据（Ulmann，1998；Hrbacek，1984）。20 世纪 80 年代后，水库生态学受到世界各地学者和有关组织的重视，特别是美国和西欧水质工程有关学者，亚洲（中国、印度）的学者侧重于水库渔业的研究，以水库为对象的生态学研究经费和研究论文数量有了飞速发展。1987 年第一届国际水库湖沼学和水质管理大会的召开反映了人们对水库生态学研究重要性的认识。第一本水库湖沼学著作于 1990 年由美国学者 Thornton 等编写出版，国际理论与应用湖沼学会主席 Wetzel 教授在 1990 年为该书写了结论性的最后一章，这标志着水库湖沼学作为现代湖沼学一个相对独立的学科出现，水库生态学也迎来了一个新的发展阶段。

当前国际上水库生态学的研究主要关注两个方面：一是，将水库作为一种特殊水体类型，研究如何丰富经典的生态学和湖沼学（Tundisi and Straškraba，1999）；二是，以水库特点为基础，研究水库生态管理存在的问题（韩博平，2010；Cech et al.，2007；Seda et al.，2007）等。例如，Duncan（1990）研究了伦敦水库的水库生态管理和生物操作技术；Salencon 和 Thebault（1996）以法国中营养水库为例研究了水库生态系统管理的模拟模型；Vorösmarty 等（1997）分析了世界范围内水库对径流的储存及演化特征；Hamilton 和 Schladow（1997）研究了湖泊水库水质预测模型；Brierley 和 Harper（1999）研究了深水水库管理的生态学原则；Tufford 和 McKellar（1999）对南卡罗莱纳州大型水库的水动力时空特征和水质模型技术进行了研究；Nilsson 和 Berggren（2000）研究了水库库岸带（消落带）的变化特征；Kennedy（2001）探讨了建立水库营养盐基准的问题。

我国也是较早开展水库湖沼学研究的国家之一。中国科学院刘建康等（1955）发表了我国水库生态学研究的第一篇论文，揭开了我国水库生态学/水库湖沼学研究的序幕。我国水库生态学大致分为 3 个阶段，分别为 1955～1975 年的起步阶段、1976～2000 年以水库渔业生产为目标的研究阶段、2001 年至今以水库水质管理为目标的研究阶段（韩博平，2010）。

第一阶段，以刘建康、伍献文、苏联学者波鲁茨基、曹文宣为代表的学者陆续开展了淮河山谷水库、三峡水库（规划中）、丹江口水库（规划中）、偏窗子水库（规划中）的水生生物调查（波鲁茨基等，1959a，1959b；曹文宣，1959；刘建康等，1955）。

第二阶段，水库生态学研究有了较大的发展，许多学者开始研究我国不同地区不同水库浮游生物与渔产量的关系。例如，何志辉和李永函（1983）、王卫民和苏加勋（1994）、胡传林和董方勇（1993）、熊邦喜等（1994）、李德尚等（1994）、牛运光（1990）开展了大量水库渔业养殖方面的研究，并逐步向水库生态保护拓展。

第三阶段，自2001年以来，由于人类社会经济发展的长期累积的影响，水库富营养化等环境问题日益凸显，水库环境管理需求突出，侧重于水库生态环境保护的学术论文及相关研究纷纷出现。1998年，三峡水库的开工建设更是进一步推动了水库生态学领域的全面发展。国内有关科研院所和高校的学者围绕长江流域、珠江流域等大中型水库开展了大量研究，发表了大量的水库研究论文，水库生态学取得重要的进展，研究方向主要为水库生态学原理在水质管理方面的应用、水库水动力学过程对不同水平上生态学过程作用的机理等。

其中，林秋奇和韩博平（2001）、韩博平（2010）等有关学者开展了水库生态系统特征及水质管理的综合性探讨，胡韧等（2002）、林秋奇等（2003）、赵帅营和韩博平（2007）、李秋华和韩博平（2007）等围绕水库浮游生物组成与分布特征开展了大量研究；张远等（2005，2006）、郑丙辉等（2008，2009）、张雷等（2009）、曹承进等（2009）有关学者围绕水库营养状态特征和评价标准、人类活动对水库水环境影响等方面开展了大量研究，唐涛等（2004）、况琪军等（2005）、蔡庆华和胡征宇（2006）、胡征宇和蔡庆华（2006）、周广杰等（2006a，2006b）、姜加虎和黄群（1997）、黄文钰等（1998）、张运林等（2006）、吴挺峰等（2009）开展了大量水库藻类水华发生机理、富营养化模型及控制对策研究；王雨春等（2002）、朱俊等（2006）、何天容等（2008）、喻元秀等（2009）、郭建阳等（2010）有关学者以水库为研究对象，开展了碳、氮、汞等元素的水体分布特征和地球化学循环过程研究；胡传林等（2005）、万成炎等（2005）、董方勇等（2006）、万成炎等（2009）学者从水库重要服务功能——渔业的角度，围绕水库渔业发展与水域生态系统保护开展了研究；韩其为和何明民（1997）、姜乃森和曹文洪（1997）、李锦秀等（2002）、毛战坡等（2005）、董哲仁等（2007）、陈建国等（2009）围绕水利工程对水环境的影响、水利优化调度、水沙变化方面开展了研究；李崇明等（2007）、袁辉等（2006）、裴廷权等（2008）、郭劲松等（2008）、李哲等（2009）针对三峡水库成库前后的水环境质量与污染负荷特征、支流水华、消落带保护等问题开展了相关研究；刘枫等（1988）、唐国平和杨志峰（2000）、徐琳瑜等（2006）、刘昌明等（2009）、袁军营等（2010）、庞靖鹏等（2010）、王丽婧等（2009，2010）在水库生态水文模型模拟、库区面源污染模拟、库区土地利用变化影响、水库生态安全评价与管理方面开展了研究。

1.2.2 生态安全与生态风险

1. 生态安全定义与内涵

生态安全（ecological security）作为一种全新的管理目标，提出已近30年，尽管其出现频率越来越高，但其概念尚未有科学的界定。

生态安全的提出有深厚的历史背景，其概念源于“安全”定义的拓展。“安全”一词早期主要用于军事安全、政治安全、国家安全，其代表了20世纪70年代、80年代早期各种机构和相关学者的主要观点。伴随着冷战的结束、核威胁的消失、环境污染的日趋加重，人类对自身安全威胁的认识有了很大的改变，开始反思现代工业文明在带来巨大经济增长的同时其负效应对人类命运的影响。

早期的生态安全是以“环境安全”的概念形式出现的（刘丽梅和吕君，2007；Falkenmark，2002；Folke，2002；李泊言，2000；Ulanowicz，1995）。莱斯特·R.布朗最早将环境变化含义明确引入安全概念（崔胜辉等，2005；Brown et al.，1996）。1987年联合国世界环境与发展委员会（World Commission on Environment and Development，WCED）发表了《我们共同的未来》报告，报告系统分析了人类面临的一系列重大经济、社会和环境问题，提出了“可持续发展”概念，首次正式使用了“环境安全”一词，并明确指出“安全的定义必须扩展，超出对国家主权的政治和军事威胁，而要包括环境恶化和发展条件遭到的破坏”。

1989年，国际应用系统分析研究所（International Institute for Applied Systems Analysis，IIASA）在建立优化的全球生态安全监测系统时，首次提出了生态安全的概念，认为生态安全分为狭义和广义两种，广义的理解是指在人的生活、健康、安乐、基本权利、生活保障来源、必要的资源、社会秩序、人类适应环境变化的能力等方面不受威胁（肖笃宁等，2002）。在《生态安全与联合国体系》中，各国专家和代表对生态安全的概念以及不安全的成因、影响和发展趋势进行了讨论，其中包含了悲观/中立/乐观向上的不同观点和见解（Mische and Ribeiro，1998；Pirages，1997）。由此，生态安全作为一个热点被越来越多的专家学者、决策者和公众所关注，也引发了许多争论（Dabelko and Simmons，1997）。从社会生态景观角度看，生态安全考虑生态系统功能和服务、生态系统完整性、恢复力及可持续性，可将其作为人类生存和发展的基础值。其中，安全是多层次而复杂的。

目前，国际上对生态安全取得的共识主要有以下几点：①与日俱增的环境压力——资源数量和质量的减少、不公平的加剧及不公正的自然资源获得，影响到社会、经济和政治。该冲突主要发生在国家内部而非国家之间。②由于人口的持续增长、消费量和污染的增多及土地利用的改变，环境压力在冲突和灾害中起到越来越重要的作用。该效应主要体现在发展中国家、处于贫困和边缘化的国家。③冲突和灾害破坏了环境保护和发展的成就。生态安全的适应性管理策略应包括经济活动、社会结构、机构机制和组织规章等方方面面，以便减小环境变化带来的影响。④生态安全不能仅停留在国家的层面上，应在不同层面上予以考虑，大至全球，小至地方。当前生态安全的研究已进入深层次的内在关系研究，不仅考虑外部的压力，而且注意到系统自身社会与生态上的脆弱性，强调环境压力与安全的关系是“共振”（resonance）而不是因果关系（cause-effect relation）。生态安全研究已成为当前持续性科学研究的一个重要内容（崔胜辉等，2005）。

国内也在20世纪90年代初期开始关注生态安全，并在生态安全的概念、内涵和实践方面开展了大量探索性研究（王丽婧和郑丙辉，2010；刘丽梅和吕君，2007；陈星和周成虎，2005；陈国阶，2002；金鉴明，2002；曲格平，2002；肖笃宁等，2002；杨京平和卢剑波，2002；Falkenmark，2002）。肖笃宁等（2002）提出生态安全研究的内容应该包括生态系统健康诊断、区域生态风险分析、生态系统服务功能可持续性分析、生态安全监测与预警，以及生态安全管理、保障等方面。曲格平（2002）提出生态安全包括两层基本含义：一是防止生态环境的退化对经济基础构成威胁，主要指环境质量状况低劣和自然资源的减少与退化削弱了经济可持续发展的支撑能力；二是防止由于环境破坏和自然资源短缺引发人民群众的不满，特别是环境难民的大量产生，从而导致国家的动荡。杨京平和卢剑波（2002）认为生态安全主要包括生物安全、环境安全与生态系统安全，其终点是人类安全，所表征的是一种存在于相对宏观尺度上的不受胁迫的安全状态与和谐的共生关系。陈国阶（2002）认为广义的生态安全是生物层面（包括微生物、植物、动物）的安全，狭义的生态安全是以“人类”为终点的安全，提出生态安全是指人类赖以生存和发展的生态环境处于健康和可持续发展状态，且其观点得到较多的引申和发展。我国学者对生态安全的理解多集中在狭义生态安全范围内。本书所指的水库生态安全（reservoir ecological security）也倾向于狭义理解层面，其含义可引申为：人类赖以生存和发展的水库生态环境处于健康和可持续发展状态。

尽管不同学者对生态安全的概念给予了不同的表述，但在生态安全定义的内涵和外延上却形成了许多共识（陈国阶，2002；高长波等，2006）：

（1）生态安全是指生态系统的安全。在自然及社会属性上，生态系统包括自然生态系统、人工生态系统和自然-经济-社会复合生态系统。在空间尺度上，生态系统包括全球生态系统、区域生态系统和微观生态系统等若干层次。在环境要素上，生态系统包括陆地生态系统，以及本书所关注的水生态系统等。

（2）生态安全是生态系统相对于“生态威胁”的一种功能状态。它是生态系统在一定时期的本质属性和总体功能的表现。生态系统的状态可分为“安全”与“威胁”两种。生态安全与风险互为反函数。

（3）生态安全具有相对性。没有绝对的安全，只有相对的安全。生态安全由众多因素构成，其对人类生存和发展的满足程度各不相同。若用生态安全系数来表征生态安全满足程度，则各地生态安全的保证程度可以不同。因此，生态安全可以通过建立反映生态因子及其综合体系质量的评价标准，来定量地评价某一区域或国家的安全状况。

（4）生态安全具有动态性。生态安全不是一劳永逸的，它可以随环境变化而变化，即生态因子的变化，反馈给人类生活、生存和发展条件，导致安全程度的变化，甚至由安全变为不安全。

（5）生态安全具有空间地域性。安全与威胁往往具有区域性、局部性。这个地区不安全，并不意味着另一个地区也不安全。

2. 生态风险

从对生态安全概念的理解上可以看出，生态系统服务功能、生态系统健康、生态风险都是与生态安全有着密切联系的概念。

生态系统服务功能是指生态系统与生态过程所形成及所维持的人类赖以生存的自然环境条件与效用（Costanza et al.，1992）。生态系统健康主要研究生态系统及其组分的安全与健康状况，即生态系统及其组分对于外界干扰是否能够维持自身的结构和功能（Rapport et al.，1999，1998；Mageau et al.，1995；Rapport，1995，1989；Costanza et al.，1992；Schaeffer et al.，1988）。生态系统服务功能与生态系统健康均从正面表征了系统的安全状况。安全的系统必定是一个能够提供完善服务的健康系统，生态安全是系统提供完善服务及系统健康的充分条件，由安全可以推出服务功能及健康状态。

生态风险是指特定生态系统中所发生的非期望事件的概率和后果，如干扰、灾害对生态系统结构所造成的损害（USEPA，1998；Lipton et al.，1993；Hunsaker et al.，1990；Megill，1977）。生态风险强调的是生态系统及其组分所受到的外界影响和潜在的胁迫程度。不能认为没有风险的生态系统就是安全的，因为它需要与系统所处的健康状态及系统所提供的服务相联系。但一个安全的系统一定不存在任何风险。因此，生态安全是生态风险的充分而非必要条件，生态风险从反面表征了系统安全受胁迫的程度（图 1-1）。

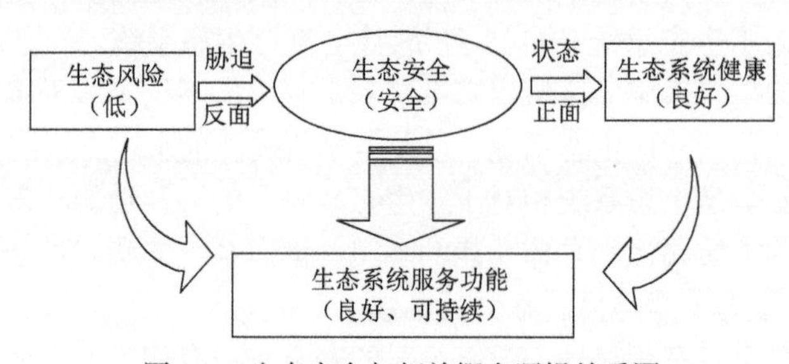

图 1-1　生态安全与相关概念逻辑关系图

总体上看，生态系统服务功能、生态系统健康与生态风险均以生态系统为基本出发点，着重研究生态系统的安全水平。从数学逻辑上，可以认为生态系统服务功能、生态系统健康、生态风险均包含于生态安全，生态安全的内涵更为综合。

从上述层面理解，本书所指水库水生态安全至少包含三层含义：一是状态层面，生态系统是健康的；二是动态层面，生态系统面临低风险、低胁迫；三是功能层面，生态系统服务功能是良好可持续的。

1.2.3 生态风险评估技术

1. 生态风险评价技术框架

美国生态风险评价是在人体健康风险评价的基础上发展起来的。1990 年美国环境保护署（United States Environmental Protection Agency，USEPA）风险评价专题讨论会正式提出生态风险评价的概念，最初把 1983 年美国国家科学研究委员会提出的人体健康风险评价方法引入生态风险评价。经过几年的研讨、修订和完善，1998 年 USEPA 正式颁布了《生态风险评价指南》，提出生态风险评价“三步法”，即问题形成、问题分析和风险表征，同时要求在正式进行科学评价之前先制定一个总体规划，以明确评价目的。

1995 年英国环境部要求所有环境风险评价和风险管理行为必须遵循国家可持续发展战略，其创新点在于应用了“预防为主”的原则。它强调如果存在重大环境风险，即使目前的科学证据并不充分，也必须采取行动预防和减缓潜在的危害行为。荷兰（现为尼德兰）风险管理框架是荷兰住宅、空间规划与环境建设部（Netherlands Ministry of Housing，Physical Planning and Environment，NMHPPE）于 1989 年提出的，其关键是应用阈值（决策标准）来判断特定的风险水平是否能接受。该框架的创新之处在于利用不同生命组建水平的风险指标，如死亡率或其他临界响应值，用数值明确表达最大可接受或可忽略的风险水平。

中国生态风险评价起步较晚，20 世纪 90 年代以来，我国学者在介绍和引入国外生态风险评价研究成果的同时，对水环境生态风险评价和区域生态风险评价等领域的基础理论和技术方法进行了探讨。殷浩文（1995）提出水环境生态风险评价的程序基本可分为 5 部分：源分析、受体评价、暴露评价、危害评价和风险表征。这也是目前国际上生态风险评价研究最集中、成果最丰富的领域。其中，危害评价是水环境生态风险评价的核心，重点是建立污染物浓度与生物效应之间的关联，目前常用的研究方法包括急性毒性实验、慢性毒性实验、全废水监测、群落及系统毒性实验等。许学工（1996）研究区域生态风险评价时指出，环境中对生态系统具有危害作用并具有不确定性的因素不仅仅是污染物，还包括各种自然灾害和人为事故，如洪水、风暴、地震、滑坡、火灾和核泄漏等，这些灾害性事件也是生态系统的风险源，而且将影响较高层次和较大尺度的生态系统。区域生态风险评价方法的步骤可以概括为研究区的界定与分析、受体分析、风险源分析、暴露与危害分析及风险综合评价等几个部分。

从国内外研究来看，以美国的生态风险评价最具代表性，框架更为灵活，且与风险预警工作紧密相扣。为了提高 USEPA 生态风险评价的质量和评估工作的一致性，美国自 1990 年开始推进生态风险评价工作，并编制集成了《生态风险评价指南》。

根据 USEPA（1992）公布的《生态风险评价指南》，“生态风险评价”是指在暴露于一个或多个压力因子（风险源）的作用效果下，负面生态效应出现或正在出现的可能性。生态风险评价是一个灵活地组织和分析数据、信息、假设及不确定性的过程，用来评估负面生态效应发生的可能性。生态风险评价通过在一系列行动中为风险管理者提供选择的科学信息，从而成为环境决策的关键要素。生态风险评价框架见图 1-2。

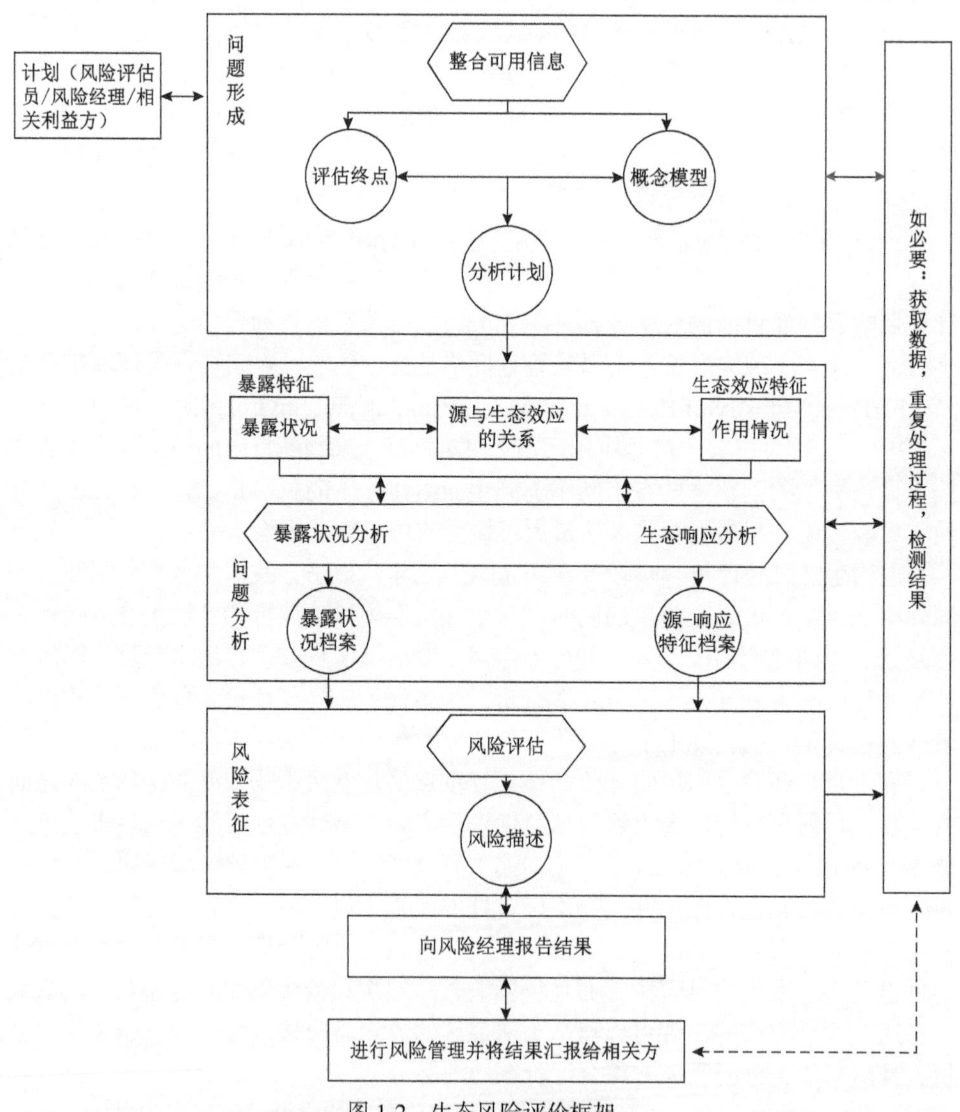

图 1-2　生态风险评价框架
根据 USEPA 生态风险评价框架重新绘制

根据美国《生态风险评价指南》，生态风险评价主要包括问题形成、问题分析和风险表征三部分。

在问题形成部分，风险评估者要明确目的、选择评估终点、构建概念模型、制订分析计划。在问题分析部分，评估者要分析暴露状况、源与生态效应的关系。在风险表征部分，评估者要评估风险，主要通过暴露和源-响应特征的综合分析、讨论事实划定界线、确定生态风险程度、准备报告等来描述风险。

建立风险评估者、管理者和利益方三者的交互平台十分重要，其能够确保评估结果用于支撑管理决策。由于风险评估的复杂性，需要各领域的专家合作，因而评估者和管理者多在一个包含各种学科的团队中工作。

风险管理者和评估者均能带来有价值的结论。对于最初风险评估行动，承担环境保护职能的风险管理者能够识别决策所需要的信息。评估者能够确保各种学科知识有效用于生态问题的分析，并且能够确定风险评估是否有效针对待解决的问题。然而，这种规划过程显著区别于生态风险评价的科学性行为。

1）问题形成

问题形成作为上述计划的第一步，提供了整个风险评估所依赖的一个出发点/基点。成功的问题识别取决于三个成果的质量，即评估终点、概念模型、分析计划。由于问题识别是一个相互作用、非线性的过程，大量的反复再评估需要在上述问题识别成果形成过程中实施。

2）问题分析

问题分析过程包括两个基本行为：暴露特征分析和生态效应特征分析。这个过程非常灵活，且两个评估之间的相互作用十分关键。两项工作均需要分析评估终点、概念模型相关的数据（以保障科学性、可靠性）。暴露特征分析解释了压力源，以及它们在环境中的分布、它们与生态受体的接触与共存关系。生态效应特征分析了压力-响应关系，即压力导致产生的暴露过程的特征。大量的不确定性分析在该阶段进行，不确定性本身也应该是整个风险过程的一个重要考虑因素。分析过程的核心成果是相关特征的总结，即描述暴露和生态效应特征的总结。

3）风险表征

风险表征是生态风险评价的最后阶段。在该阶段，评估者衡量生态风险，指出风险估算的可行度，引用事实支撑风险估算，阐明负面的生态效应。为确保评估者与管理者的相互了解，好的风险描述将清晰阐述风险评估结果，明晰主要的假设和不确定性，识别合理的替代选择，将科学结论有效区别于政策抉择。风险管理者需综合考虑其他因素，如经济和法律因素，将风险评估结果应用到决策管理中，这也是与利益方和公众阐明相关风险的重要途径。

风险评估完成后，风险管理者需要结合实际情况采取风险管理措施。采取风险排除措施后，制订相关监测计划来确定该措施是否减小了风险或促进生态恢复。

管理者也可选择制订另一轮计划和开展新一轮风险评估。

4）风险预警内容的纳入与结合

在整个框架中，未来风险的预测、预警内容主要贯穿在问题分析过程，以及新一轮分析计划中。其中，问题分析过程需要对未来不确定性的风险进行分析、模拟；新一轮的分析计划需要对未来多种情景进行假设和预测预警分析，再反过来开展新一轮风险评估。以此框架为基础，风险预警的问题、目标的筛选与风险评估的问题、目标保持较好一致性。

2. 生态风险评价概念术语

虽然，生态风险评价的研究领域还很狭窄，有关的技术方法还不成熟，但以美国《生态风险评价指南》为代表的理论框架和概念术语，已经为广大研究者所接受。生态毒理学方面的基础研究和基础资料还需要不断补充和加强。

1）风险（预警）源

生态风险评价中所指的风险（或压力）源可以包括一种或多种化学的、物理的和生物的压力来源，但目前研究中的风险源主要集中在环境污染物，特别是有毒有害化学品方面。欧盟的生态风险评价就是在新化学品评价的基础上发展起来的。美国涉及生态风险评价的法规如《综合环境应对、补偿及义务法》（The Comprehensive Environmental Response，Compensation and Liability Act，CERCLA）、《资源保护与回收法》（Resource Conservation and Recovery Act，RCRA）、《有毒物质控制法案》（Toxic Substances Control Act，TSCA）、《联邦杀虫剂、杀菌剂与灭鼠剂法案》（Federal Insecticide，Fungicide，and Rodenticide Act，FIFRA）等，大部分评价对象也都与化学品有关。

除了化学污染物以外，生态风险源还包括各种物理作用（如修建大坝、堤防，泥沙沉积，开采矿山，河流断流等）及生物作用（如各种生物技术的开发和应用、外来物种入侵等）；不仅包括各种人为活动（如化学品制造和使用、各种污染物的排放、基因工程、区域开发等），还包括各种自然灾害（如洪水、地震、森林火灾、干旱等）。

2）生态受体和评价终点

生态受体是指暴露于压力之下的生态实体。它可以指生物体的组织、器官，也可以指种群、群落、生态系统等不同生命组建层次。由于生态系统中可能受到压力或危害影响的受体的种类很多，以及生态系统的复杂性和风险源的多样性，不同受体对相同压力的反应不同，同一受体对不同压力的反应也不同。因此，选择什么生态受体作为系统评价指标或危害对象，受体的特性及受体的生命和运动过程如何，成为生态风险评价的关键。目前，风险受体研究主要集中在个体和种群层次上。

评价终点是对那些需要保护的生态环境价值的清晰描述，通过生态受体及其属性特征来确定。在人体健康风险评价中，评价终点只有一个物种（人），而生态风险评价的终点却不止一个。不同生命组建层次的生态受体都存在终点选择问题。终点选择在原则上应根据所关注的生态系统和压力特征进行，对生态系统和压力特性的了解越深刻，终点选择就越准确。目前常用的测定评价终点的有生物个体的死亡率、繁殖力损伤、组织病理学异常，群体水平的物种数量，群落水平的物种丰度等几个指标。生态系统水平以上层次的评价终点可以用生物量或生产力来表达，但目前相关研究还不多见。

3）暴露评价

暴露评价是分析各种风险源与风险受体之间存在和潜在的接触与共生关系的过程。目前，研究最多的是有毒有害物质（包括化学品和放射性核素）的暴露评价，主要研究有毒有害物质在生态环境中的时空分布规律，重点研究有毒有害物质的环境过程，即如何从源到受体的过程。污染物的迁移、转化和归趋受各种环境因素的影响，其暴露计算主要通过各种数学模拟方法，开发适用于不同条件的数学模型，包括地表水环境模型、大气环境模型、土壤环境模型、地下水环境模型、食物链模型、沉积物模型、多介质模型等。近年来随着计算机技术在环境科学中的应用和发展，污染物的环境模型，特别是地表水环境模型和大气环境模型已经比较成熟并得到广泛应用。

生态风险涉及的受体有不同层次和不同种类，其所处的环境差异很大，如水生环境、陆生环境和其他特定环境等。由于暴露系统的复杂性，目前还没有一个暴露描述能适用所有的生态风险评价。生态暴露评价比人体暴露评价复杂，必须考虑多种类型的风险源与生态受体、风险源与环境之间的相互作用、相互影响。最近有关区域生态风险评价的研究中，也有些学者完全避免使用“暴露”一词，在分析阶段，直接描述各种压力（如矿山开采、城市化、工农业）等本身的特征。

4）生态效应评价

生态效应是指压力引起的生态受体的变化，包括生物水平上的个体病变、死亡，种群水平上的种群密度、生物量、年龄结构的变化，群落水平上的物种丰度的减少，生态系统水平上的物质流和能量流的变化、生态系统稳定性下降等。生态效应有正有负，在生态风险评价中需要识别出那些重要的不利生态效应，以作为评价对象。目前生态效应研究主要集中于生态毒理学在环境科学方面的应用。

种群和生态系统水平的生态效应在生态风险评价中极其重要，单靠生物个体的毒性实验很难确定这些较高层次的生态响应。在过去几十年里发展了很多种群分析方法，有些已经在生态风险评价中得到应用。但是，生态系统水平的实验和模型研究，受研究方法的限制，目前还存在很多实际困难。风险压力的多样性和风险受体的复杂性导致对压力-响应规律的认识不足，加上实验室结果外推到野外不同时空范围存在困难，生态效应评价有待加强基础应用研究。

5）风险表征

风险表征是对暴露于各种压力之下的不利生态效应的综合判断和表达。其表达方式有定性和定量两种。风险定量取决于暴露与生态效应之间能否建立定量关系。这种定量关系的确立需要大量暴露评价和效应评价信息，以及这些信息的量化程度和可靠程度，需要进行大量的实验、监测和复杂的模型计算。同时，各部分存在不确定性因素的影响，可能导致最终的风险评价结果不可靠。因此，对不确定性的定量化处理也是风险评价必须解决的关键技术问题。

定量的风险表征是近年来生态风险评价领域普遍关注和发展较快的研究方向。由于风险的性质不同，研究对象千差万别，定量的内容和量化程度也不同。风险度量最普遍、应用最广泛的方法是熵值法（或称比率法），通常用于化学污染物的风险评价。其最大优点就是简单、快捷，评价者和管理者都能够熟练应用；主要缺点是它只是一种半定量的风险表征方法，并不能满足风险管理的定量决策需要。风险度量的另一种常用方法是连续法（或称暴露-效应关系法），即把暴露评价和生态效应评价两部分的结果加以综合，得出风险大小的结论。该方法的优点是能够预测不同暴露条件下的效应大小和可能性，用于比较不同的风险管理抉择，其主要缺点是没有考虑次生效应和外推产生的不确定性影响。熵值法和连续法都是针对环境污染物在生物个体和种群层次的风险表征方法，而没有涉及生物群落和生态系统层次。以群落和生态系统为受体的生态风险表征是风险评价领域的一个难点。由于生态系统的复杂性，目前尚无一个合适的、可以准确描述生态系统健康状况的指标体系。

1.2.4　累积性风险评价技术

1992 年，USEPA 的专家组报告中指出，环保科学技术支撑工作的主要目的是减少用于环境决策信息的不确定性。在该领域，虽然许多 USEPA 计划传统上主要关注化学影响、评估和控制化学物的方法，但强调一般常态的压力源对人群健康和生态系统的影响仍然需要考虑和研究。1996 年，美国《食品质量保护法案》中要求环境保护署应评估农药的累积效应，认为累积风险评估应是环境保护署优先关注的问题。加拿大国家研究委员会（National Research Council，NRC）于 1994 年启动健康风险评估工作，强调考虑多种风险暴露的途径，并建议 USEPA 关注多种化学物质暴露的协同作用。

2003 年 USEPA 编制完成了《累积性风险评价技术框架》报告。其主要目的是为风险评价工作提供一个灵活的框架，推进累积风险评价相关研究。报告介绍了累积性风险评价阶段性的成果方法，报告既不是一个程序上的导则，也不是一个规范化的要求，其需要大量的实践工作来进一步充实。

根据美国《累积性风险评价技术框架》报告，“累积风险”是指暴露于负荷型的压力所带来的组合风险。根据该定义，其内涵强调了以下要点。

（1）累积风险包括多种风险压力（源），评估单一化学物或压力并不是累积风险评估。

（2）压力源不限于化学物，其可能是化学物、生物或物理因子，或是直接、间接造成的影响或导致的损失，如栖息地生境受损。

（3）强调多种因素和压力源的风险的组合。应分析来自不同压力的风险之间的相互作用，而不是简单地进行风险加和。若某风险评价涉及多种化学物质，仅列出单个物质及其对应的单一风险，而不考虑其他化学物同时存在的作用，则不能称其为累积性风险评价。

累积风险评价是指对来自多种因素、压力的健康和环境组合风险进行分析、描述及（尽可能）定量化的过程。该定义强调，累积风险评价不一定完全定量化，满足相关工作需求即可。

累积风险评价框架在概念上与人体健康和生态评估方法类似，但在某些方面也有着显著差异：①它重点关注组合的效应，区别于其他类评价。②由于多种压力同时影响人类受体，需关注潜在受影响的特定人群，而非假定受体。③累积性风险更广泛地用于非化学物质压力评价中，超越传统风险评价的局限。

累积风险评价主要包括 3 个步骤：问题识别、问题分析和风险描述。

步骤一，即问题识别阶段。由风险管理、评估方和其他利益方确定目标、范围及关注要点。其产出成果是一个概念模型和分析计划。概念模型确定待评估的风险压力、健康和环境效应、压力暴露和潜在影响直接的关系。分析计划则明确所需数据、采用的方法和预期成果类型。

步骤二，即问题分析阶段，主要包括研究暴露特征，分析多种压力之间的相互作用，预测对人类的风险。该阶段需分析复杂的技术问题，如混合物毒性、人群脆弱性、压力源相互作用等。该阶段的核心产出成果是针对研究群体或暴露群体、多种压力源的风险分析。

步骤三，即风险描述阶段，综合考虑风险重要性、评估可靠性、评估总体可信度等方面来进行风险描述，并分析反馈该风险评估结果是否能满足步骤一确定的目标。

按照上述累积性风险评价的技术框架，美国开展了瓦库伊特海湾风险评估研究。首先，当地资源管理部门为保护瓦库伊特海湾及其附近湿地、河流和池塘的水环境与生物栖息地制订了总目标，并由瓦库伊特海湾风险评估小组进一步确定了 10 个管理子目标。

其次，通过对比风险分析实验，确定压力、评估端点及其相互关系。对比风险分析实验，确定了氮负荷是瓦库伊特水域河口栖息地的主要压力；沉水植被，尤其是鳗草（大叶藻）栖息地，则作为重要的评估端点。研究表明，鳗草为具商业功能、娱乐功能的鱼类和贝类提供了较好的栖息地。因此，保护鳗草对于保护鱼类和无脊椎动物物种至关重要。然而，鳗草生长需要充足的阳光。沿海开发造成瓦库伊特海湾水体含氮量增加，其浮游生物（显微镜可见的单细胞生物体）和海藻也日益增多，从而减弱了水域的透光性，导致瓦库伊特海湾的鳗草逐渐消失，其相邻河流和池塘的鳗草数量也锐减。

最后，开展风险评估。内容包括估算水域或河口的氮污染负荷（暴露量测量），评估不同的氮污染负荷对鳗草栖息地产生的直接和间接影响（影响测量）。

1. 风险问题识别

1）确定管理目标

管理目标是风险评估（预警）问题的核心和终极目的。对水环境安全常态预警而言，保障水环境的最终安全是核心目标和总体目标。围绕总体目标，应着眼于水环境安全保障、人类活动压力最小化、流域和谐发展等需求，进一步开展子管理目标的设计。管理子目标是对总管理目标所作的一个更为详细的阐述。子目标的确定，以水生态环境改善、风险最小化为方向，在内容上以水质水生态为核心，综合考虑社会经济结构调整、饮用水安全、生态健康、水污染防治、流域风险管理能力等多个方面，结合实际水域特征和流域环境特征来制订。

确定管理目标首先应当从水环境安全的基本需要出发，确定一个公众能够接受和肯定的，通过一定治理调控能够实现的总体目标。其次，应当优先关注突出的重大水生态环境问题，如大范围的蓝藻水华、水体黑臭、渔业损失、水位变化、栖息地丧失等问题。最后，应当明确目标的实现途径，从流域经济社会、流域资源、水生态修复、水污染控制、流域环境管理等方面分别梳理需要达到的具体目标，并确保逐一达到具体目标后即可自然实现总体目标。

确定管理目标必须基于对水环境状况的系统分析，了解水生态系统演变规律，了解流域资源利用方式和社会经济运行方式对水生态系统的直接压力及水生态系统的响应程度和时空尺度；充分调研水体管理与治理现状；集中优先解决重大水环境安全问题。

管理目标主要通过多级研讨、协商等流程最终制订。美国管理目标的制订过程：首先，召开启动会，由对该水域感兴趣的机构或组织对目标进行评估。其次，由相关机构或组织的主要成员再次召开研讨会议，审查和批准该管理目标和最终确定目标。管理目标主要采用定性描述，体现了流域水环境各管理组织和公众最根本的利益。

在美国瓦库伊特海湾水域风险评估案例中，为恢复和维持瓦库伊特海湾及其邻近沼泽地、河流、池塘的水质和生境栖息地生态环境，所确定的管理目标是：①保证具有重要商业价值和娱乐价值的鱼类和贝类的数量；②取缔实施过程中破坏水域生态资源的开发项目。为支撑该管理目标，将其进一步细分为 10 个管理子目标（表 1-1）。

表 1-1 水环境管理子目标确定（以瓦库伊特海湾水域为例）

影响区域	序号	管理目标内容
河口和淡水	1	减少或消除缺氧事件的发生
	2	控制水、水底泥沙和生物群污染的毒素水平
	3	恢复和保持自给自足的当地鱼类数量和它们的栖息地条件
河口	4	重建海湾鳗草生态系统和相关的水生群落
	5	恢复海湾内自给自足的扇贝数量，以支持切实可行的休闲渔业
	6	保护贝类养殖区免受细菌污染，该污染将导致养殖区被迫关闭
	7	减少或消除大型藻的生长
淡水	8	预防河沙池塘的富营养效应
	9	保持当地生物群落的多样性
	10	保持水中生活的野生动植物的多样性

2）选择评估端点

评估端点的选择应与管理目标直接相关联，尤其要以各管理子目标为重要参考进行评估端点的选择和验证。评估端点选择需要基于对现有水域的评估工作。评估端点应是可以测定的。评估端点需要将管理目标与水域服务功能、资源价值相关联。而这些服务功能、资源价值是生态系统中非常重要的部分。评估端点既包括实体，即具体某类对象（如浮游植物、海草），又包括可测属性（如数量、种类、分布），其既为风险评估提供方法和方向，也为问题的提出、预测、建模和分析奠定基础。

美国《累积性风险评价技术框架》中“评估端点/终点”的内涵与我国水环境研究中“指标体系”的内涵具有一致性。

美国瓦库伊特海湾水域风险评估案例中，选取了 8 个典型的端点来反映所重点关注的关于河口生态系统的风险问题，具体如下。

（1）河口范围内鳗草在栖息地的数量和分布特性。

（2）河口范围内长须鲸物种的多样性和数量。

（3）河口底栖无脊椎动物的多样性、数量和分布特性。

（4）回游鱼（溪流）的繁殖状况。

（5）淡水溪流的生物多样性和数量。

（6）淡水池塘的富营养化状态。

（7）沼泽栖息地状况。

（8）沿岸沙滩栖息地状况。

3）建立概念模型

为更好地辨析水环境风险问题，支撑水环境风险的分析过程，有必要在水环境系统分析、专家咨询的基础上，设计、建立水环境概念模型。模型应能够广泛反映人类活动可能产生的主要压力（污染负荷、土地开发）与每个评估端点（有机污染、富营养化、水华等）之间的压力、状态、响应关联过程。在概念模型中，压力源、评估端点的选取均是一种假设性、概念性的设计。概念模型的主要作用在于支撑并应用于后续的生态风险问题的分析过程。

在美国瓦库伊特海湾水域风险评估案例中，由于鳗草是河口生态群落最基本的组成部分，鳗草茂盛则表明水质良好，因此，该生态风险评价将鳗草作为首要评估端点，并基于此建立了相关概念模型（图 1-3 和图 1-4）。

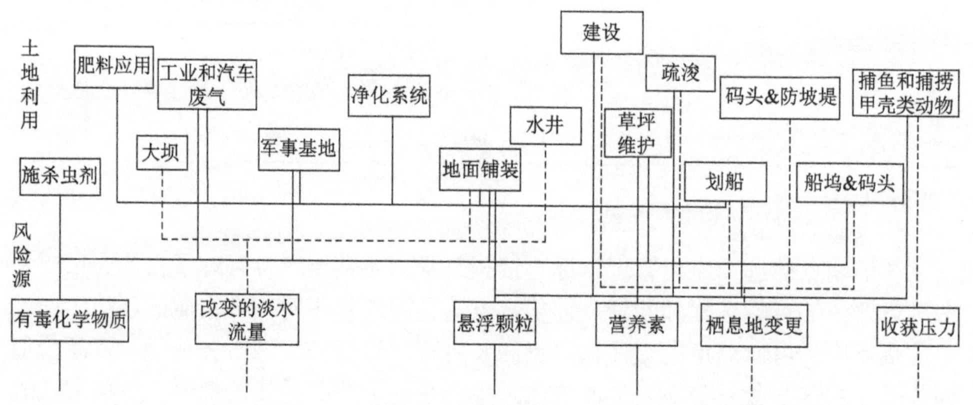

图 1-3　瓦库伊特海湾水域生态风险评价概念模型——土地利用活动和风险源之间的作用关系

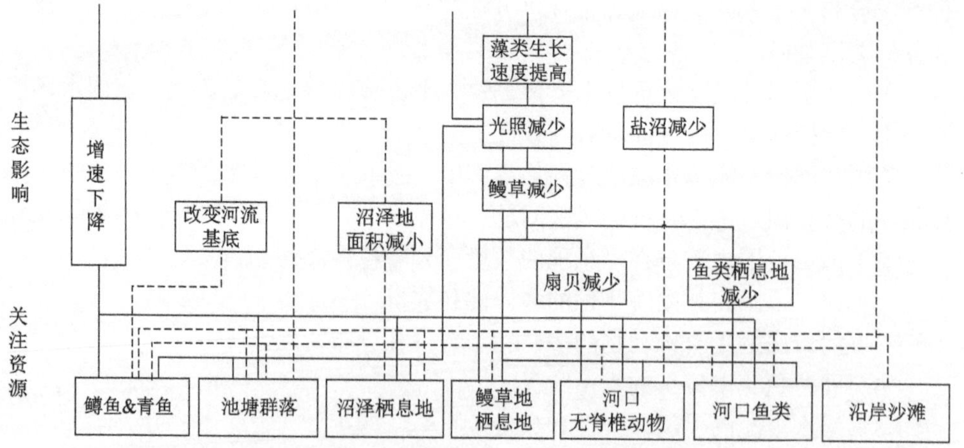

图 1-4　瓦库伊特海湾水域生态风险评价概念模型——风险源与生态系统发生作用过程概念模型

2. 风险分析

风险分析主要包括三方面的内容。

一是，开展风险对比分析，对所有相关压力因素、评估终点进行优先性排序，并对其相互作用关系开展进一步的分析。

二是，制订风险分析计划，基于风险对比分析，确定重点关注的压力因子和评估终点，并确定暴露分析、生态效应分析过程中拟主要开展的分析内容。

三是，开展风险分析。根据压力因子和评估终点作用特征，研究筛选暴露评价方法、生态效应分析方法、相关模型模拟方法、风险特征描述方法等一系列具体分析方法。基于相关分析方法，结合分析计划的主要内容，开展相关定量、定性分析，研究风险源与生态受体之间的作用关系，阐述风险特征。

1）风险对比分析

风险对比分析主要采取半定量、半定性分析方法完成，如表格分析法、模糊集决策分析法等，其实质是优先风险源和评估终点的梳理、识别过程。

美国瓦库伊特海湾水域风险评估案例中，采用最佳专业评价（Harris et al., 1994）“模糊集”决策分析方法开展风险对比分析，分别分析各类风险源对不同评估终点的影响，按照对评估终点产生的全部风险的大小，对各风险源进行排序（表 1-2 和表 1-3）。分析结果显示：养分被列为最主要的压力因子，然后依次为栖息地的物理变化、变化的流量、有毒化学物质、收获压力和再悬浮颗粒；河口系统中营养物质不同程度地影响着三个评估端点，即鳗草栖息地（严重影响）、河口无脊椎动物（中等影响）和河口鱼类（中等影响），上述评估端点是相互关联的，以鳗草栖息地的保护为核心。

表 1-2 风险源与评估端点之间的影响矩阵分析（以瓦库伊特海湾水域为例）

风险源/压力因子	评估端点							
	回游鱼	淡水生物群落	沼泽栖息地	池塘营养状态	鳗草栖息地	河口无脊椎动物	河口鱼类	沿岸沙滩
有毒化学物质	1	1	1	0	0	1	1	0
变化的流量	3	2	2	0	0	0	1	0
再悬浮颗粒	1	1	1	0	1	1	1	0
养分	1	1	1	3	3	2	2	0
栖息地的物理变化	1	1	1	0	2	1	1	2
收获压力	2	1	0	0	0	2	2	0

注：每个单元都代表相应压力因子对评估端点的影响，从 0（无影响）到 3（严重影响）。

表 1-3　风险源关注的优先性排序（以瓦库伊特海湾水域为例）

风险源	未加权	持续性加权	持续性和相互作用加权
养分	1	1	1
栖息地的物理变化	2	2	2
变化的流量	3	3	3
有毒化学物质	4	4	4
收获压力	5	5	5
再悬浮颗粒	6	6	6

2）制订风险分析计划

分析计划的制订需要完成三方面的工作：一是，需要充分总结风险对比分析的结果，提炼核心要点与关键结论；二是，需要在综合考虑相关领域专家意见、利益方关切、数据可得性等综合因素的基础上，明确分析计划关注重点，即重点关注风险源、评估端点；三是，需要针对重点关注风险源、评估端点的特征和相互关系，拟定分析计划的主要分析内容。

美国瓦库伊特海湾水域风险评估案例中，首先，总结了风险对比分析的关键结论，即减少营养物质含量有利于恢复水质，同时有利于鳗草的生长，认为其是最需要评估的、最为关键的压力-端点关系。

其次，在综合考虑风险对分析结果的局限性、现有数据的有限性及资金限制等因素的基础上，最终确定分析计划的重点为研究一种压力（氮污染）和一个评估端点（鳗草地）。

最后，针对氮污染负荷对鳗草地的风险评估需求，明确分析计划的主要内容如下：①估算水域和河口内的氮污染负荷大小（衡量暴露量）；②评估不同量的氮污染负荷对鳗草地的直接或间接影响（衡量影响程度）。由于瓦库伊特海湾的氮污染源、氮污染负荷及河口生物反应之间的预测关系方面的研究还没有实质性的进展，仅对河口内氮污染负荷模型估计和生态效应预测之间的关系作探讨。

3）开展风险分析

风险分析是风险评估与预警工作的核心部分。风险评估体系中的暴露分析、生态效应分析工作均需要在该部分完成。

暴露分析需要综合采用各种数学方法、统计方法、监测分析方法来定量分析评估各种压力作用及其对水环境的影响，其中，数学模型分析方法是累积性风险评估预警的主要手段。生态效应的分析和暴露影响的估计可根据实际情况选取数学方法、半定性半定量等分析方法开展。

美国瓦库伊特海湾水域风险评估案例中，对于暴露量的估算，根据实地特征和研究需求，选取了氮污染负荷模型来估算河口边缘的氮污染物量。结果显示，氮污染负荷过高的主要原因包括大气沉降、净化系统、肥料利用，其中，净化系统是河口中氮最主要的来源。再根据即将进入河口地下水中氮的实测数据，进行模型验证。

在暴露影响分析、生态效应方面，研究人员借鉴和建立了河口仿真模型，用于预测不同生产者对氮污染负荷增加后产生的反应，从而研究暴露量与河口水域的作用关系。分析认为，氮负荷的增加改变了整个复合生态系统，包括鳗草、水草、浮游植物及承受水体等；基于模型，预测分析了不同植物对增加的氮负荷的反应，通过静载荷和动载荷模型测量生态效应，提出氮负荷率，从而最终确定了压力因子与评估端点的响应关系。

该案例中，氮污染负荷模型和河口系统模型可在多种情景下使用，以反馈追踪历史变化和提前预测未来氮污染负荷及生态响应。对未来不同情景下的风险分析，既是风险分析部分的重要组成内容，也是风险预警的核心内容。

3. 风险描述

风险描述是对暴露于人类活动各种压力之下的不利生态效应的综合判断和表达。风险大小、程度等信息主要基于风险分析部分来予以判断。与此同时，风险描述的一个关键过程是不确定性分析。由于分析对象的复杂性，不确定性定量化具有较大难度。针对不同风险暴露、响应过程的不确定性分析可以是定性分析，也可以是半定量半定性分析、定量分析。

为了更好地进行风险描述，首先，需要进行风险因素的分析，从风险源、暴露量核算、暴露过程模拟、生态效应分析模拟等整个风险识别—暴露—作用—响应过程识别潜在的不确定性因素。其次，需要开展各类不确定性因素的不确定性分析，并根据这类分析尽可能采取措施以减少上述不确定性。此外，也可以结合风险要素的不确定性分析，开展多种情景的预测预警分析，以此来减少不确定性。

以美国瓦库伊特海湾水域风险评估为例，其风险要素的分析，一方面考虑了氮负荷模型、生态反应模型的不确定性，包括模型在掌握居民点位置、地下水流经时间、估算不同管理情况下氮的流失量，以及估算海湾含水层中剩余含氮量的停留时间的不确定性，水底变化过程和不同泥沙条件对模型参数影响的不确定性。另一方面，考虑了氮负荷来源的不确定性，如除了污水处理厂排放、种植业化肥施用的氮来源以外，大气沉降可以携带外来氮源输入等。

为了更好地评估未来评价终点（鳗草）恢复或恶化的风险，该案例开展了多种情景的氮污染负荷估算，并在不同情景下预测鳗草恢复情况。

对于可定量的不确定性分析，该案例主要估算了模型输出结果与响应关系的不确定性。例如，首先建立了二者之间的响应关系曲线，其中一个轴是栖息地鳗草可能覆盖10%或10%以下的概率，另一个轴是河口的氮负荷水平，如果估算不确定性的水平较高，曲线会较为平缓，如果不确定性水平较低，曲线将较为陡峭。分析显示，当鳗草的覆盖率在10%及以下，而恢复概率为75%，同时在不确定性水平较高的情况下时，所估算的氮负荷值较低。

1.2.5 水环境安全预警

水环境安全（water environment security）是水生态系统相对于"生态威胁""生态风险"的一种功能状态，具有相对性、动态性、空间地域性，其含义涵盖水质、水量、水生态等方面。水环境安全的定义目前尚未有统一的说法。借鉴水环境安全、环境安全等相关概念的研究（曾畅云等，2004；陈国阶，2002），本书中所指的"水环境安全"是以"人类"为终点的安全，是指人类赖以生存的水环境处于健康和可持续发展状态。其基本内涵包括：水体保持一定水量、水质状况安全，水生态功能较好并可持续正常发挥作用，人类的生产、生活需要得到较大限度的满足，人类自身和人类群际关系处于不受威胁的状态。

预警（early warning）是对危机或危险状态的一种预前信息警报或警告。在环境领域，预警最初主要应用在非人为的自然灾害方面，如气象灾害（洪水）预警、地质灾害预警及海洋灾害预警等。近年来，随着环境污染加剧、生态系统退化趋势严重，针对人为活动的警示逐渐受到重视，"环境预警"的概念开始受到重视（陈治谏和陈国阶，1992）。环境预警的类型有很多，根据不同的分类标准，有多种分类方法（李淑炜和王炟，2006；杨建强等，2005）。根据预警的内容可以将预警划分为不良状态预警、恶化趋势预警、恶化状态预警等；根据空间尺度不同，可将预警分为宏观预警、中观预警、微观预警等；根据时间尺度不同，可以将预警分为中长期（战略）预警、短期预警；根据警情的发生状态将预警分为渐变式预警（累积型）和突发性预警（突发型）。其中，渐变式预警，即环境出现危机或警情是经过较长时间的潜伏、演化和累积才体现出来的；突发性预警，即环境出现危机或警情是在某一时间突然出现的，一般针对突发性环境事故、重大环境灾害（如洪水、海啸、干旱等）。

水环境安全预警（early warning of water environment security）是针对水环境安全状况的逆化演替、退化、恶化的及时报警，主要是对水环境安全状况及演变趋势进行预测和评估，提前发现和警示水环境安全恶化问题及其胁迫因素，从而为提出缓解或预防措施提供基础。本书关注的水环境安全为常态条件下的安全问题，不考虑突发性污染事故，注重对环境影响因子的变化趋势进行分析、预测，并考虑未来多种不确定因素的影响。其所指的水环境安全预警是主要针对累积性、常态化的警源或警情（如人类活动长期压力），基于较长时间尺度（如以年为时间步长），关注较大空间尺度（如流域层面），并综合考虑水环境安全状态与安全状况恶化趋势的常态预警。

从国外研究来看，自 20 世纪 70 年代以来，国外学者在水环境预警方面开展了大量的研究，但大多数是集中在突发性自然灾害、污染事故预警方面，累积性风险预警研究相对较少。例如，20 世纪 70 年代，欧洲在洪水泛滥的风险决策中发展了单项洪水泛滥预警体系，取得了显著的效益（White，1973）；80 年代，欧洲制定了“莱茵河行动计划”，针对事故应急处理建立了莱茵河国际预警系统（The Rhine International Alert and Warning System）；90 年代，欧洲多个国家参与的多瑙河水质突发事故预警系统、易北河国际河流预警体系先后建立，此外，美国联邦应急管理局（Federal Emergency Management Agency，FEMA）于 1996 年开始积极促进和规范突发性环境风险应急处置预案的编制，美国学术界则利用微生物作指示物，开展了大量偏微观的水生态系统预警研究。

从国内研究来看，环境领域预警研究大致始于 20 世纪 90 年代，在突发性、渐变累积性预警，微观的生物预警、宏观的流域预警等方面均有涉及。其中，傅伯杰（1993）从区域可持续发展能力的角度提出了区域生态环境预警概念；陈治谏和陈国阶（1992）对环境预警的概念和内涵进行了较深入的分析；许学工（1996）对黄河三角洲区域生态环境质量开展了预警评估的探讨；梁中等（2002）从水生生物层面开展了胶州湾生态环境预警研究；董志颖（2002）开展了地理信息系统（geographic information system，GIS）技术支持下的吉林西部地下水水质预警评价研究；郭怀成等（2004）对小型湖泊生态系统预警技术体系设计进行了尝试；杨建强等（2005）对区域生态环境预警问题进行了较系统的阐述。此外，彭祺等（2006）对突发性环境风险预警系统框架进行了探讨；潘莹等（2004）系统地分析了环境污染事故的预警、应急监测和处理；谢红霞和胡勤海（2004）提出利用结合技术对突发性环境风险进行全程模拟；曾勇等（2007）采用决策树方法和分段线性回归方法建立了城市湖泊水华预警模型等。

综合以上，无论是单项预警还是综合预警、宏观尺度预警还是微观尺度预警、渐变累积性预警还是突发性预警，国内外学者多年来均进行了许多有益探索。然而，上述研究侧重于概念、指标、技术框架等理论和宏观分析的偏多，有效实践极少，关注点分散；对突发性污染事故预警的研究相对较多，而常态性环境预警相对较少；针对大尺度的区域预警问题偏多，聚焦在流域水环境问题角度的偏少；且关于流域水环境预警问题的相关探讨，从常规水质角度考虑的多，上升至水环境安全认识层面的鲜有。

总体上，我国在流域水环境安全常态化预警领域的理论、技术方法研究与实践仍处于起步阶段，尚未就水环境安全预警的内涵和特征形成统一认识，尚未从预警指标、预警阈值、预警模型与技术等方面建立一套理论和技术方法的体系。

1.3 小　　结

水库水环境安全逐渐成为研究热点，保障水库水环境安全也成为国家和区域持续发展的战略需求。从现有科技支撑来看，水库型流域风险防范和预警能力仍然薄弱，水库型流域水质安全评估与预警技术的研发需求迫切。特别是“三峡水库”广受关注且具代表性，水库生态系统演变趋势尚不明晰，开展水质安全评估与预警是水库保护的实际需求。

本章着眼于以上科学需求，提出如何识别水库型流域水质安全保障的压力源、如何科学评估水库型流域的水质安全和如何有效实现水库型流域水质安全的预测预警三大科学问题。针对此开展国内外文献调研，辨析了水库生态学、生态安全与生态风险的内涵，从技术框架、技术要点等角度出发，系统地梳理了生态风险评估、累积性风险评估和水环境安全预警方法。

本书所指的水库生态安全是指人类赖以生存和发展的水库生态环境处于健康和可持续发展状态。生态风险是指特定生态系统中所发生的非期望事件的概率和后果，如干扰、灾害对生态系统结构所造成的损害。生态安全是生态风险的充分而非必要条件，生态风险从反面表征了系统安全受胁迫的程度。风险评价主要有“三步”，即问题形成、问题分析和风险表征，相关术语有风险（预警）源、生态受体和评价终点、暴露评价、生态效应评价、风险表征等。水环境安全是指水体保持一定水量、水质状况安全，水生态功能较好并持续正常发挥作用，人类的生产、生活需要得到较大限度的满足，人类自身和人类群际关系处于不受威胁的状态。书中所指的水环境安全预警主要针对累积性、常态化的警源或警情（如人类活动长期压力），基于较长时间尺度（如以年为时间步长），关注较大空间尺度（如流域层面），并综合考虑水环境安全状态与安全状况恶化趋势的常态预警。

参考文献

波鲁茨基，王乾麟，陈受忠，等. 1959a. 长江三峡水库库区水生生物调查和渔业利用的规划意见. 水生生物学报, (1): 1-32.

波鲁茨基，伍献文，白国栋，等. 1959b. 丹江口水库库区水生生物调查和渔业利用的意见. 水生生物学报, (1): 33-56.

蔡庆华，胡征宇. 2006. 三峡水库富营养化问题与对策研究. 水生生物学报, 30(1): 7-11.

曹承进，郑丙辉，张佳磊，等. 2009. 三峡水库支流大宁河冬、春季水华调查研究. 环境科学, 30(12): 3471-3480.

曹文宣. 1959. 偏窗子水库库区水生生物和渔业调查. 水生生物学报, (1): 57-71.

陈国阶. 2002. 论生态安全. 重庆环境科学, 24(3): 1-3.
陈建国, 周文浩, 孙平, 等. 2009. 论小浪底水库近期调水调沙在黄河下游河道冲刷中的作用. 泥沙研究, (3): 1-7.
陈星, 周成虎. 2005. 生态安全: 国内外研究综述. 地理科学进展, 24(6): 8-20.
陈治谏, 陈国阶. 1992. 环境影响评价的预警系统研究. 环境科学, 13(4): 20-23.
崔胜辉, 洪华生, 黄云凤, 等. 2005. 生态安全研究进展. 生态学报, 25(4): 861-868.
董方勇, 胡传林, 黄道明, 等. 2006. 三峡水库水质保护与渔业利用关系探讨. 长江流域资源与环境, 15(1): 93-96.
董哲仁, 孙东亚, 赵进勇, 等. 2007. 水库多目标生态调度. 水利水电技术, 38(1): 28-32.
董志颖. 2002. GIS 支持下的水质预警系统研究——以吉林西部为例. 长春: 吉林大学.
付在毅, 许学工. 2001. 区域生态风险评价. 地球科学进展, 16(2): 267-271.
傅伯杰. 1993. 区域生态环境预警的理论及其应用. 应用生态学报, 4(4): 436-439.
高长波, 陈新庚, 韦朝海, 等. 2006. 区域生态安全: 概念及评价理论基础. 生态环境学报, 15(1): 169-174.
郭怀成, 刘永, 戴永立, 等. 2004. 小型城市湖泊生态系统预警技术——以武汉市汉阳地区为例. 生态学杂志, 23(4): 175-178.
郭建阳, 廖海清, 韩梅, 等. 2010. 密云水库沉积物中多环芳烃的垂直分布、来源及生态风险评估. 环境科学, 31(3): 626-631.
郭劲松, 陈杰, 李哲, 等. 2008. 156m 蓄水后三峡水库小江回水区春季浮游植物调查及多样性评价. 环境科学, 29(10): 2710-2715.
郭树宏, 王菲凤, 张江山, 等. 2008. 基于 PSR 模型的福建山仔水库生态安全评价. 湖泊科学, 20(6): 814-818.
韩博平. 2010. 中国水库生态学研究的回顾与展望. 湖泊科学, 22(2): 151-160.
韩其为, 何明民. 1997. 三峡水库建成后长江中、下游河道演变的趋势. 长江科学院院报, 14(1): 62-66.
何天容, 冯新斌, 郭艳娜, 等. 2008. 红枫湖沉积物中汞的环境地球化学循环. 环境科学, 29(7): 1768-1774.
何志辉, 李永函. 1983. 清河水库的浮游生物. 水生生物学报, 7(1): 71-84.
胡传林, 董方勇. 1993. 中国水库渔业的现状与趋势. 湖泊科学, 5(4): 378-383.
胡传林, 黄道明, 吴生桂, 等. 2005. 我国大中型水库渔业发展与多功能协调研究. 水生态学杂志, 25(5): 1-4.
胡韧, 林秋奇, 王朝晖, 等. 2002. 广东省典型水库浮游植物组成与分布特征. 生态学报, 22(11): 1939-1944.
胡征宇, 蔡庆华. 2006. 三峡水库蓄水前后水生态系统动态的初步研究. 水生生物学报, 30(1): 1-6.
湖泊及流域学科发展战略研究秘书组. 2002. 湖泊及流域科学研究进展与展望. 湖泊科学, 14(4): 289-300.
黄文钰, 吴延根, 舒金华, 等. 1998. 中国主要湖泊水库的水环境问题与防治建议. 湖泊科学, 10(3): 83-90.
姜加虎, 黄群. 1997. 三峡工程对鄱阳湖水位影响研究. 自然资源学报, (3): 219-224.
姜乃森, 曹文洪. 1997. 三门峡水库蓄清排浑控制运用对库区及下游河道冲淤的影响. 水利水电技术, (7): 5-8.
金鉴明. 2002. 环境领域若干前沿问题的探讨. 自然杂志, 24(5): 249-253.
况琪军, 毕永红, 周广杰, 等. 2005. 三峡水库蓄水前后浮游植物调查及水环境初步分析. 水生生物学报, 29(4): 353-358.
李泊言. 2000. 绿色政治. 北京: 中国国际广播出版社.
李崇明, 黄真理. 2005. 三峡水库入库污染负荷研究(Ⅰ)——蓄水前污染负荷现状. 长江流域资源与环境, 14(5): 611-622.
李崇明, 黄真理. 2006. 三峡水库入库污染负荷研究(Ⅱ)——蓄水后污染负荷预测. 长江流域资源与环境, 15(1): 97-106.
李崇明, 黄真理, 张晟, 等. 2007. 三峡水库藻类“水华”预测. 长江流域资源与环境, 16(1): 1-6.
李德尚, 熊邦喜, 李琪, 等. 1994. 水库对投饵网箱养鱼的负荷力. 水生生物学报, (3): 223-229.
李锦秀, 廖文根, 黄真理, 等. 2002. 三峡工程对库区水流水质影响预测. 水利水电技术, 33(10): 22-25.
李秋华, 韩博平. 2007. 基于 CCA 的典型调水水库浮游植物群落动态特征分析. 生态学报, 27(6): 2355-2364.
李淑炜, 王烜. 2006. 水环境安全预警系统构建探析. 安全与环境工程, 13(3): 79-83.
李哲, 方芳, 郭劲松, 等. 2009. 三峡小江回水区段 2007 年春季水华与营养盐特征. 湖泊科学, 21(1): 36-44.
梁中, 龚建新, 焦念志, 等. 2002. 胶州湾生态环境分析预警系统——主要营养盐月际变化及其成为生物生长限制因素的概率计算. 海洋科学, 26(1): 58-62.
林秋奇, 韩博平. 2001. 水库生态系统特征研究及其在水库水质管理中的应用. 生态学报, 21(6): 1034-1040.
林秋奇, 胡韧, 韩博平, 等. 2003. 流溪河水库水动力学对营养盐和浮游植物分布的影响. 生态学报, 23(11): 2278-2284.
刘昌明, 杨胜天, 温志群, 等. 2009. 分布式生态水文模型 EcoHAT 系统开发及应用. 中国科学(E 辑: 技术科学), (6): 1112-1121.
刘枫, 王华东, 刘培桐, 等. 1988. 流域非点源污染的量化识别方法及其在于桥水库流域的应用. 地理学报, (4): 329-340.
刘红, 王慧, 张兴卫, 等. 2006. 生态安全评价研究述评. 生态学杂志, 25(1): 74-78.
刘建康, 朱宁生, 王祖熊. 1955. 淮河山谷水库的调查及其养鱼的利用. 水生生物学报, (1): 47-58.
刘丽梅, 吕君. 2007. 生态安全的内涵及其研究意义. 内蒙古师范大学学报(哲学社会科学版), 36(3): 36-42.
罗昊, 黄亮, 马颖怡, 等. 2017. 流域水环境累积风险评估研究. 环境科学与管理, 42(5): 189-194.
毛战坡, 王雨春, 彭文启, 等. 2005. 筑坝对河流生态系统影响研究进展. 水科学进展, 16(1): 134-140.
牛运光. 1990. 浅论水库. 湖泊科学, 2(1): 85-87.
潘莹, 冯文钊, 黄家柱, 等. 2004. Web Service/WebGIS 在突发性环境污染事故应急预警系统中的应用. 计算机应用研究, 21(11): 184-186.
庞靖鹏, 刘昌明, 徐宗学, 等. 2010. 密云水库流域土地利用变化对产流和产沙的影响. 北京师范大学学报(自然科学版), 46(3): 290-299.
裴廷权, 王里奥, 韩勇, 等. 2008. 三峡库区消落带土壤剖面中重金属分布特征. 环境科学研究, 21(5): 72-78.
彭祺, 胡春华, 郑金秀, 等. 2006. 突发性水污染事故预警应急系统的建立. 环境科学与技术, 29(11): 58-61.
曲格平. 2002. 关注生态安全之一: 生态环境问题已经成为国家安全的热门话题. 环境保护, (5): 3-5.
萨莫伊洛夫, 李恒. 1958. 发展中国湖沼学和水化学的几点意见. 海洋与湖沼, (1): 3-16.
宋长青, 杨桂山, 冷疏影, 等. 2002. 湖泊及流域科学研究进展与展望. 湖泊科学, 14(4): 3-14.
汤洁, 卞建民, 林年丰, 等. 2006. GIS-PModflow 联合系统在松嫩平原西部潜水环境预警中的应用. 水科学进展, 17(4): 483-489.
唐国平, 杨志峰. 2000. 密云水库库区水环境人口容量优化分析. 环境科学学报, 20(2): 225-229.
唐涛, 渠晓东, 蔡庆华, 等. 2004. 河流生态系统管理研究——以香溪河为例. 长江流域资源与环境, 13(6): 594-598.
万成炎, 马沛明, 常剑波, 等. 2009. 三峡水库生态防护带建设的初步探讨. 长江科学院院报, 26(1): 9-11.
万成炎, 唐支亚, 陈光辉, 等. 2005. 云龙湖水库的理化特性和初级生产力评价. 水利渔业, 25(1): 53-55.
王丽婧, 郑丙辉. 2010. 水库生态安全评估方法(Ⅰ): IROW 框架. 湖泊科学, 22(2): 169-175.
王丽婧, 郑丙辉, 李子成, 等. 2009. 三峡水库及其上游流域面源污染特征及防治策略. 长江流域资源与环境, 18(8): 783-788.
王卫民, 苏加勋. 1994. 三道河水库浮游生物现状及其鱼产力的估算. 湖泊科学, 6(1): 46-54.
王雨春, 万国江, 尹澄清, 等. 2002. 红枫湖、百花湖沉积物全氮、可交换态氮和固定铵的赋存特征. 湖泊科学, 14(4): 301-309.
吴挺峰, 高光, 晁建颖, 等. 2009. 基于流域富营养化模型的水库水华主要诱发因素及防治对策. 水利学报, 40(4): 391-397.
肖笃宁, 陈文波, 郭福良, 等. 2002. 论生态安全的基本概念和研究内容. 应用生态学报, 13(3): 354-358.
谢红霞, 胡勤海. 2004. 突发性环境污染事故应急预警系统发展探讨. 环境污染与防治, 26(1): 44-45.
熊邦喜, 李德尚, 周春生, 等. 1994. 我国水库综合养鱼的发展前景. 湖泊科学, (1): 78-85.
徐琳瑜, 杨志峰, 帅磊, 等. 2006. 基于生态服务功能价值的水库工程生态补偿研究. 中国人口·资源与环境, 16(4): 125-128.
许学工. 1996. 黄河三角洲生态环境的评估和预警研究. 生态学报, 16(5): 461-468.
杨建强, 罗先香, 孙培艳, 等. 2005. 区域生态环境预警的理论与实践. 北京: 海洋出版社.
杨京平, 卢剑波. 2002. 生态安全的系统分析. 北京: 化学工业出版社.
殷浩文. 1995. 水环境生态风险评价程序. 上海环境科学, (11): 11-14.
喻元秀, 汪福顺, 王宝利, 等. 2009. 溶解无机碳及其同位素组成特征对初期水库过程的响应——以新建水库(洪家渡)为例. 矿物学报, 29(2): 268-274.
袁辉, 王里奥, 黄川, 等. 2006. 三峡库区消落带保护利用模式及生态健康评价. 中国软科学, (5): 120-127.

袁军营, 苏保林, 李卉, 等. 2010. 基于 SWAT 模型的柴河水库流域径流模拟研究. 北京师范大学学报(自然科学版), 46(3): 361-365.
曾畅云, 李贵宝, 傅桦, 等. 2004. 水环境安全及其指标体系研究——以北京市为例. 南水北调与水利科技, 2(4): 31-35.
曾勇, 杨志峰, 刘静玲, 等. 2007. 城市湖泊水华预警模型研究——以北京 “六海” 为例. 水科学进展, 18(1): 79-85.
张雷, 秦延文, 郑丙辉, 等. 2009. 三峡入库河流大宁河回水区浸没土壤及消落带土壤氮形态及分布特征. 环境科学, 30(10): 2884-2890.
张远, 郑丙辉, 富国, 等. 2006. 河道型水库基于敏感性分区的营养状态标准与评价方法研究. 环境科学学报, 26(6): 1016-1021.
张远, 郑丙辉, 刘鸿亮, 等. 2005. 三峡水库蓄水后氮、磷营养盐的特征分析. 水资源保护, 21(6): 23-26.
张运林, 陈伟民, 周万平, 等. 2006. 2001～2002 年天目湖(沙河水库)浮游植物的生态学研究. 海洋湖沼通报, (2): 31-37.
赵帅营, 韩博平. 2007. 大型深水贫营养水库——新丰江水库浮游动物群落分析. 湖泊科学, 19(3): 305-314.
郑丙辉, 曹承进, 秦延文, 等. 2008. 三峡水库主要入库河流氮营养盐特征及来源分析. 环境科学, 29(1): 1-6.
郑丙辉, 曹承进, 张佳磊, 等. 2009. 三峡水库支流大宁河水华特征研究. 环境科学, 30(11): 3218-3226.
中国环境科学研究院. 2009. 三峡水库生态安全调查与评估(2008 年度). 北京.
中国环境科学研究院. 2010. 三峡水库生态安全调查与评估(2009 年度). 北京.
周广杰, 况琪军, 胡征宇, 等. 2006a. 三峡库区四条支流藻类多样性评价及 水华” 防治. 中国环境科学, 26(3)：337-341.
周广杰, 况琪军, 胡征宇, 等. 2006b. 香溪河浮游藻类种类演替及 “水华” 发生趋势分析. 水生生物学报, 30(1): 42-46.
朱俊, 刘丛强, 王雨春, 等. 2006. 乌江渡水库中溶解性硅的时空分布特征. 水科学进展, 17(3): 330-333.
左伟. 2004. 基于 RS、GIS 的区域生态安全综合评价研究: 以长江三峡库区忠县为例. 北京：测绘出版社.
左伟, 王桥, 王文杰, 等. 2002. 区域生态安全评价指标与标准研究. 地理与地理信息科学, 18(1): 67-71.
Bartell S M, Lefebvre G, Campbell K R. 1999. An ecosystem model for assessing eoclogical risks in Quebec rivers, lakes, and reservoirs. Ecological Modelling, 124: 43-67.
Brierley B, Harper D. 1999. Ecological principles for management techniques in deeper reservoirs. Hydrobiologia, 395-396(1): 335-353.
Brown L R, Salim E, Kashiwagi T, et al. 1996. The conceptual transformation of the environment toward global cooperation for environmental protection//Suzuki Y, Ueta K, Mori S. Global Environmental Security. Berlin: Springer.
Carter H. 1983. Risk Analysis and its Application. New Jersey: John Wiley & Sons.
Caspers H. 1986. Ecosystems of European man-made lakes//Taub F B. Lake and Reservoirs,

Ecosystems of the World. Amsterdam: Elsevier: 267-290.

Cech M, Kubecka J, Frouzova J, et al. 2007. Impact of flood on distribution of bathypelagic perch fry layer along the longitudinal profile of large canyon-shaped reservoir. Journal of Fish Biology, 70(4): 1109-1119.

Costanza R, Norton B G, Haskell B D. 1992. Ecosystem Health: New Goals for Environmental Management. Washington DC：Island Press.

Dabelko G D, Simmons P J. 1997. Environment and security: core ideas and US government initiatives. SAIS Review, 17(1): 127-146.

Dalby S. 2008. Environmental security. Conservation Biology, 11(6): 1350-1356.

Duncan A. 1990. A review: limnological management and biomanipulation in the London Reservoirs. Hydrobiologia, 200-201: 541-548.

European Environment Agency. 1998. Europe's Environment: the Second Assessment. Oxford: Elsevier Science Ltd.

Falkenmark M. 2002. Human Livelihood Security Versus Ecological Security_An Ecohydrological Perspective. Proceedings, SIWI Seminar, Balancing Human Security and Ecological Security Interests in a Catchment-Towards Upstream/Downstream Hydrosolidarity. Stockholm, Sweden: Stockholm International Water Institute: 29-36.

Folke C. 2002. Entering Adaptive Management and Resilience into the Catchment Approach. Proceedings, SIWI Seminar, Balancing Human Security and Ecological Security Interests in a Catchment-Towards Upstream/Downstream Hydrosolidarity. Stockholm, Sweden: Stockholm International Water Institute: 37-41.

Gong J Z, Liu Y S, Xia B C, et al. 2009. Urban ecological security assessment and frecasting, based on a cellular automata model: a case study of Guangzhou, China. Ecological Modelling, 220: 3612-3620.

Hamilton D P, Schladow S G. 1997. Prediction of water quality in lakes and reservoirs. Part Ⅰ_model description. Ecological Modelling, 96(1/3): 91-110.

Harris H J, Wenger R B, Harris V A, et al. 1994. A method for assessing environmental risk: a case study of Green Bay, Lake Michigan, USA. Environ Manage, 18(2):295-306.

Hrbacek. 1984. Ecosystems of European man made lakes//Taub F B.Lake and Reservoirs: Ecosystems of the world. Amsterdam: Elsevier: 269-290.

Hunsaker C T, Grahm R L, Suter G W, et al. 1990. Assessing Ecological Risk on a Regional Scale. Environmental Management, 14: 325-332.

Jaromir S, Adam P, Jiri M, et al. 2007. Spatial distribution of the daphnia longispina species complex and other planktonic crustaceans in the heterogeneous environment of canyon-shaped reservoirs. Journal of Plankton Research, 29(7): 619-628.

Kennedy R H. 2001. Considerations for establishing nutrient criteria for reservoirs. Lake and Reservoir Management, 17(3): 175-187.

Li Y, Sun X, Zhu X, et al. 2010. An early warning method of landscape ecological security in rapid urbanizing coastal areas and its application in Xiamen, China. Ecological Modelling, 221(19): 2251-2260.

Liang P, Liming D, Gui J Y. 2010. Ecological security assessment of Beijing based on PSR model.

Procedia Environmental Sciences, 2: 832-841.

Lipton J, Galbraith H, Burger J, et al. 1993. A paradigm for ecological risk assessment. Environmental Management, 17(1): 1-5.

Mageau M T, Costanza R, Ulanowicz R E, et al. 1995. The development and initial testing a quantitative assessment of ecosystem health. Acta Psychiatrica Scandinavica, 1(2): 201-213.

Malin F. 2002. Human livelihood securityversus ecological security—an ecohydrological perspective. Proceedings, SIWI seminar, balancing human security and ecological security interests in a catchment-towards upstream/downstream hydrosolidarity. Stockholm, Sweden: Stockholm International Water Institute: 29-36.

Megill B D. 1977. An Introduction to Risk Analysis. Tulsa: Petroleum Publishing Company.

Mische P M, Ribeiro M A. 1998. Ecological Security and the United Nations System. Tokyo: United Nations University Press.

Nilsson C, Berggren K. 2000. Alterations of riparian ecosystems caused by river regulation. Bioscience, 50(9): 783-792.

NMHPPE. 1991. Environmental quality standards for soil and water. Netherlands Ministry of Housing, Physical Planning and Environment, Leidschendam, Netherlands.

OECD. 2003. Environmental Indicators: Development Measurement and Use. Paris: OECD Publication.

Pirages D. 1997. Demographic change and ecological security. Woodrow Wilson International Center for Scholars Environmental Change & Security Project Report, 3.

Quigley T M, Haynes R W, Hann W J, et al. 2001. Estimating ecological integrity in the interior Columbia river basin. Forest Ecology and Management, (153): 161-178.

Rapport D J. 1989. What constitutes ecosystem health? .Perspectives in Biology and Medicine, 33(1): 120-132.

Rapport D J. 1995. Ecosystem health: exploring territory. Ecosystem Health, 1: 5-13.

Rapport D J, Bohm G, Buckingham D, et al. 1999. Ecosystem health: the concept, the ISEH, and the important tasks ahead. Ecosystem Health, 5(2): 82-90.

Rapport D J, Gaudet C, Karr J R, et al. 1998. Evaluating landscape health: integrating social goals and biophysical process. Journal of Environmental Management, 53: 1-15.

Salencon M J, Thebault J M. 1996. Simulation model of a mesotrophic reservoir (Lac De Pareloup, France): MELODIA, an ecosystem reservoir management model. Ecological Modelling, 84: 163-187.

Schaeffer D J, Kerster H W, Herricks E E, et al. 1988. Assessing ecosystem impacts from simulant and decontaminant use. Journal of Hazardous Materials, 18(1): 1-16.

Seda J, Petrusek A, Machacek J, et al. 2007. Spatial distribution of the daphnia longispina species complex and other plangktonic in the heterogeneous environment of canyon-shaped reservoir. Journal of Plankton Research, 29(7): 619-628.

Straškraba M. 1994. Ecotechnological models for reservoir water quality management. Ecological Modelling, 74(1): 1-38.

Straškraba M, Tundisi J G, Duncan A, et al. 1993. State of the Art of Reservior Limnology and Water Quality Management. Netherlands: Kluwer Academic Publishers.

Thornton K W, Kimmel B L, Payn F E, et al. 1990. Reservior Limnology: Ecological Perspectives. New York: Wiley.

Tufford D L , McKellar H N. 1999. Spatial and temporal hydrodynamic and water quality modeling analysis of a large reservoir on the South Carolina (USA) coastal plain. Ecological Modelling, 114(2/3): 137-173.

Tundisi J G, Straškraba M.1999.Theoretical Reservoir Ecology and its Applications. Sao Carlos: Backhuys Publishers B V.

Ulanowicz R E. 1995. Ecosystem integrity: a causal necessity//Westra L, Lemons J. Perspectives on Ecological Integrity. Berlin: Springer.

Ulmann F. 1998. Reservoirs as ecosystems. International Review of Hydrobiology, 83: 13-22.

USEPA. 1992. Guidelines for Ecological Risk Assessment. Washington: USEPA.

USEPA. 1998. Guidelines for Ecological Risk Assessment. Washington: USEPA.

USEPA. 2003. Framework for Cumulative Risk Assessment. Washington: USEPA.

Vorösmarty C J, Sharma K P, Fekete B M, et al. 1997. The storage and aging of continental runoff in large reservoir systems of the world. Ambio, 26(4): 210-219.

WCED. 1987. Our common future. Tokyo：Report of the World Commission on Environment and Development.

Wetze T, Stephen T. 1990. Reservoir ecosystems: conclusion and speculations//Thornton K W, Kimmel B L. Reservoir Limnology: Ecological Perspectives. New York: John Wiley &Sons, Inc.

White G F. 1973. Natural Hazards Research. London: Metheun & Co. Ltd.

Zhang Z L, Liu S L, Dong S K. 2010. Ecological security assessment of Yuan River watershed based on landscape pattern and soil erosion. Procedia Environmental Sciences, 2: 613-618.

2 总体技术框架

2.1 水库及水库分类系统

水库是介于河流和湖泊间的半自然半人工水体，水库通常指蓄水量大于10^6m^3、具有明显河流来水特征的蓄水水体，大坝是水库的标志。

水库分类具有实际意义。但总体上，水库分类系统目前尚无统一认识，尤其是从水库生态环境特征角度建立的划分方式存在显著差异。大多数已有的分类系统均基于单个国家、区域的经验和所掌握的数据开展，普适性、代表性均有欠缺。例如，Shadin（1958）对俄罗斯水库进行了分类，但由于所覆盖的均是比较大而浅的水库，普适性相对差；Margalef（1975）针对西班牙 100 个水库生境特征开展了水库划分的首次正式尝试，其建立了两个划分原则，即水体矿化程度、水体富营养化程度，并最终识别建立了 4 种水库类别，有力地推动了水库分类研究；Straškraba 和 Tundisi（1999）首次开展了较为全面、多角度的水库分类。本章着眼于水库形状大小、水库服务功能、水库生态环境特征等方面，梳理、构建水库分类系统。

1. *以水库大小为划分依据*

以水库大小作为衡量标准，是最为普遍的水库类型划分方式。考虑水库的流域面积、水库体积等因子，水库一般分为大型、中型、小型。由于国家和区域差异性的存在，不同地区的实际划分标准略有不同。国外常见的划分标准见表 2-1。其中，本书关注的三峡水库为典型的大型水库。

表 2-1 基于形态大小的水库分类系统

类型（按大小）	面积/km^2	体积/m^3
大型	10^4～10^6	10^{10}～10^{11}
中型	10^2～10^4	10^8～10^{10}
小型	1～10^2	10^6～10^8
微型	<1	<10^6

2. *以水库功能为划分依据*

水库在建设初期一般具有某个单一的原始功能或主导功能（如防洪、发电、灌溉、饮用水供给等）。除了主导功能外，目前多数水库还有许多附属功能，包括水体净化、休闲旅游（如游泳、钓鱼、划船等）、农业养殖（包括养鱼、贝类养殖、水产作物种植等）、生物多样性保护（如水生作物、鸟类、动物栖息地的保护）等。

按照水库的主导功能，水库可以初步划分为防洪和水利调节、蓄水、发电、饮用水供给、渔业养殖、灌溉、航运、娱乐 8 种类型。不同类型水库的形态特征、物理特征有所差异，见表 2-2。

表 2-2 基于主导功能的水库分类系统

类型（按主导功能）	大小	深度	停留时间	出流深度
防洪和水利调节	小型到中型	浅	地域决定	表层
蓄水	小型到中型	—	多变	表层以下
发电	中型到大型	深	多变	接近底部
饮用水供给	小型	深（推荐）	长	中间到深层
渔业养殖	小型	浅	短	表层
灌溉	小型	浅	长	表层
航运	大型	深	短	整个侧向
娱乐	小型	浅	长	表层

其中，本书关注的三峡水库是典型的综合性功能水库，其建设之初是为了改善长江中下游的防洪形势，此外，还具备发电、航运、饮用水供给、渔业养殖、灌溉、娱乐等多种服务功能。

关于水库功能能否正常发挥，水量是水库管理者首要关注的要素。但随着水环境问题的日益突出，水质状况成为水库服务功能保障的另一关键要素。例如，饮用水供给需要较好的水质，某些生产用水供给系统对水质也有底限要求，鱼类生存、水体景观、休闲旅游等均需要清洁的水体。

3. 以水库水动力特征为划分依据

对于水库水生态系统，较为关键的影响因子包括：水库的流域属性（气候、地理位置、流域级数）、水库形态特征（大小、深度、地形、出口位置）、水库水动力特征（水库贯通性、水体混合等）、水库水质特征（水化学、营养状态等）。

对依据水库水动力特征的分类系统而言，以水力停留时间（rentention time，表示为 R）为表征的水库贯通性在很大程度上影响了水体混合、温度分层等其他特征。据此，首先着眼于水力停留时间进行水库分类。目前较受认可的分类方式见表 2-3。

表 2-3 基于水动力特征的水库分类系统

类型（按停留时间）	水力停留时间/d	备注
河流型（短时间停留）	$R \leqslant 15$	以充分混合为特点
过渡型（较长时间停留）	$15 < R \leqslant 365$	实际停留时间与水库的出口位置和混合特征关系密切
湖泊型（长时间停留）	$R > 365$	具有显著分层特点

注：也有相关研究按照 20d、300/280d 的阈值进行划分。

值得注意的是，对于单个水库，由于其季节性调节的特征，该水库在不同时间段所属的类型可能会发生变化。对于大型水库，由于不同水域水动力特征有差异（如干流与支流、库尾与库首），同一水库不同水域的具体类型也可能不同。

对于有较长停留时间的水库，可以进一步根据混合特征进行细分（Straškraba and Tundisi，1999）。混合特征主要受水库的地理纬度、垂直高度、温度及冰情等因素影响。

（1）暖单季（warm monomictic）混合水库：全年无冰期；一年一次完全混合；位于 23°N～40°N，平均温度在 4℃以上。

（2）连续暖多季（continuously warm polymictic）混合水库。

（3）不连续暖多季（discontinuously warm polymictic）混合水库。

（4）不混合（amictic）水库：年均温度 4℃以下，偶尔出现冰情。

（5）两季混合（dimictic）水库：位于 40°N～68°N；一年春秋季两次完全混合。

（6）连续冷多季（continuously cold polymictic）混合水库。

（7）不连续冷多季（discontinuously cold polymictic）混合水库。

4. 以水库营养状态为划分依据

水库水质受人类影响而不断发生变化，对依据水库水质特征分类的系统而言，理论上需要筛选更多的能够反映水库水体天然特性的因子来进行划分。水库营养状态在最初被提出时，并非是针对人类活动的影响而设计的，而旨在反映水库的自身属性和生境特征。随着人类社会经济的发展，水库富营养化问题成为水库目前最为突出的问题，因此，重点从水库营养状态的角度进行水库分类。

与湖泊类似，按照营养状态的不同，水库大致可以分为 3 类：贫营养、中营养、富营养。富营养又可进一步细化为轻度富营养、中度富营养和重度富营养。不同学者的理解不同，上述名称有所出入，但划分大致与其相似。除此之外，也有一些不常见的、特殊的富营养化类型。例如，Straškraba 和 Tundisi（1999）提到了“病态富营养”（dystrophic）、“钙化富营养”（calcitrophic）。前者主要指产生于森林地区、因植物分解产生的棕色水体，pH 较小、营养物质异常丰富；后者针对钙化水体，由于水体中磷与钙发生沉淀现象，富营养化过程显著不同。

基于营养状态的水库分类系统，其核心和争议焦点在于表征指标的选择、营养级别的划分标准两个方面。

（1）营养状态指标选择。自 1926 年 Harvey 发现海水中 N：P 为 16：1 以来，国内外开始广泛关注氮、磷对植物生长的限制作用（刘慧等，2002）。1958 年 Redfield 比值（浮游植物 C：N：P=106：16：1）的提出极大地促进了该领域的研究（USEPA，2001；刘慧等，2002）。70 年代以来，究竟哪种营养元素更具限制作用成为国内外学者研究和争论的热点（杨东方等，2005）。从相关研究来看（蒲新明等，2001；刘浩和尹宝树，2007），营养物质中常量元素方面以对 N、P、Si 的关注较多，微量元素以对 Fe 的关注较多。一般来说，以下 5 个指标为衡量富营养化的基本变量，即总氮（TN）、总磷（TP）、叶绿素 a（Chla）、透明度（SD）或藻类浊度、溶解氧（DO）。沉水植物、底栖动物、Fe、Si 等指标根据区域实际情况酌情纳入。

（2）营养级别的划分标准。根据 Cloern（2001，1996）提出的富营养化概念模型、浮游植物生物过程概念模型，以浮游植物为核心的生物过程，虽然直接受营养盐供给的影响，但这种影响明显受到过滤和调节（图 2-1）。水体物理特征充当了“过滤器”的角色，除了光照、温度、盐度等因子影响生物过程以外，地形、水体流速、风也通过影响水体的混合与循环来影响营养物的输入、循环和吸收（Chai et al.，2006；USEPA，2001）。由此，不同的地质、气候条件及不同水体特征对营养物的浓度水平反应具有很大的差异（USEPA，2001，2000，1998），即营养物敏感性（nutrient susceptibility）具有鲜明的地域差别、季节变化和个体差异（张远等，2006；USEPA，2000）。相应地，营养状态的判定标准也难以统一。营养物富集国家的中营养水体可能是营养物贫乏国家的富营养水体。因而，理论上，水库营养状态划分标准的确定需要单独分析构建或者与同类型水体类别分析构建。

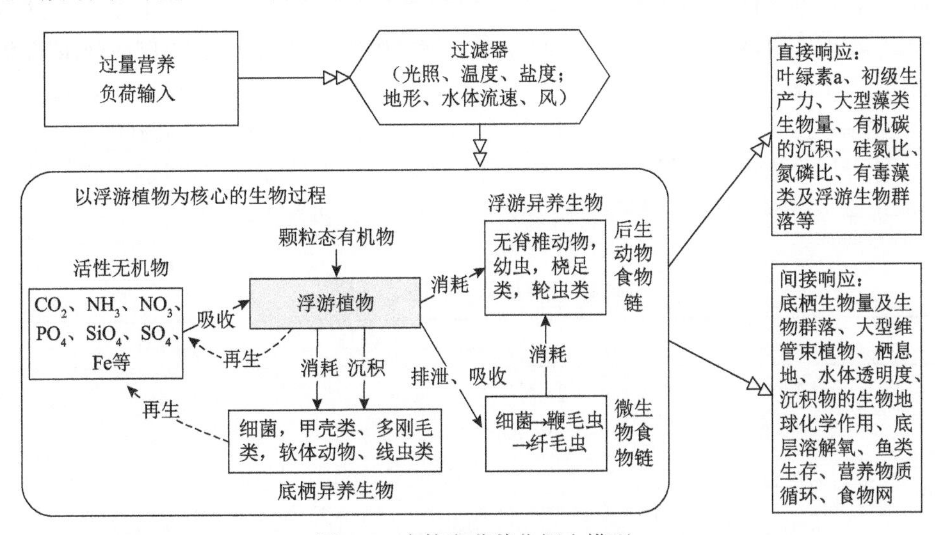

图 2-1　水体富营养化概念模型

参照 Cloern 富营养化、浮游植物生物过程模型重新绘制

尽管营养状态的判定标准普适性有限，但国内外大量学者仍然开展了广泛的探索（Lind et al.，1993；Thornton and Rast，1993； Hilbricht-ilkowska，1989；Walker，1985）。以叶绿素 a 为代表的较受认可的分类标准见表 2-4。

表 2-4　基于水库营养状态的水库分类系统

叶绿素 a/(mg/L)		营养级别	水质
夏季平均	年最大值		
0.3～5	<10	贫营养	极好
5～10	10～30	中营养	适宜
10～25	30～60	轻富营养	一般
>25	>60	重富营养	差

2.2　水库水生态系统特征

2.2.1　水库的基本形态特征

诸多研究长期以来将水库、湖泊一同考虑，由于本书针对水库型水体，有必要与湖泊进行区分。二者最直接的区别在于基本形态特征（林秋奇和韩博平，2001；Straškraba and Tundisi，1999）。一般来说，水库较深，湖泊较浅；水库建立于河谷之上，横向坡面呈 V 形或峡谷型，湖泊则呈 U 形或盆型；水库纵向坡面有明显梯度，水库库首深、库尾浅，湖泊则是湖滨浅、中间深；汇水流域面积与水面面积的比值，水库大，湖泊小；水库的水动力特征年内变化大、人为控制强，湖泊水动力变化则较为自然、规律。对上述形态特征分析予以拓展，可见，与湖泊相比，水库水体分层现象更为明显，风对水动力的影响较弱，水库水体受流域影响更显著，水库水体具有空间异质性与季节变动性等，见表 2-5 和表 2-6。

表 2-5　水库与湖泊的定性差异

特征	湖泊	水库
自然属性	自然	人工
地质年龄	古老（早于第四纪更新世）	年轻（<50 年）
老化过程	慢	快
蓄水形成方式	低洼处	河谷
流域中的位置	中间	边缘

续表

特征	湖泊	水库
形状	规则的（对称的）	树枝状
岸线发展系数	低	高
最大水深位置	湖中央附近	端点处（坝前）
底部沉积物	本地、土著的	外来、次生的
纵向坡度/梯度	风生流	吞吐流
出流/泄流口	原始的/表面出流	明确的/深处泄流

表 2-6 水库与湖泊的定量差异

特征	湖泊	水库
流域面积：水面面积	小	大
水力停留时间	长	短
与流域的耦合作用	弱一些	更显著
形态特征	U 形	V 形
水位波动程度	小	大
水动力特征	更规则	变化大
脉冲值的出现途径	自然	人为控制
水资源利用系统	少	普遍

2.2.2 水库的基本环境特征

1. 物理环境

水库水域具有复杂多样的水团运动过程，其中与热交换、水动力等相关的物理过程直接影响水库水环境质量。从传统湖沼学的角度出发，太阳热能、风动能是影响这些关键过程的主要因素。对水库而言，除了以上二者之外，贯通的入流、出流特征影响着水体的流场分布、温度分布和密度分布。

从物理（水文）结构角度出发，浅水水库、深水水库是主要关注的对象。其中，后者的物理环境更为复杂，存在着较为明显的垂向分层结构。①表层，指水面以下可被照明的分层、初级生产发生的分层。这一层采用 1%表面光强所对应的水深，约等于塞氏盘所测出水体透明度的 2 倍。该层水体混合充分，温度随深度的变化而变化。②底层，位于水体底部、无光照，温度差异小、垂向混合鲜有，分解过程主要在该层发生。③中间层，位于上述二者之间的分层，一般较窄，仅几米深，温度垂向变化急剧。理论上温跃层就位于该分层。

表层、中间层、底层的边界由密度差异决定。密度主要取决于温度，但也受盐度和浊度的影响。对比较深、停留时间长的湖泊而言，3 个层次比较清晰，因为在中间层有非常明显的温度（密度）梯度，其垂向的混合深度（z_{mix}）也较易识别，即表层温差≤0.5℃所对应的水深（m）作为混合层深度。对出水流频繁贯通的水库而言，混合深度的确定很困难。水库水流和水团运动的频繁变化导致温度垂向剖面的波动。受水库的水力学影响，水库具有一个特殊的、不连续的出流层。出流层及其以上水体混合作用相对明显，出流层以下的水体相对停滞。

与湖泊相比，水库的表层温度和温度垂向分布还会受到停留时间的影响。对停留时间超过 300d 的水库而言，当地理位置和水体大小相似时，水库类似湖泊，底层温度全年恒定。对停留时间略小的水库而言，底层温度随着停留时间的减少而升高，直到表层和底层温度不存在差异。

此外，若要了解水库的物理特征，还必须关注水平方向上的变化。由于上游来水和水库水体的密度不同，来水时产生密度流。来水与水库水体在表层混合，或者进入某一中间层或底层混合，由此在水平方向上会产生三种密度流：表层密度流、中间层密度流和底层密度流。

2. 化学环境

水库水体中的化学元素以多种形式存在，主要包括无机物、有机物及一些复杂化合物。水库水化学过程与水生生物的生长动力过程密不可分，同时也受到物理过程的显著影响，如悬浮颗粒物的沉淀作用。影响水化学环境的主要物质如下。

（1）合成矿物。该类物质对水库水体的硬度、酸碱度、电导率等有重要影响；大多数保守物质不参与水库的化学-生物过程。

（2）营养物。该类物质是对水库中生物生长具有重要作用的生源要素，包括碳、氮、磷、硫、硅、铜、锰等；其属于非保守物质，通过被有机体的吸收和释放而直接参与生物转化的过程。

其中，磷循环是水库营养物转化和生物生长过程最关键的循环。原因在于，大多数水库中的磷是富营养化的限制因素，且水体中可利用的磷相对而言更易被消耗。值得注意的是，水库是磷的存储器，磷不论是被浮游植物吸收，还是以无机颗粒物的形式存在，最终都会聚集于水体的底泥中（尤其是在富营养化状态下），并在缺氧条件下逐渐向周边水体释放。水体中的氮相对于磷来说更为丰富，浮游细菌能够固定大气中的氮以保持氮源充足。氮循环区别于磷循环，由于一些特殊细菌的参与，氮循环过程在无光照条件下的底层仍然会发生。然而，贫营养水体和富营养水体底层的氮循环不同，贫营养水体底部氧浓度高，富营养水体底部氧浓度低，硝化作用主要发生在贫营养水体，反硝化作用（氨化作用）普遍发生在富营养水体。

（3）有机物。该类物质主要来源于工业排放的难降解有机物、城镇生活排放的可降解有机物及浮游植物、大型植物的腐烂分解，通常以化学需氧量（chemical oxygen demand，COD）、生化需氧量（biochemical oxygen demand，BOD）来表征。有机物的降解转化与水体中溶解氧的状态密切相关，成为影响水库水质、富营养化的关键过程。除了有机物降解的氧消耗以外，溶解氧状态还受其他过程的影响，包括浮游植物生长和呼吸、氧浓度和温度背景、水气界面的氧交换、深层的浮游植物沉积和腐烂速率、底泥中有机物含量及其引起的氧损耗、水库的混合状况和停留时间。受浮游植物感光层生长和深水层分解的影响，氧的浓度垂向差异显著，通常表层氧充足、底部缺氧。充分混合状态下的氧浓度通常恒定，分层状态下的氧浓度出现分层。

此外，水库水化学过程与 pH 的关系密切。由酸雨等引起的 pH 的改变将影响磷和氮含量的变化、有机质分解和有毒重金属的释放。例如，氮的硝化作用在 pH 为 5.4～5.6 时停止，固氮作用在 pH 小于 5.0 时停止。

3. 生物环境

由于水库生态系统的环境条件波动大、快而且不规律，水库中的生物常缺乏足够的时间进行种群的生长和繁殖以维持和扩充种群。人为选择导致水库中物种迁入至灭绝过程加快，生物多样性相对较低，生态位相对较宽。生物相互作用机制既有“上行效应”（bottom-up），又有“下行效应”（top-down），视水库的具体条件而定（韩博平等，2000）。水库有别于湖泊的一个明显特征是在水库建造初期，蓄水过程中淹没了大量的植被，腐烂降解的树木既为鱼类等提供了食物，又为其提供了特殊的生境及隐蔽场所，水库生物净生产量，尤其是鱼类的净生产量比较高，到了稳定期，净生产量开始降低。

水库的初级生产者是浮游藻类，次级生产者是浮游动物，主要包括原生动物、轮虫、枝角类和桡足类。水库浮游植物生长的限制因子主要是光和营养盐，单位体积的浮游植物的生长率从入水口到大坝呈降低的趋势，但单位面积生长率相差不多。水库水力停留时间的长短决定了水库中浮游动物能否有足够的时间繁殖并维持其种群。过渡区是浮游动物分布的密集区（Taylor，1971），浮游植物和颗粒状有机物是其主要的食物来源。水库鱼类种类组成与同纬度湖泊相差不大，但各种鱼的相对密度存在一定的差异。通常，在水库建造初期，水库鱼的产量比较高，此后会逐渐降低至稳定。

2.2.3 水库的发展演变过程

理解水库的形成特点与演化规律，对于判定水库生态安全状况所处的阶段、未来发展趋势具有重要作用。筑坝拦截对原河流生态环境产生巨大影响（Petts，1984；Milliman，1997；毛战坡等，2005；陈庆伟等，2007；刘丛强等，2009），其体现在从水文、水质到水生态的一系列响应。首先是水体形态、水循环等物理过程的变化，直接表现为水位抬升、流速减缓、混合减弱、河流连通性破坏等（图 2-2），其次是物质循环等水化学过程的变化，具体表现为沉淀与溶解、吸附与解吸、氧化还原、界面迁移变化等，最后体现为浮游生物、大型水生物等生物过程变化（Klaver et al.，2007；Humborg et al.，2002；Kelly，2001；Nilsson and Berggren，2000；Graf，1999；Jossette et al.，1999；Hamilton and Schladow，1997；Humborg et al.，1997；Vorosmarty et al.，1997；Salencon and Thebaul，1996）。

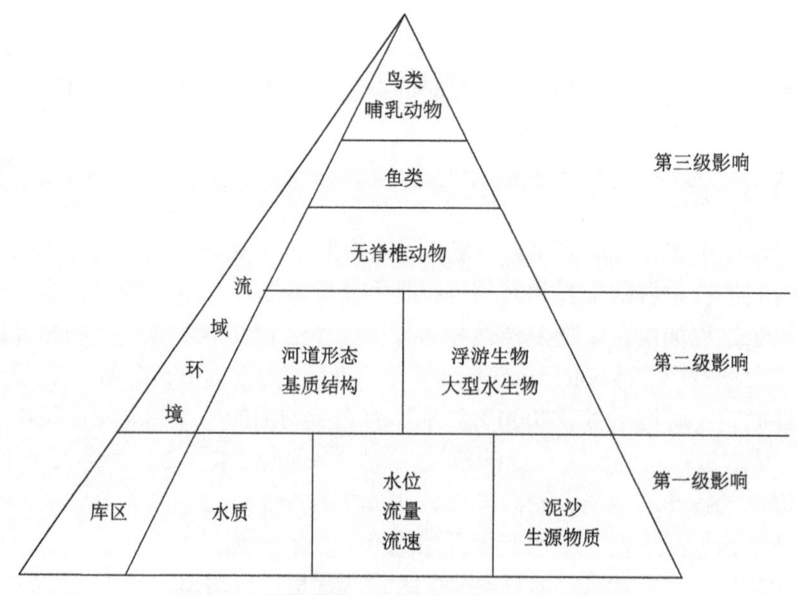

图 2-2　筑坝拦截对水库水环境影响的概念图

筑坝拦截后，水库长期演变一般有两个阶段（王丽婧和郑丙辉，2010；Straškraba and Tundisi，1999）：一是水库发育阶段（reservoir aging process），自水库蓄水开始至水环境基本稳定为止，一般为 4～10 年，不同水库持续年份不一样，该阶段生境变化更多地受成库期间物化过程、生物过程影响；二是水库湖沼化阶段（reservoir limnological evolution），该阶段是水库发育成熟后的稳定变化发展时期，演变趋势与湖泊类似，该阶段生境变化主要受流域人类活动的影响。

图 2-3 为水库发育阶段生态环境演变趋势概念图。由图可见，水库发育阶段又可进一步划分为蓄水期（蓄水开始至蓄水完成，1～2 年）、发育期（3～4 年）、

成熟期（4～5 年），各时期水生态指标变化趋势具有一定的规律，总体上，以溶解氧为表征的水环境质量具有先变差后变好的演变特征。

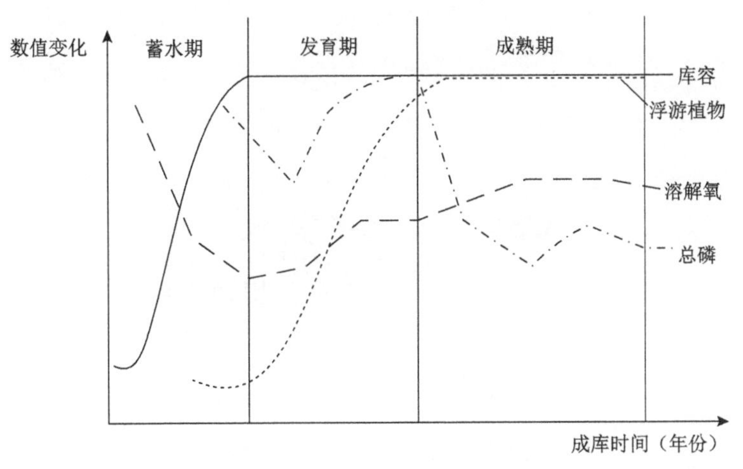

图 2-3　水库发育阶段生态环境演变趋势概念图

2.2.4　水库的时空异质特征

1. 空间异质性

受水库形态特征、水流强度、分层特征的影响，水库水体在水平、垂直方向具有显著的空间异质性，体现为物理环境差异及相应的水化学、生物特征差异。理论上，水库从库尾至库首的水平方向上依次存在 3 个区域，即河流区、过渡区、湖泊区（王丽婧和郑丙辉，2010；张远等，2006；富国，2005；林秋奇和韩博平，2001；Straškraba and Tundisi，1999），见图 2-4。河流区仍保有河流的特征，水面狭窄、水深较浅，在 3 个区域中流速最快、水力停留时间最短，垂向混合较充分，水体浑浊，营养物质含量高，浮游植物生长属于光限制且生长速率较低；湖泊区具有类似湖泊的特征，在 3 个区域中最宽、最深、流速最小，垂向混合弱且分层明显，颗粒物吸附沉淀较强且水体较清澈，营养物质含量较低，浮游植物生长属于营养盐限制；过渡区特征介于二者之间，但由于该区营养物质含量、透明度条件均较好，浮游植物生长速率在 3 个区域中最高。不同的水库各区空间范围不同，甚至整个水库可能全为河流区或者湖泊区；同一个水库在不同水利调度方式下、不同季节时段，各区空间范围也有变动。水库生态安全状况的分析应考虑水库生境的空间异质性，根据水库实际情况予以分析判断。

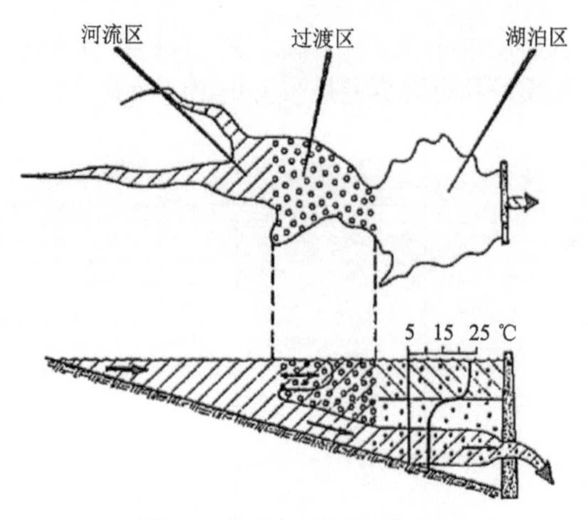

图 2-4　水库空间分区示意图

根据 Straškraba 和 Tundisi（1999）改绘

2. 时间异质性

水库的时间异质性一方面表现为水库生态系统长期演替，另一方面体现为水库生态系统特征随年内水利调度运行、季节节律变化而有差异（王丽婧和郑丙辉，2010）。成库后，原河流的枯水期、平水期、丰水期季节性变动叠加上人为兴利调度控制，形成新的水文过程。根据防洪、发电等功能需求，年内调度一般分为泄水变动期、低水位运行期（防洪限制水位）、蓄水变动期、高水位运行期（正常蓄水位）。

经调控后，枯水期水位较高，丰水期水位较低，呈反季节变化；泄水变动期、低水位运行期水库下泄流量等于或大于上游来水量，水动力条件较好，相反，蓄水变动期、高水位运行期水动力条件较差。

水库调节使得水位波动、水动力条件改变，水环境也随之变化。水动力条件较差的调度运行期，较容易发生水华灾害，是水库管理需要重点关注的敏感时段。正常蓄水位与低水位之间的涨落形成水库消落区，是水库管理必须关注的特殊生境。消落区呈夏季出露、冬季淹没的特征，替代了湖泊湖滨带、河流河岸带的景观格局。成库初期，其污染物二次释放、景观荒漠化问题突出。随着水库演变，其生态效应是正面还是负面取决于消落区生境的自然演替状况与人为干扰强度。

2.2.5　水库生态系统管理特征

水库生态系统管理具有综合性、功能导向性、阶段差异性、不确定性和适应性等特征。

1. 综合性管理

水库生态系统是一个综合性复杂的系统。内容上以水体为中心，涵盖水库库区及其上游流域社会、经济、资源、环境、政策等诸多要素；空间上覆盖面积广，涉及不同省（自治区、直辖市），多个区、县等行政单位。系统内各种要素相互作用和影响，具有高度非线性、动态性、复杂反馈性等系统学行为特征。相应地，这些特征决定了水库水生态系统管理必须立足于“综合性”管理，仅针对水体或某个单项要素进行管理，违背了水库生态系统的特征，其目标往往难以实现。

2. 功能导向性管理

如前所述，水库往往具有不同的功能类型，包括主导功能和辅助功能。对特定功能类型（饮用水供给、防洪、发电）的水库而言，其水库生态系统管理应以保障和维护主导功能为导向，实施针对性的管理措施。例如，以饮用水源供给为主的水库，一项重要的管理办法就是分析水源地垂向水环境状况变化、富营养化状态变化，选择最好的水层作为取水层。

对综合性服务功能显著的水库而言，当多种功能与水体要求发生冲突时，应以执行最高目标限制法为管理原则。例如，水库某水域是工业用水、渔业养殖区，也是备用水源地，则执行水源地水质要求。

3. 阶段差异性管理

水库生态系统所处的安全水平（安全、一般安全、不安全）、生态系统演变阶段（发育波动阶段、稳定湖沼化阶段）不同，决定了其管理需求的差异性。借鉴国际湖泊环境委员会（International Lake Environment Committee，ILEC）的划分理念，将水库管理策略归纳为预防型、治理型和恢复型3种。

预防型管理策略主要针对安全水平较高、处于早期发育阶段的水库，重点实现流域人类社会经济活动的压力与水库生态环境保护的统筹协调、和谐共生，维护和改善水生态安全状况。

治理型管理策略主要针对安全水平一般或较差、处于稳定湖沼化阶段的水库，人类社会影响已对水库水体表现出显著干扰，在全面协调社会经济与环境保护关系的基础上，重点开展多方位的治理措施，改善和恢复生态环境。

恢复型管理策略主要针对安全水平差或极差、处于稳定湖沼化阶段（多属后期）的水库，水库功能受到人类活动的严重影响而无法正常发挥或完全丧失，需要在实施预防、治理措施的同时，采取强有力的措施对水库进行抢救性恢复，但通常恢复时间较长、管理效果显现缓慢。

例如，我国三峡水库、丹江口水库、小浪底水库生态环境总体较好，但局部水域富营养化问题仍然存在，未来发展带来的水环境风险较大（如丹江口大坝加高、三峡175m水位正常运行等），可以定位为“预防-治理”型水库。

4. 不确定性和适应性管理

水库生态系统自成库以来在自然演替特征和人类社会经济双重作用下不断发生变化。未来水生态系统的发展趋势、风险问题、管理措施的效果等均存在不确定性。适应性管理是指围绕系统管理的不确定性展开的一系列设计、规划、监测、管理资源等行动，是确保系统整体性和协调性的动态调整过程，目的在于实现系统健康及资源管理的可持续性。管理者可随环境变化特别是不确定性的影响，不断调整战略以适应管理需要。因而，有效的水库生态系统管理应是针对不确定性的适应性管理。

2.3 水库型流域水质安全评估预警总体技术框架

“水质安全”的概念源自水环境安全、生态安全，其内涵认知是开展流域水质安全评估与预警的基础。水环境安全在实质上涵盖了水质、水量、水生态等多个层面，其中，水质安全（water quality security）是以“水环境质量”为评估终点（end point）的安全，水质安全的压力或胁迫较小，水质状态较好、水质退化风险较低。水库型流域水质安全特指面向水库水体及其流域特征来考量的水质安全。在以水环境质量改善为目标的当下，在“环境质量反降级”理念引领下，常态性、累积性环境风险评估与预警需求迫切。据此，借鉴 USEPA 的《累积性风险评价技术框架》，结合国内水库水环境安全累积性、常态化管理实际需求，梳理并提出水质安全评估预警的总体思路。

（1）从内容框架层面看，水质安全的内涵决定了水质安全管理至少需要剖析 3 个层面的问题，即压力源的状况、水体本身的状态、水体未来退化和恶化的风险判断。前两项可通过“水质安全评估”来考量，第 3 项可诉诸于“水质安全预警”来解决。水质安全评估和水质安全预警是水质安全管理的核心组成部分，二者相辅相成、有机联系。前者侧重于对安全状况的综合、多角度诊断；后者侧重于对安全状况的动态化预测和警示。

（2）从保护目标和指标层面看，水质安全评价强调以水库的“水环境质量”为评估终点，区别于以“生态系统健康”“人群健康”为评估终点和目标的研究。相关研究在实际操作过程中，在水体层面，其指标重点关注物理指标和营养盐、化学需氧量等常规污染物等化学指标，持久性有机污染物（persistent organic pollutants，POPs）等有毒有害污染物指标参考执行，水生生物等生态学指标暂不纳入考虑范畴。

（3）从防控对象层面看，水质安全所面向的压力源（stressor）主要指常态条件下存在的多种压力或压力组合（如人类活动长期压力），非单一突发性事件（如水污染事故、自然灾害）。水库型流域水质安全的防控对象需要紧扣流域特点来考虑，如上游流域来水、库区经济社会发展和土地开发、水库调度等。

（4）从空间尺度而言，着眼于水库水体形态特征、水体循环及污染物输移等理化特征，其水质安全保障强调以“库区范围”为核心边界，面向“全流域”（库区及其上游）的视角来展开，遵循从流域到水体、源头—途径—汇的“过程管理”原则，避免“就水质论水质”。仅关注水体或某个单项要素，忽视了水生态系统的特征，水质安全目标往往难以实现（郑丙辉等，2014）。

（5）从概念衔接和对应关系层面看，水质安全的范畴小于水环境安全、环境安全及生态安全。水质安全评估与预警和水环境风险管理范畴的“累积性”（非突发性）风险评估与预警具有一定的对应性，但在源和受体上并不完全一一对应，需要结合实例具体界定。

2.3.1　内涵特征与技术需求

流域水质安全评估可定义为对流域水质安全状况及其退化、恶化态势的评估（AWWA Research Foundation and American Water Works Association，2001；陈治谏和陈国阶，1992）主要针对评估对象特征和评估需求，采取一定的评估模式和方法，提供定量化的评估结果，从中识别主要问题、安全程度和影响因素。“流域水质安全预警”是针对水质安全状况的退化、恶化的及时报警，其主要是对水质安全状况及演变趋势进行预测、预判，提前发现和警示水质安全恶化问题及其胁迫因素，从而为提出缓解或预防措施提供基础。相应地，水库型流域水质安全评估与预警特指以水库为研究对象，面向水库水体及其流域特征来进行水质安全的评估和预警。

着眼于水质安全概念内涵与管理需求分析，水库型流域水质安全评估与预警具有综合性、动态性、目标导向性、类型特殊性等特点。构建和应用水库型流域水质安全评估与预警技术框架时需要对上述特点和需求予以反映。

（1）综合性。水库型流域是一个综合性复杂的系统，涉及水体及陆域社会、经济、资源、政策等诸多要素，涵盖多个县（区）行政单元。流域水质安全评估与预警既要着眼全局，又要突出重点、凸显特点。在实际研究中，首先需要对研究区的水环境问题进行系统诊断、抽丝剥茧，然后明确研究思路、目标、拟重点关注的问题及防控对象，最后展开评估与预警。

（2）动态性。在自然演替规律和人类干扰双重作用下，水库水质安全一直处于动态变化过程中。未来流域发展压力、环境政策、治理措施也使水环境演变存在极大的不确定性。着眼于此，水库型流域水质安全评估与预警，既要关注状态，又要关注趋势，从当前状态和历史演变趋势中评估水质退化的风险，从未来演变态势中提出对水质安全的预判。

（3）目标导向性。水库型流域水质安全评估与预警的核心目的是保障水库的

"水质安全"；其方式则是通过评估和预警来识别主要压力源（胁迫因素）及其当前和未来的影响程度，以便更有效、及时地采取措施。由于压力源作用的影响程度具有相对性，在实际研究中，必须紧扣"目标导向"，面向特定受体（代表性水质断面）来建立方法、开展分析。

（4）类型特殊性。由于水体形态、水循环特征、水体功能特性不同，水库型流域水体水质安全所关注的要素与其他类型河流有差别，其评估和预警研究具有"唯一性"和"独特性"，研究须紧扣水库型流域特征来开展。例如，须特别重视库区上游来水"过境水"的水质安全；研究全过程均须耦合水库调度背景，考虑年内不同调度运行期的时空差异，以此为基础展开压力源分析、问题识别及水质安全评估等。

2.3.2 技术框架

水库型流域水质安全评估与预警技术框架是协助开展水库型流域水质安全评估与预警的统领性技术工具。在水质安全概念辨析、水质安全评估与预警特征及技术需求分析的基础上，本书提出以水库"水质安全"为核心，涵盖"问题与需求分析（demand）—压力源影响识别（stressor and receptor）—水质安全评估（assessment）—水质安全预警（early-warning）"等技术环节的水库型流域水质安全评估与预警技术框架（water quality security-demand-stressor and receptor-assessment-early-warning，WQS-DSRAEW）（中国环境科学研究院，2017）（图 2-5）。

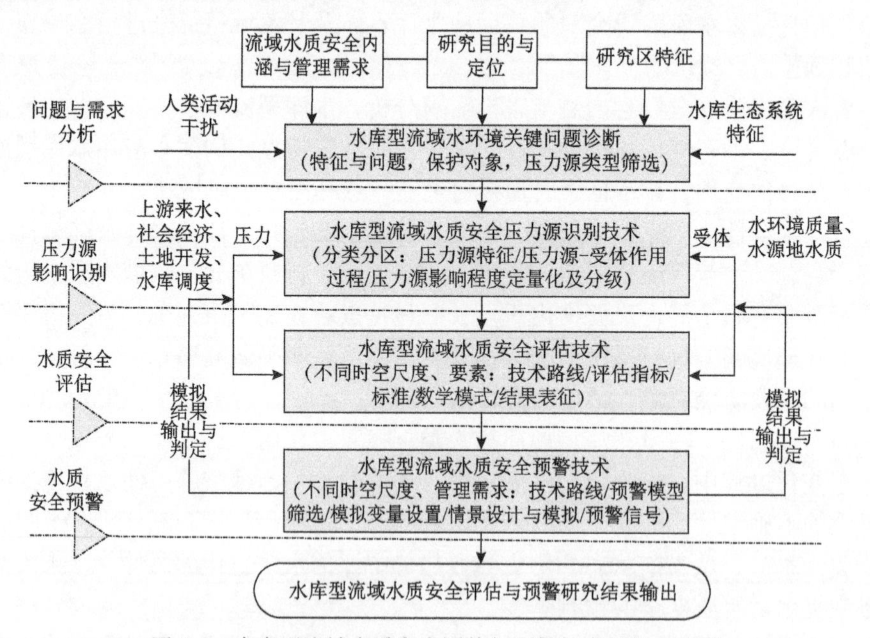

图 2-5 水库型流域水质安全评估与预警技术框架示意图

技术框架的总体考虑如下：①突出两个前提。水库型流域水体水质安全评估与预警强调关注人类活动干扰、基于特定水库的水生态系统特征两个前提。②面向四类压力源。主要围绕水库上游来水污染、库区社会经济发展、库区土地开发、其他重大人为干扰（水库调度）四类压力源（王丽婧和郑丙辉，2010），如图 2-6 所示，可根据实地特征完善调整。本书将水库调度作为研究背景，未纳入压力源，以水库上游来水污染、库区产业化、库区城镇化和区域土地开发作为四大压力源。③保护一类受体。针对水库型流域水环境（尤其是水源地）这一受体，以水环境质量保障为核心，以水质退化风险防范为目的。④开展四项研究。开展水环境安全关键问题诊断、水体水质安全压力源识别、水体水质安全评估、水体水质安全预警，为水库型流域水质安全保障管理决策提供支撑。

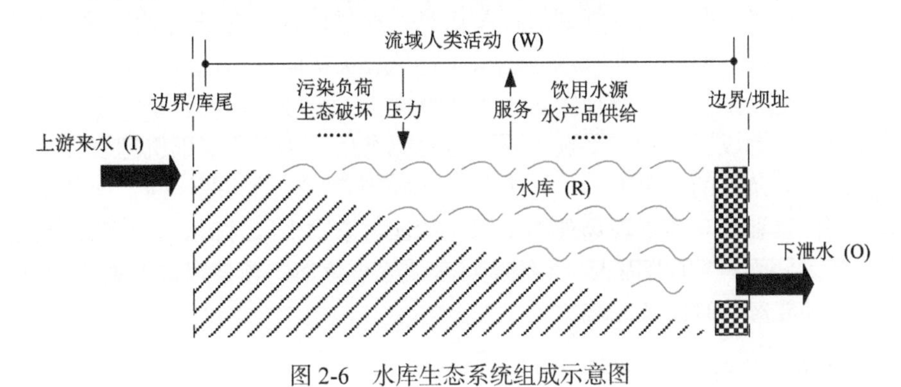

图 2-6 水库生态系统组成示意图

需要说明的是，由于压力源-水体作用过程较为复杂，不同压力源影响的时空尺度各异，水体的响应方式和评估方法也各有不同。为了深化相关研究，技术框架中将广义上理解的“流域水质安全评估”细分为压力源识别、水质安全评估两部分。前者侧重于识别和评估“源”的安全性、危害性，兼顾“受体”易损性；后者侧重于“水体”自身的安全性，兼顾“源”的危害程度。

2.3.3 技术要点

1. 水环境问题诊断

水库型流域水环境关键问题诊断的主要内容是基于研究区的流域水环境要素（水动力、水质、污染排放及输移）特征，识别水环境关键问题，结合管理实际，凝练水质安全评估与预警的需求，明确主要保护对象（某河段、某代表性断面）、风险防控的主要压力源（上游来水、区间点源或面源等）。

水环境关键问题诊断定位于流域水质安全评估与预警的“前提”，决定了整个研究的“基调”。历经多年的开发建设，水库型流域水环境问题比以往任何一个阶段都更为复杂，必须准确研判水环境问题，深化相关机理和演变过程的科学认识，抓准问题的来源及关键矛盾，为水质安全评估与预警的后续研究步骤奠定基础。技术要点包括：①着眼于水库特征“看”问题。水库发育阶段，受筑坝拦截影响，与河流形态相比，水库水体流速减缓、靠近坝前区域干流顶托形成干支流交汇区，导致干流泥沙沉降加强（易吸附污染物并随之沉降），交汇区出现分层异重流、干流营养盐倒灌等现象，应多关注水动力条件引起的水环境变化。水库湖沼化阶段，水库生态环境稳定变化，演变趋势与湖泊类似，但与湖泊水动力变化较为自然的规律不同，其水动力特征年内变化大、人为控制强，研究要突出水库调度的特殊背景（郑丙辉等，2014；王丽婧和郑丙辉，2010；林秋奇和韩博平，2001）。②以水质为切入点“找”问题。剖析流域内干支流主要污染因子，掌握关键水质因子的时空分布、介质分布、形态组成和演变特征，了解流域水功能区划、水质考核断面及其规划目标等信息，通过综合分析来识别问题。③综合多要素来“诊断”问题。着眼水生态系统特征和关键问题，综合降水、水文、污染排放、土地开发、人工物理干扰（水库调度）等流域水环境要素，定性或半定量诊断分析问题成因，初步筛选主要的压力源类型。④强化基础机理研究来“支撑”诊断。有条件的情况下可进一步深化基础研究、辅助问题诊断，如基于模型模拟、同位素和保守离子现场观测来深化特征污染物来源解析等。⑤依托问题诊断来“提炼”评估与预警需求。系统凝练水质安全评估与预警拟重点关注的对象、压力源，主要影响时段及区域。

2. 压力源识别

水库型流域水质安全压力源识别的主要内容是针对所筛选的压力源类型，构建流域压力源与水质安全相互作用关系的概念模式，逐一开展压力源特征及其影响的研究，识别空间上不同受体/断面、在不同时间段的主要压力源，并尽量对其安全程度予以定量化评估。水库调度作为一类特殊的压力源，从多方面影响水库水质安全，一般建议将其作为压力背景与其他单个压力源耦合考虑。

压力源识别定位于流域水质安全评估与预警的“基础”，追根溯源，保障水体水质安全最终是要做好压力源的防控。压力源识别技术要点如下：①综合考虑水库生态系统的特殊性和完整性，认为水库型流域的压力源包括上游来水、流域社会经济（产业化、城镇化）和水库调度影响等方面。②强调分类分区确定压力源识别方法。充分考虑不同类型压力源的作用方式及时空尺度差异，充分关注同一流域不同区域自然条件、经济发展、水环境特征差异。③强调对压力源自身状态和变化的警示判断，评估对象重点在压力源而非受体（水质）。压力源识别和分级的终极目标是保障水质安全，核心则在于控制压力源的污染输出风险，即“源头”的风险防控。④认为压力源识别和分级并不一定要落到水质要素层面，不一定要求与水质本身建立严格的定量化响应来约束，应综合考虑数据可得性、方法应用的时间效率等，在压力源与水质安全相互作用过程中，筛选合适的研究边界。

⑤每一类压力源的概念模型，要明晰和揭示压力源胁迫对水质受体的影响过程、效应范围，厘清二者之间的作用关系。⑥压力源识别中应面向水质安全甄别较敏感的关注区域、关注时段、关注行业等，针对最显著的胁迫压力，选择最为敏感的指标，对其压力状况进行判定和分级。⑦压力源的分级需要着眼于水质安全评估与预警“前瞻性”“警示性”的初衷，遵循状态与动态兼顾原则，反映压力源（如土地开发）对水质安全所造成的固有压力和新增压力；遵循指标少而精准的原则，压力源分级重在快速判断并发出警示的信号，不要求全面地评估，着重反映与水质影响相关的压力源最敏感的状态和最不利的变化（方喻弘等，2016）。

3. 水质安全评估

水库型流域水质安全评估的主要内容是从水体状态、历史演变趋势等角度，提出适用于研究区的一套评估技术方法，包括建立评估指标、评估标准、评估数学模式、分级及结果表征，从而评估水体水质自身的安全性（Delaware River Basin Commission，2013；曾畅云等，2004；傅伯杰，1993）。

水质安全评估是水库型流域水质安全评估与预警的“核心”步骤，在整个技术框架中发挥着“中枢”作用，既承接压力源识别成果，又为水质安全预警技术路线的选择提供基础，为未来模拟预测结果的判定和警示级别划分提供依据。其技术要点的关键在于如何结合流域特征和管理需求，合理确定评估尺度和评估对象，继而提出适宜的评估方法。

4. 水质安全预警

水库型流域水质安全预警的主要内容是对于不同时间尺度、宏观决策或特定问题的管理需求，设定预警技术路线，选择预警工具（机理或非机理模型等），开展设定情景下的水质安全预警。获得相关模拟参数的预测结果后，结合压力源识别、水质安全评估的相关判定标准，形成预警判断，明确预警要素或指标，提出预警级别。

水质安全预警是流域水质安全评估与预警技术框架的“关键”步骤，在整个技术框架中是最具应用价值、体现成果水平的关键环节，承接了前述所有分析的成果，综合提炼形成具体的预警需求。是否能够对未来水质安全问题和趋势有效把控、是否能为流域水质安全管理提供前瞻性支撑，均取决于该步骤。水质安全预警在实际操作过程中，最重要的是根据预警需求，合理确定预警分析的时间、空间尺度，明确预警的技术路线。本书考虑两个层面的预警技术：①着眼于长时间尺度的水质退化风险宏观管理决策需求，建立基于压力-驱动效应的水库型流域水质安全趋势预警技术方法；②着眼于短时间尺度的水质异常波动风险快速应对需求，建立基于受体敏感特征的水库型流域水质安全状态响应预警技术。对应于以上两个层面的预警技术，研发面向不同需求的预警模型、模型变量设置、预警结果判定、预警指标识别及预警信号表征等。

技术要点如下：①考虑水库不同调度运行期，将水库调度背景贯穿水质安全预警过程，突出“水库型流域”特征。②针对长时间尺度预警需求的预警技术，强调长期趋势性预警，涉及多种、组合压力源与受体之间的复杂作用关系，主要考虑正向情景模拟预测预警方式，一般需要建立基于流域-水体作用全过程的预警综合模型（王丽婧等，2016）（如社会经济-土地利用-负荷排放-水动力水质模型，即 S-L-L-W 模型），可集成包括社会经济、土地利用、负荷排放及水动力水质等多个模块。③针对短时间尺度预警需求的预警技术，强调短期响应预警，重点考虑单一或特定压力源与受体之间的作用关系，主要考虑反向响应敏感特征识别的短期预警，一般需要建立功能相对单一、计算快捷的预警模型，以便保证短期预警的目的需求。

2.4 小　结

水库具有独特的水生态系统特征。水库水生态系统特征分析是本书的重要基础。本章尝试性梳理构建了水库分类系统，较全面地分析了水库生态系统特征，包括水库的基本形态特征、水库的基本环境特征、水库的发展演变过程、水库的时空异质特征和水库生态系统管理特征等。

在此基础上，辨析了水质安全的内涵，明晰了其与相关概念的边界。着眼于水库生态系统特征、关键问题、水质安全管理内涵与技术需求，借鉴国外先进理念，提出了水库型流域水质安全评估与预警技术框架（WQS-DSRAEW），阐明了各主要步骤的技术要点。该框架主要面向水库型流域常态化发展（非突发性事故）影响背景下的水环境压力，着眼于水库型流域水质安全评估与预警技术需求而构建，其成果可为水库水环境日常管理提供决策支持。然而，由于水库水体功能（饮用水源、景观水体）、水环境特征和调度运行方式具有差异性，各地社会经济发展水平、水污染状况均有唯一性和特殊性，本书所提供的普适性框架和原则仅供参考。在案例实践中，应结合研究区实际情况，灵活加以应用和改进。

参考文献

陈庆伟, 刘兰芬, 刘昌明, 等. 2007. 筑坝对河流生态系统的影响及水库生态调度研究. 北京师范大学学报(自然科学版), 43(5): 578-582.

陈治谏, 陈国阶. 1992. 环境影响评价的预警系统研究. 环境科学, 13(4): 20-23.

方喻弘, 王丽婧, 韩梅, 等. 2016. 面向流域水质安全预警的土地开发压力源评估方法及其应用. 环境科学研究, 29(3): 449-456.

傅伯杰. 1993. 区域生态环境预警的理论及其应用. 应用生态学报, 4(4): 436-439.

富国. 2005. 湖库富营养化敏感分级水动力概率参数研究. 环境科学研究, 18(6): 80-84.
韩博平, 林秋奇, 段舜山, 等. 2000. 水库生态系统特征与研究进展——物理过程对生态结构与功能的控制//生态学的新纪元——可持续发展的理论与实践. 扬州：中国生态学会第六届全国会员代表大会暨学科前沿报告会.
金相灿, 王圣瑞, 席海燕, 等. 2012. 湖泊生态安全及其评估方法框架. 环境科学研究, 25(4): 357-362.
林秋奇, 韩博平. 2001. 水库生态系统特征研究及其在水库水质管理中的应用. 生态学报, 21(6): 1034-1040.
刘丛强, 汪福顺, 王雨春, 等. 2009. 河流筑坝拦截的水环境响应——来自地球化学的视角. 长江流域资源与环境, 18(4): 384.
刘浩, 尹宝树. 2007. 渤海生态动力过程的模型研究-Ⅱ. 营养盐以及叶绿素 a 的季节变化. 海洋学报, 29(4): 20-33.
刘慧, 董双林, 方建光, 等. 2002. 全球海域营养盐限制研究进展. 海洋科学, 26(8): 47-53.
毛战坡, 王雨春, 彭文启, 等. 2005. 筑坝对河流生态系统影响研究进展. 水科学进展, 16(1): 134-140.
蒲新明, 吴玉霖, 张永山, 等. 2001. 长江口区浮游植物营养限制因子的研究Ⅱ. 春季的营养限制情况. 海洋学报: 中文版, 23(3): 57-65.
王丽婧, 李小宝, 郑丙辉, 等. 2016. 基于过程控制的流域水环境安全预警模型及其应用. 中国环境科学学会学术年会论文集.
王丽婧, 郑丙辉. 2010. 水库生态安全评估方法(Ⅰ): IROW 框架. 湖泊科学, 22(2): 169-175.
杨东方, 王凡, 高振会, 等. 2005. 长江口理化因子影响初级生产力的探索Ⅰ.营养盐限制的判断方法和法则在长江口水域应用. 海洋科学进展, 23(3): 368-373.
曾畅云, 李贵宝, 傅桦, 等. 2004. 水环境安全及其指标体系研究——以北京市为例. 南水北调与水利科技, 2(4): 31-35.
张远, 郑丙辉, 富国, 等. 2006. 河道型水库基于敏感性分区的营养状态标准与评价方法研究. 环境科学学报, 26(6): 1016-1021.
郑丙辉, 王丽婧, 李虹, 等. 2014. 湖库生态安全调控技术框架研究. 湖泊科学, 26(2): 169-176.
中国环境科学研究院. 2017. 水库型流域水质安全评估与预警技术研究. 北京: 中国环境科学研究院.
AWWA Research Foundation and American Water Works Association. 2001. Design of early warning and predictive source water monitoring systems. AWWA research foundation and American water works association. USA.
Chai C, Yu Z, Song X, et al. 2006. The status and characteristics of eutrophication in the Yangtze River (Changjiang) estuary and the adjacent east China Sea, China. Hydrobiologia, 563(1): 313-328.
Cloern J E. 1996. Phytoplankton bloom dynamics in coastal ecosystems: a review with some general lessons from sustained investigation of San Francisco Bay, California. Reviews of Geophysics, 34(2): 127-168.
Cloern J E. 2001. Our evolving conceptual model of the coastal eutrophication problem. Marine Ecology Progress Series, 210: 223-253.
Delaware River Basin Commission. 2013. State of the Delaware River Basin 2013. West Trenton: Delaware River Basin Commission.

Graf W L. 1999. Dam nation: a geographic census of american dams and their large-scale hydrologic impacts. Water Resources Research, 35(4): 1305-1311.

Hamilton D P, Schladow S G. 1997. Prediction of water quality in lakes and reservoirs. Part I — Model description. Ecological Modelling, 96(1-3): 91-110.

Hilbricht-ilkowska A. 1989. Assessment of watershed impact and lake ecological state for protection and management purposes//Salankai J, Herodek S. Conservation and Management of Lakes. Budapest: Akademiai Kiado: 61-70.

Hooper B. 2010. River basin organisation performance indicators: application to the delaware river basin commission: supplementary file. Water Policy, 12: 1-24.

Humborg C, Blomqvist S, Avsan E, et al. 2002. Hydrological alterations with river damming in northern Sweden: implications for weathering and river biogeochemistry. Global Biogeochemical Cycles, 16(3): 1-13.

Humborg C, Ittekkot V, Cociasu A, et al. 1997. Effect of danube river dam on black sea biogeochemistry and ecosystem structure. Nature, 386(6623): 385-388.

Jossette G, Leporcq B, Sanchez N, et al. 1999. Biogeochemical mass-balances (C, N, P, Si) in three large reservoirs of the Seine Basin (France). Biogeochemistry, 47: 119-146.

Kelly V J. 2001. Influence of reservoirs on solute transport: a regional-scale approach. Hydrological Processes, 15(7): 1227-1249.

Klaver G, Os B V, Negrel P, et al. 2007. Influence of hydropower dams on the composition of the suspended and riverbank sediments in the danube. Environmental Pollution, 148(3): 718-728.

Lind O T, Terrell T T, Kimmel B L. 1993. Problems in reservoir trophic state classification and implications for reservoir management//Straškraba M, Tundisi J G, Duncan A. Comparative Reservoir Limnology and Water Quality Management. Dordrecht (NL): Kluwer Academic Publishers.

Mander U, Kuusemets V, Lõhmus K, et al. 1997. Efficiency and dimensioning of riparian buffer zones in agricultural catchments. Ecological Engineering, 8(4): 299-324.

Margalef R. 1975. Typology of reserviors. Internationale Vereinigung für Theoretische und Angewandte Limnologie,19:1841-1848.

Milliman J D. 1997. Blessed dams or damned dams?. Nature, 386(6623): 325-327.

Nilsson C, Berggren K. 2000. Alterations of riparian ecosystems caused by river regulation: dam operations have caused global-scale ecological changes in riparian ecosystems. How to protect river environments and human needs of rivers remains one of the most important questions of our time. Bioscience, 50(9): 783-792.

Petts G E. 1984. Impounded Rivers: Perspectives for Ecological Management. Chichester: John Wiley.

Rzóska J, Wtard J V, Stanford J A. 1979. The Ecology of Regulated Streams. New York: Plenum Press.

Salencon M J, Thebaul J M. 1996. Simulation model of a mesotrophic reservoir (Lac De Pareloup, France): MELODIA, an ecosystem reservoir management model. Ecological Modelling, 84: 163-187.

Shadin W I. 1958. Probleme der Bildung des biologischen Regims und der Typologie in Künstlichen Seen(Stauseen). Internationale Vereinigung für Theoretische und Angewandte Limnologie, 3:

446-454.

Straškraba M, Tundisi J G. 1999. Guidelines of Lake Management Volume 9. Reservoir Water Quality Management. Kusatsu: International Lake Environment Committee.

Straškraba M, Tundisi J G, Duncan A. 1993. State-of-the-art of reservoir limnology and water quality management//Comparative Reservoir Limnology and Water Quality Management. Dordrecht: Springer: 213-288.

Taylor M W. 1971. Zooplankton ecology of a great plains reservoir. Manhattan: Kansas State University.

Thornton J A , Rast W. 1993. A Test of hypotheses relating to the comparative limnology and assessment of eutrophication in Semi-Arid man-made lakes//Straškraba M, Tundisi J G, Duncan A. Comparative Reservoir Limnology and Water Quality Management. Dordrecht: Springer.

USEPA. 1998. Nationl Strategy for the Development of Regional Nutrient Criteria. Washington: USEPA.

USEPA. 2000. Nutrient Criteria Technical Guidance Manual: Lakes and Reservoirs. Washington: USEPA.

USEPA. 2001. Nutrient Criteria Technical Guidence Manual Esturaine and Coastal Marine Waters. Washington: USEPA.

Vorosmarty C J, Fekete B M, Copeland A H, et al. 1997. The storage and aging of continental runoff in large reservoir systems of the world. Ambio, 26: 210-219.

Walker W W. 1985. Empirical methods for predicting eutrophication in impoundments. Report 3, Phase Ⅱ: Model Refinements. Technical Report E-81-9. U.S. Army Engineer Waterways Experiment Station, Vicksburg, Mississippi.

3 研究区概况及水环境演变特征

大型水库自成库后，其水库生态系统演变一般存在 10 年以上的波动发育阶段，此后才进入水库生态系统的稳定演替阶段。三峡水库 2003 年实现一期 145m 蓄水位，2006 年完成二期 156m 蓄水位，2010 年完成三期 175m 蓄水位。三峡水库特大型、高水位变幅运行给长江秭归至江津 600km 的河段的水环境带来了巨大的影响，其生态系统处于三个时期不断干扰—波动—发育—平稳的动态变化阶段。

本章以课题组获得的 2003 年以来的历史数据为基础，结合 2012～2014 年现场调查数据，在课题组前期相关项目研究成果的基础上，从三峡水库蓄水运行产生的水动力条件变化过程入手，以“水质”为关注终点，探索特大型、高水位变幅运行背景下所伴生的水动力特性、水质演化、水污染物输移等规律，剖析和凝练三峡库区的水环境演变特征，诊断识别研究区水质安全的主要问题和对本书的启示，支撑研究区水质安全压力源识别、水质安全评估和预警。

3.1 三峡库区概况

3.1.1 库区自然环境概况

三峡水库位于长江中上游川渝鄂三省接合部，工程坝址位于长江西陵峡中段、湖北省宜昌市三斗坪。水库地理位置为 105°44'～111°39'E，28°32'～31°44'N，水库正常蓄水位 175m，总库容 $393\times10^8\text{m}^3$，防洪库容 $221.5\times10^8\text{m}^3$。175m 正常蓄水位时水域面积为 1084km^2，三峡工程蓄水淹没陆地 632km^2，其中淹没的重庆市陆地面积为 471 km^2，约占 75%。145～175m 蓄水位波动形成特殊生境消落区 302km^2。

库区范围涉及湖北省宜昌市夷陵区、秭归县、兴山县及恩施州巴东县 4 个县(区)，重庆市巫山县、巫溪县、奉节县、云阳县、开州区、万州区、忠县、石柱土家族自治县、丰都县、武隆县、涪陵区、长寿区、渝北区、巴南区、江津区及重庆核心城区（渝中区、北碚区、沙坪坝区、南岸区、九龙坡区、大渡口区和江北区）22 县（市、区）。库区面积 $5.79\times10^4\text{km}^2$。库区范围与行政区划分见图 3-1。

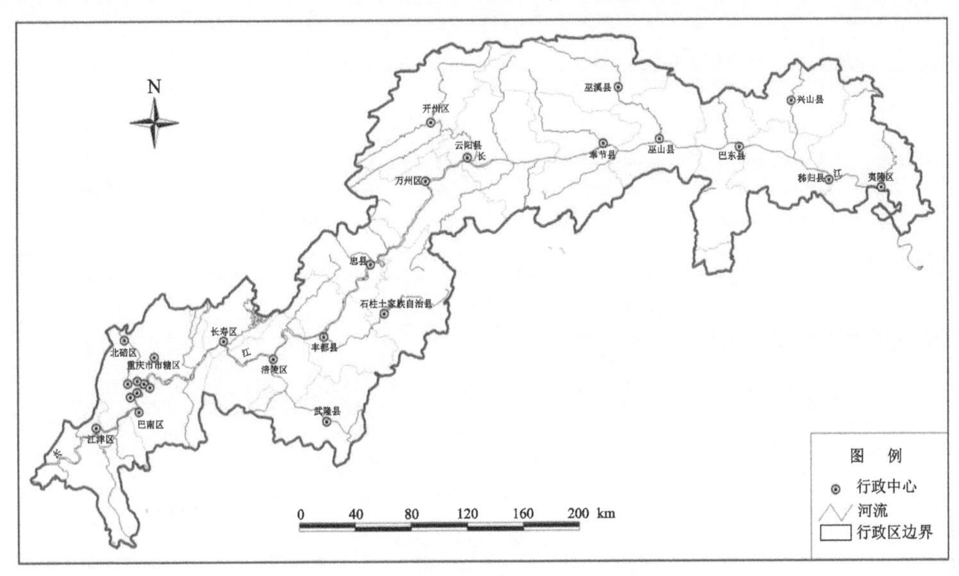

图 3-1 三峡库区范围与行政区划分

1. 地形地貌

三峡库区跨越川、鄂中低山峡谷和川东平行岭谷低山丘陵区，北靠大巴山，南依云贵高原，处于大巴山褶皱带、川东褶皱带和川鄂湘黔隆起褶皱带三大构造单元交汇处。沿江以奉节为界，两端地貌特征迥然不同，西段主要为侏罗系碎屑岩组成的低山丘陵宽谷地形，地势西高东低。库区地貌以丘陵、山地为主，垂直差异大，层状地貌明显；地势南北高、中间低，从南北向河谷倾斜，构成以山地、丘陵为主的地形状态，地形高低悬殊，地貌结构复杂。山脉从奉节一带高程近1000m，至长寿附近逐渐降至 300～500m。东段主要为震旦系至三叠系碳酸盐岩组成的川鄂山地，一般高程 800～1800m。库区内河谷平坝约占总面积的 4.3%，丘陵占 21.7%，山地占 74%。

2. 气候气象

三峡库区属湿润亚热带季风气候，具有四季分明，冬暖春早，夏热伏旱，秋雨多，湿度大、云雾多和风力小等特征。库区年有雾日达 30～40d，库区年平均气温 17～19℃，无霜期 300～340d，年度平均气温西部高于东部。

三峡库区各站年平均降水量一般在 1045～1140mm，年平均降水量以万州最大，达 1228.0mm；秭归最小，为 1001.3mm。降水量空间分布相对均匀，时间分布不均，主要集中在 4～10 月，约占全年降水量的 80%，且 5～9 月常有暴雨出现。1996～2007 年三峡库区年平均降水量变化见图 3-2。

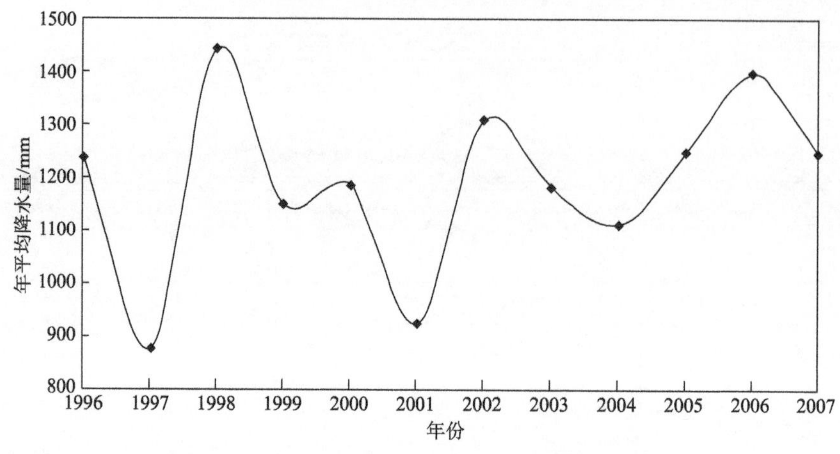

图 3-2　1996～2007 年三峡库区年平均降水量变化

3. 水文水系

三峡工程坝址位于湖北省宜昌市三斗坪，控制集雨面积 $100 \times 10^4 km^2$，占长江流域面积的 56%，年均径流量达 $4510 \times 10^8 m^3$，约占长江年总径流量的 49%，坝址断面多年平均流量为 $14300 m^3/s$。三峡水库长江段自重庆的江津区羊石镇至宜昌市三斗坪共计约 660km，河道平均坡降 0.23%，落差 56m，最宽处 1500m，最窄处 250m。库区支流丰富，其中最大的两条支流是嘉陵江和乌江，湖北省境内最大支流为香溪河，除此之外，还有小江、大宁河等主要支流。库区上游水系发达，有金沙江、乌江、岷江等，水资源丰富（郑丙辉等，2009）。三峡库区主要水文水系见图 3-3，主要支流特征见表 3-1。

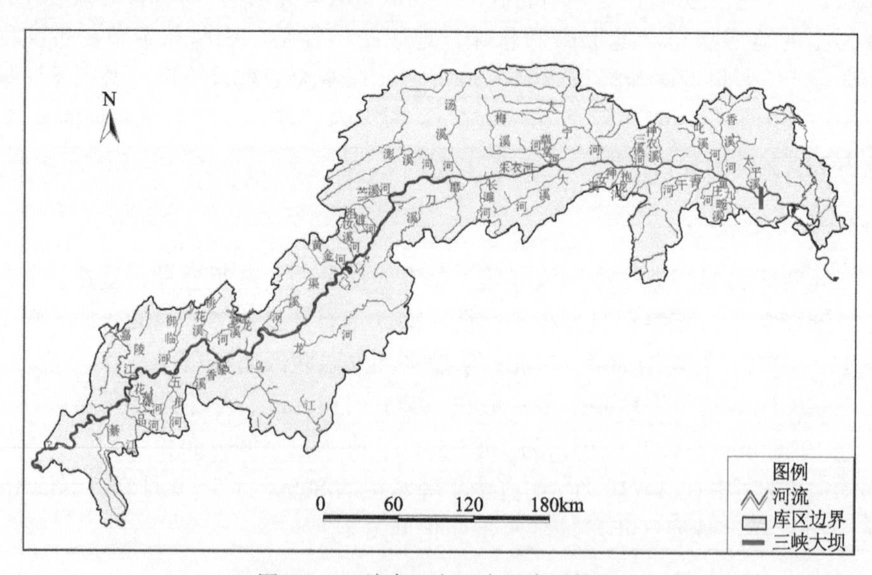

图 3-3　三峡库区主要水文水系简图

表 3-1 三峡库区主要支流特征

地区	编号	河流名称	流域面积/km^2	库区境内长度/km	年均流量/(m^3/s)	入长江口位置	与大坝距离/km
江津	1	綦江	4394	153	122	顺江	654
九龙坡	2	大溪河	195.6	35.8	2.3	铜罐驿	641.5
巴南	3	一品河	363.9	45.7	5.7	渔洞	632
	4	花溪河	271.8	57	3.6	李家沱	620
	5	五布河	858.2	80.8	12.4	木洞	573.5
渝中	6	嘉陵江	157900	153.8	2120	朝天门	604
江北	7	朝阳河	135.1	30.4	1.6	唐家沱	590.8
南岸	8	长塘河	131.2	34.6	1.8	双河	584
渝北	9	御临河	908	58.4	50.7	骆渍新华	556.5
长寿	10	桃花溪	363.8	65.1	4.8	长寿河街	528
	11	龙溪河	3248	218	54	羊角堡	526.2
涪陵	12	黎香溪	850.6	13.6	13.6	蔺市	506.2
	13	乌江	87920	65	1650	麻柳嘴	484
	14	珍溪河	—	—	—	珍溪	460.8
丰都	15	渠溪河	923.4	93	14.8	渠溪	459
	16	碧溪河	196.5	45.8	2.2	百汇	450
	17	龙河	2810	114	58	乌杨	429
	18	池溪河	90.6	20.6	1.3	池溪	420
忠县	19	东溪河	139.9	32.1	2.3	三台	366.5
	20	黄金河	958	71.2	14.3	红星	361
	21	汝溪河	720	11.9	11.9	石宝镇	337.5
万州	22	壤渡河	269	37.8	4.8	壤渡	303.2
	23	苎溪河	228.6	30.6	4.4	万州城区	277
云阳	24	小江	5172.5	117.5	116	双江	247
	25	汤溪河	1810	108	56.2	云阳	222
	26	磨刀溪	3197	170	60.3	兴河	218.8
	27	长滩河	1767	93.6	27.6	故陵	206.8
奉节	28	梅溪河	1972	112.8	32.4	奉节	158
	29	草堂河	394.8	31.2	8	白帝城	153.5

续表

地区	编号	河流名称	流域面积/km^2	库区境内长度/km	年均流量/(m^3/s)	入长江口位置	与大坝距离/km
巫山	30	大溪河	158.9	85.7	30.2	大溪	146
	31	大宁河	4200	142.7	98	巫山	123
	32	官渡河	315	31.9	6.2	青石	110
	33	抱龙河	325	22.3	6.6	埠头	106.5
巴东	34	神农溪	350	60	20	官渡口	74
秭归	35	青干河	523	54	19.6	沙镇溪	48
	36	童庄河	248	36.6	6.4	邓家坝	42
	37	吒溪河	193.7	52.4	8.3	归州	34
	38	香溪河	3095	110.1	47.4	香溪	32
	39	九畹溪	514	42.1	17.5	九畹溪	20
	40	茅坪溪	113	24	2.5	茅坪	1
	41	泄滩河	88	17.6	1.9	—	—
	42	龙马溪	50.8	10	1.1	—	—
宜昌	43	百岁溪	152.5	27.8	2.6	偏岩子	—
	44	太平溪	63.4	16.4	1.3	太平溪	—

库区径流量大，年径流量主要集中在汛期，入库多年平均径流量为 $2692 \times 10^8 m^3$，出库多年平均径流量为 $4292 \times 10^8 m^3$。库区当地天然河川径流量多年平均为 $405.6 \times 10^8 m^3$，径流系数为 0.56。其中，地下径流量为 $84.33 \times 10^8 m^3$，占河川径流量的 21%。

库区内水位年变幅大。各河段因河道形态等特征不同，年内水位变幅达 30～50m。库区河道洪峰陡涨陡落，汛期水位日上涨可达 10m，水位日降落可达 5～7m。库区河道水面比降大、水流湍急，平均水面比降约为 2‰，急流滩处水面比降在 1%以上。峡谷段水流表面流速洪水期可达 4～5m/s，最大达 6～7m/s，枯水期为 3～4m/s。

4. 水资源

库区内水资源由过境水、当地地表水和地下水组成。库区本身水资源并不丰富，以过境水为主，重庆市多年平均水资源总量中地表水 $511 \times 10^8 m^3$，占 11%，地下水 $132 \times 10^8 m^3$，占 3%，过境水 $3981 \times 10^8 m^3$，占 86%。库区重庆段人均水资源占有量 $1799m^3$，耕地亩（1 亩≈$666.67m^2$）均水资源占有量 $1648m^3$，当地地表水资源可基本满足农业灌溉之需，地下水也可满足农村人畜用水，但地理分布不均。西部丘陵区水资源相对贫乏，东部山地相对较丰，在季节分配上，水资源夏秋多，冬春少。三峡库区重庆段各行政区多年平均当地水资源总量分布见表 3-2。

表 3-2 三峡库区重庆段各行政区多年平均当地水资源总量

行政区	计算面积/km^2	降水量/10^6m^3	水资源总量/10^6m^3	地下水资源量/10^6m^3
江津区	3200	3424	1779.33	314.62
巴南区	1830	1978.67	958.44	189.49
渝中区	22	23.41	12.36	1.69
大渡口区	94	102.75	40.96	7.49
江北区	214	223.13	122.19	15.8
沙坪坝区	383	411.81	210.25	30.66
九龙坡区	443	469.26	212.12	39.56
南岸区	279	294.99	143.85	22.53
北碚区	755	858.77	428.93	62.61
渝北区	1452	1654.69	851.94	122.15
万州区	3457	4246.3	2229.61	317.55
涪陵区	2946	3311.77	1706.76	256.74
长寿区	1415	1667.94	696.44	122.36
丰都县	2901	3233.87	1695.94	302.57
武隆县	2901	3473.3	2283.75	395.21
忠县	2184	2547.81	1129.28	194.62
开州区	3959	5214.21	3035.17	450.57
云阳县	3634	4549.8	3096.31	326.85
奉节县	4087	4820.07	3063.49	779.57
巫山县	2958	3495.37	2399.27	714.28
巫溪县	4030	5649.52	4722.85	797.84
石柱土家族自治县	3013	3707.01	2214.61	318.26
小计	46157	55358.45	33033.85	5783.02

5. 土地资源

三峡库区土地总面积为 $5.77\times10^4km^2$，其中，渝辖库区面积占 80.0%，鄂辖库区面积占 20.0%。库区以山地、丘陵为主，坡耕地广泛分布，人地矛盾突出，水土流失严重，地质灾害多发，生境较为脆弱（王丽婧等，2010）。根据 2017 年三峡库区土地利用分类结果，高密度林地占 49.9%，低密度林地占 40.4%，草地占 3.3%，旱地占 0.7%，水域占 2.3%，水田占 0.1%，城镇、工交及工矿用地等人工表面占 3.3%，见表 3-3。

表 3-3　三峡库区土地资源及类型分布　（单位：km^2）

行政区	土地总面积	高密度林地	低密度林地	草地	水域	人工表面	旱地	水田
渝中区	23.8	0.8	1.9	0.1	2.6	14.4	4.1	0.0
北碚区	754.7	242.5	342.0	19.9	14.3	101.8	33.6	0.5
沙坪坝区	396.1	95.4	115.6	15.1	4.0	161.8	4.2	0.0
江北区	220.8	20.2	66.3	0.0	20.7	37.2	76.2	0.2
南岸区	263.1	41.5	93.2	0.1	14.8	85.6	27.1	0.8
九龙坡区	433.9	107.4	136.0	22.8	7.7	153.3	6.7	0.1
大渡口区	103.0	17.2	18.4	0.7	9.2	47.4	9.4	0.6
长寿区	1422.6	414.0	896.2	0.6	47.3	53.1	8.3	3.0
巴南区	1833.6	473.4	1155.6	3.6	21.1	132.5	47.0	0.4
渝北区	1451.4	264.9	711.1	10.7	31.5	300.1	128.8	4.3
江津区	3201.9	795.0	2124.6	26.1	68.2	176.8	6.3	5.0
万州区	3456.8	1706.8	1520.5	68.1	127.9	27.1	5.8	0.7
开州区	3959.4	1881.3	2059.6	0.9	16.8	0.3	0.4	0.1
忠县	2187.7	667.9	1377.1	7.9	95.3	38.6	0.7	0.1
云阳县	3648.8	1289.7	1936.8	222.4	174.2	22.4	2.8	0.6
奉节县	4086.0	2429.6	827.2	569.0	169.8	83.2	6.4	0.8
巫山县	2959.7	2019.1	438.9	363.4	99.6	35.8	2.0	0.9
巫溪县	4030.0	3016.1	586.0	399.2	25.7	0.9	2.1	0.0
涪陵区	2942.2	399.1	2340.1	9.5	115.4	54.8	9.5	13.8
丰都县	2898.4	2024.3	763.8	14.9	60.3	33.0	1.7	0.4
武隆县	2899.2	1099.7	1745.5	29.2	8.4	3.0	6.5	6.9
石柱土家族自治县	3012.2	2169.6	793.0	18.3	20.9	9.1	0.6	0.6
秭归县	2425.3	1351.2	900.0	0.9	78.9	89.9	3.6	0.9
夷陵区	3424.8	2251.2	996.6	0.3	35.6	138.8	1.5	0.9
兴山县	2326.5	1512.3	697.7	50.8	22.8	39.6	1.9	1.4
巴东县	3354.3	2535.6	673.5	57.0	30.2	55.9	0.2	1.9
合计	57716.2	28825.8	23317.2	1911.5	1323.2	1896.4	397.4	44.9

注：由于数据四舍五入，土地总面积可能与各项加和不完全相符。

6. 生物资源

初步查明三峡库区陆生植物中共有维管束植物约 6088 种，包括种以下等级（亚种、变种、变型）1100 多种，分属于 208 科，1428 属，约占全国植物总种数的 20%。其中，种子植物占全国种子植物总数的 22%。库区乔木树种占比较大，占当地总属数的 20.9%。分布的中国特有属共有 66 属，栽培植物有 140 多属，1100 多种；列入《国家重点保护野生植物名录》的物种有 150 种，珍稀濒危植物 51 种，占全国总数 388 种的 13.14%，其中，濒危种 8 种，稀有种 19 种，渐危种 24 种。分布在海拔 400m 以下的主要有厚朴、桢楠、荷叶铁线蕨、野大豆等。

三峡库区动物资源繁多，库区鸟类有 364 种，兽类有 102 种。在水位淹没线附近地区受水库蓄水影响的物种有鸳鸯、猕猴、水獭、苏门羚、红腹锦鸡，共 5 种，均属于国家Ⅱ级保护动物。库区高海拔（800～1000m）地区分布有国家Ⅰ级保护动物黑叶猴、金丝猴、华南虎（不详），Ⅱ级保护动物猕猴、藏酋猴、黑熊、毛冠鹿、斑羚、红腹锦雉、勺鸡、白冠长尾雉、红腹锦鸡等。

3.1.2　库区社会经济概况

2016 年三峡库区常住人口为 2066.04 万，城镇化率为 60.62%；库区地区生产总值为 3876 亿元，人均生产总值为 1.87 万元（巴东县统计局，2017；重庆市统计局，2017；湖北省统计局，2017；兴山县统计局，2017；夷陵区统计局，2017；秭归县统计局，2017）。

三峡库区地处长江上游川鄂渝的接合部，是长江经济带、“一带一路”的重要组成部分，在促进长江沿江地区经济发展和我国东西部地区的经济交流中具有十分重要的作用。随着我国对外开放逐步从沿海向沿江和内地推进，特别是三峡工程的兴建，这一地区的地缘优势更加明显，在全国经济布局中的地位更加突出。

1. 库区人口状况

2016 年三峡库区常住人口 2066.04 万人，其中，城镇人口 1362.59 万人，平均城镇化率为 60.61%。从人口分布情况看，渝辖库区人口密度普遍高于鄂辖库区，且渝辖库区的渝中区人口密度最大，达到 15610.45 人/km^2，兴山县人口密度最小，仅为 73.61 人/km^2，详见表 3-4。

表 3-4　2016 年三峡库区各行政区域人口状况

区（县）	土地总面积/km^2	常住人口/万人	人口密度/（人/km^2）	城镇人口/万人	城镇化率/%
万州区	3453.90	162.33	469.99	103.55	63.79
涪陵区	2964.70	114.82	387.29	75.15	65.45

续表

区（县）	土地总面积/km^2	常住人口/万人	人口密度/（人/km^2）	城镇人口/万人	城镇化率/%
渝中区	42.10	65.72	15610.45	65.72	100.00
大渡口区	96.30	34.00	3530.63	33.09	97.32
江北区	220.30	86.14	3910.12	82.44	95.70
沙坪坝区	408.00	113.39	2779.17	107.24	94.58
九龙坡区	494.50	120.18	2430.33	110.80	92.20
南岸区	267.90	87.39	3262.04	82.99	94.97
北碚区	754.20	79.61	1055.56	64.35	80.83
渝北区	1438.30	160.25	1114.16	128.59	80.24
巴南区	1754.00	105.12	599.32	83.13	79.08
长寿区	1420.40	82.57	581.32	52.28	63.32
江津区	3198.70	135.33	423.08	88.59	65.46
开州区	3964.00	117.47	296.34	52.58	44.76
武隆县	2868.30	34.60	120.63	14.23	41.13
丰都县	2909.10	58.74	201.92	25.44	43.31
忠县	2187.90	71.67	327.57	29.81	41.59
云阳县	3637.80	91.28	250.92	37.25	40.81
奉节县	4094.30	74.04	180.84	30.22	40.82
巫山县	2963.20	45.55	153.72	17.47	38.35
巫溪县	4022.20	38.90	96.71	13.16	33.83
石柱土家族自治县	3010.90	38.34	127.34	15.68	40.90
兴山县*	2327.00	17.13	73.61	7.63	44.54
夷陵区	3419.57	52.53	153.62	16.87	32.12
秭归县	2427.00	36.23	149.28	8.93	24.65
巴东县	3353.62	42.71	127.43	15.40	36.05
合计	57698.19	2066.04	358.08	1362.59	60.61（均值）

注：由于数据四舍五入，各项加和可能与所列数据不完全相符。

*兴山县城镇化率为 2015 年数据，城镇人口=2016 年常住人口 × 城镇化率。

2. 库区经济发展状况

2016 年三峡库区地区生产总值约为 12495 亿元，占国内生产总值（gross domestic product，GDP）的 1.69%。库区三次产业总产值比例为 1∶7.2∶7.6，其中，第一产业实现增加值 789.75 亿元，第二产业实现增加值 5724.22 亿元，第三产业实现增加值 5980.99 亿元，库区已形成以第二、第三产业为主导的经济结构。库区人均地区生产总值达到 5.70 万元，详见表 3-5。

表 3-5 2016 年三峡库区各区（县）地区生产总值及产业结构现状

区（县）	地区生产总值/万元	第一产业/万元	第二产业/万元	第三产业/万元	人均地区生产总值/元
万州区	8973885	670215	4297576	4006094	55554
涪陵区	8962164	582941	5386658	2992565	78306
渝中区	10502121		303250	10198871	160743
大渡口区	1766624	16252	675751	1074621	52523
江北区	7780091	13248	2112464	5654379	90931
沙坪坝区	7859722	58707	3351735	4449280	69487
九龙坡区	10896657	94981	4793520	6008156	91235
南岸区	7454953	43425	4337706	3073822	86085
北碚区	4754054	158739	3086816	1508499	60090
渝北区	12933462	284276	7390567	5258619	82029
巴南区	6353527	494938	2896162	2962427	61775
长寿区	4540186	439854	2427104	1673228	55033
江津区	6741173	837215	3974023	1929935	50210
开州区	3606216	594512	1792033	1219671	30751
武隆县	1456130	215654	573879	666597	42042
丰都县	1705626	321635	809779	574212	28836
忠县	2407023	389087	1191568	826368	33790
云阳县	2131093	454550	929972	746571	23556
奉节县	2225699	411551	864623	949525	29801
巫山县	1017946	220903	324417	472626	22182
巫溪县	823691	174990	304637	344064	21120
石柱土家族自治县	1454176	252471	717313	484392	37776
兴山县	1047500	127300	559600	360600	61150
夷陵区	5413800	619300	3299800	1494700	103061
秭归县	1180000	239000	446000	495000	32570
巴东县	962097	181763	395222	385111	22526
合计	124949616	7897507	57242175	59809933	57045（均值）

3.1.3 库区移民安置及其影响

按照移民安置规划，三峡库区正常蓄水位 175m，5 年一遇回水线以下，淹没区总面积为 1045km^2，其中陆域面积为 593km^2；移民迁移线下涉及 20 个县市、326 个乡、1711 个村、6530 个村民组；涉及库区受淹没影响的人口共 84.62 万，淹没房屋总面积 3479.47×10^4m^2、淹没耕地 2.84×10^4hm^2。

截至 2007 年底，三峡库区累计搬迁安置移民 122 万人，其中规划建房人口 113 万人；建设各类房屋 4606×10^4m^2，其中还建面积 3839.4×10^4m^2；淹没涉及的 12 座县城已基本完成整体搬迁，114 座集镇中已完成整体搬迁 97 座，搬迁工矿企业 1599 家，库区文物发掘保护复建工作已近尾声。三峡库区移民搬迁安置进度比规划总体提前，移民工程建设管理不断规范，移民工程质量总体良好。

三峡工程 113 万人的大移民中，除了 14 万人为外迁移民外，绝大部分是就地后靠。上百万移民就地后靠搬到高处，对山地坡地进行开发会导致库区生态破坏和水土流失越来越严重。三峡库区人口密度为 279 人/km^2，是全国人口密度的 2 倍左右，是同类地区的 4～5 倍，远远超过适度环境人口容量。库区人均占地不足 1 亩。人地矛盾给生态环境带来巨大压力。库区人口居住分散，部分城镇现居人口不到 2000 人，无法形成自己的经济循环，不能产生聚集效益。

三峡库区移民对生态环境的破坏防治是一项艰巨的工程，2010 年已全面完成移民搬迁安置。要积极推进库区移民安置区能源清洁化，杜绝砍木作柴的现象；不断提高库区人民的环保意识，使人民群众有自觉保护生态环境的强烈愿望。

3.1.4 水库调度运行方式

三峡工程是治理和开发长江的关键性骨干工程，具有防洪、发电、航运及养殖、供水等巨大综合利用效益。

1. 防洪

通过水库调度，可有效削减坝址长江上游洪峰、洪量，使荆江河段防洪标准由现状的约十年一遇提高到百年一遇；配合荆江分洪等分蓄洪工程的运用，在遭遇千年一遇或类似于 1870 年的特大洪水时，可防止荆江河段两岸干堤发生溃决的毁灭性灾害；可极大地提高长江中下游防洪调度的机动性和可靠性，减轻中下游洪灾损失和对武汉市的洪水威胁。

2. 发电

三峡工程规划电站总装机容量 2240 万 kW，年平均发电量 862 亿 kW·h，将为能源不足的华东、华中地区提供可靠、廉价、清洁的可再生能源，对经济发展和减少环境污染起到重要的作用。

3. 航运

三峡水库将显著改善长江宜昌至重庆660km的航道，万吨级船队可直达重庆港，并能很好地改善长江中下游枯水季航运条件。

三峡工程是目前世界上最大规模的水利枢纽工程，三峡水库是我国最大的水库，它的许多指标都突破了世界水利工程/水库的纪录。三峡水库基本特征参数见表3-6。

表3-6 三峡水库基本特征参数表

项目	单位	初期	后期
大坝坝高	m	185	
总库容	10^8m^3	39.3	
防洪库容	10^8m^3	22.15	
正常蓄水位	m	156	175
防洪限制水位	m	135	145
百年一遇洪水，最高库水位	m	162.3	166.9
百年一遇洪水，最大下泄流量	m^3	56700	56700
千年一遇洪水，最高库水位	m	170	175
千年一遇洪水，最大下泄流量	m^3	73000	69800
电站装机容量	MW	22400	22400
多年平均发电量	亿kW·h	≥年平均	

三峡水库按照满足防洪、发电、航运和排沙的综合要求，进行水库调度（图3-4）。每年5月末～6月初，为腾出防洪库容，坝前水位降至汛期防洪限制水位145m。汛期6～9月，水库一般维持此低水位运行，水库下泄流量与天然情况相同。在遇到大洪水时，根据下游防洪需要，水库拦洪蓄水，库水位抬高，洪峰过后，仍降至145m运行。汛末10月，水库蓄水，下泄流量有所减少，水位逐步升高至175m，12月～次年4月，水电站按电网调峰要求运行，水库尽量维持在较高水位。4月末以前水位最低高程为155m，以保证发电水头和上游航道必要的航深。每年5月开始进一步降低水库水位。因此，中水年和丰水年枯水季下泄流量相比天然情况明显增加。

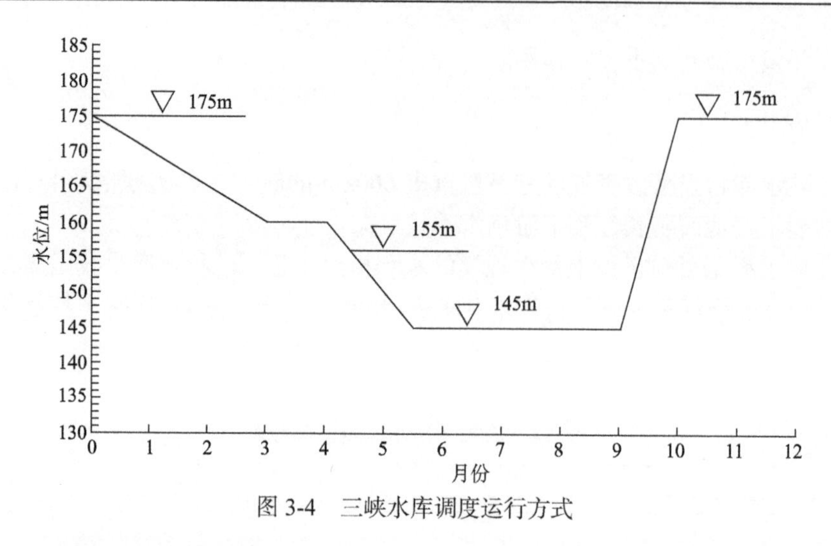

图 3-4　三峡水库调度运行方式

3.1.5　库区控制单元划分

三峡库区是封闭完整的水系单元，受自然及人类活动的影响，是人类发展与自然环境保护的冲突集中区。由于流域环境特征的空间差异性，“一刀切”的污染防治模式显然难以实现水环境的有效保护（王丽婧等，2012；黄凯等，2006）。据此，国家自“十二五”规划开始，对重点流域实施基于控制单元的分区分类水污染防治。控制单元是社会经济、环境特征相似，空间位置邻近且相互关联的一定范围水域和陆域的集合，具有明确的行政管辖权和较为完整的社会、人口、环境、资源等相关资料，是进行水污染防治问题分析、规划任务落实的基础单元（环境保护部，2010；USEPA，1999，1998）。

在考虑流域水系特征、兼顾行政区边界并与水质监控断面、水功能区划、水资源分区相衔接的基础上，国家重点流域水污染防治“十二五”规划编制组将三峡库区及其上游流域分为 3 个控制区、49 个控制单元，涉及 39 个地市、319 个区（县）（王丽婧等，2012）。

3 个控制区：库区、影响区和上游区。库区定位为水库保护核心区，该区域内流域-水体耦合作用显著，水体受人类活动影响大。影响区为水库保护缓冲区，主要由上游三江水系［上游长江（岷江、沱江、赤水河汇入）及嘉陵江、乌江水系］入库毗邻区域构成，90%以上的水库水量经由该区域入库。上游区是水库保护外围防控区，主要为嘉陵江、乌江、岷江、沱江、金沙江上游水系。三区面积分别为 $5.81\times10^4\text{km}^2$、$9.39\times10^4\text{km}^2$、$65.27\times10^4\text{km}^2$。

49 个控制单元：从空间分布来看，3 个控制区中库区控制单元 5 个、影响区控制单元 15 个、上游区控制单元 29 个。按所属行政辖区来看，重庆市控制单元 11 个、湖北省控制单元 4 个、云南省控制单元 6 个、四川省控制单元 24 个、贵州省控制单元 4 个（图 3-5，控制单元以不同颜色的色块区分）。

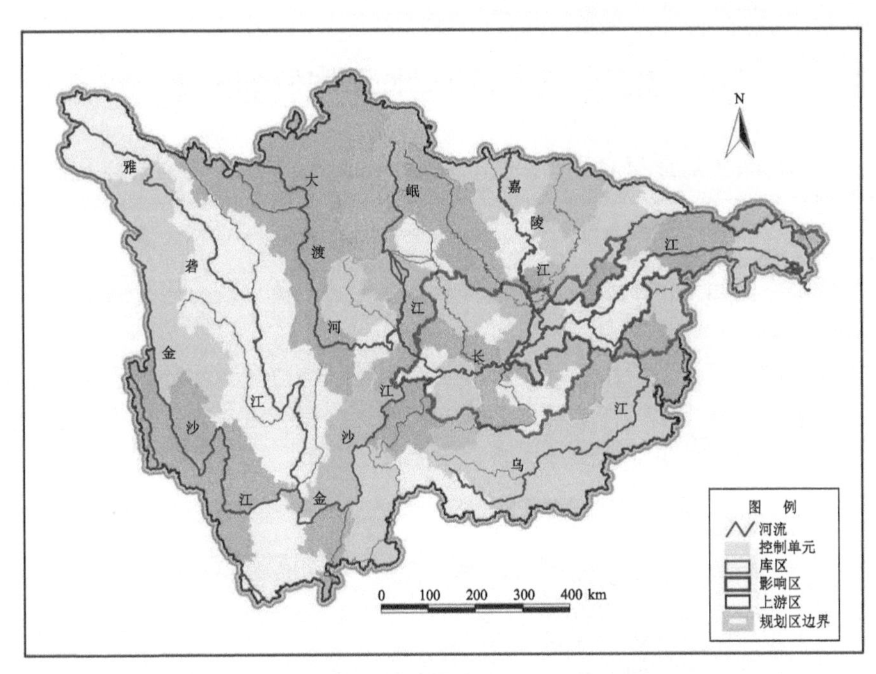

图 3-5 三峡库区及其上游流域控制单元划分示意图

5 个库区控制单元：长江嘉陵江重庆市辖区控制单元、澎溪河开县控制单元、长江云阳县巫山县控制单元、长江涪陵区万州区控制单元及恩施州宜昌市控制单元（图 3-6）。

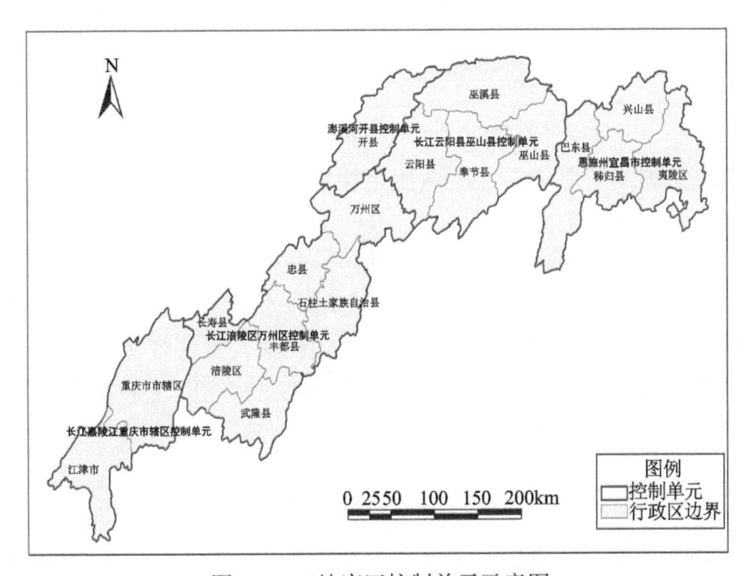

图 3-6 三峡库区控制单元示意图

3.2　三峡库区水动力特征

三峡水库蓄水后原有水动力条件发生巨大变化，干流、支流差异显著，产生生境类型分化的“突变”效应。综合流动强度、混合类型、水力停留时间等要素的表征，干流仍然保留河流型水体特征，支流大部分呈深水湖泊特征；干支流交汇的区域（支流回水区）水团混合过程复杂多变，水体出现分层异重流，并呈现多种异向流态。

水库建设及运行阶段水循环过程、水动力特征的改变与水环境质量演变密切相关。在水库正常蓄水运行过程中，水库年内调度运行将作为区别于其他水体类型的一个背景条件，贯穿始终地影响着水库水质安全。

3.2.1　水位变化特征

水库成库后，依据水库的功能需求，按照一定的调度方式运行。三峡水库等综合型大型水库的调度原则是兼顾防洪、发电、航运和排沙等综合要求，协调好除害与兴利各部门之间的关系，以发挥工程最大综合效益，汛期多以防洪、排沙为主。

水库的调度运行使得水位年内波动加大，并且显著区别于天然水文规律。三峡水库大坝坝顶高程 185m，正常蓄水位 175m，防洪限制水位 145m，枯水季消落低水位 155m。

按照上述运行模式，三峡水库汛末蓄水期间（设计时间为 10 月初）由于蓄水量较大，水位从 145m 提升至 175m；但汛前预泄期（枯水季 5～6 月），水位从 175m 逐步消落至 145m（图 3-4）。由于人工调度的干扰，水库年内水位变幅最大达到 30m，且丰水期水位最低，枯水期水位相对高，显著区别于天然湖泊和河流的水文规律。水库下泄流量与天然流量相比也发生明显变化，对下游生境造成影响（本书暂不涉及下游地区）。

水位的涨落是水库调度对水环境物理条件改变的直接体现。水位周期性变化产生了水库消落带（区）这一相对特殊的生境。水位的抬升导致下游向上游、干流向支流回水顶托，造成干支流水动力条件的改变，水流减缓、水体滞留时间增加，进而导致污染物的扩散和降解特性、营养盐等物质的迁移转化机制、浮游植物的光热条件等发生一系列改变。

3.2.2　水体流速特征

水库成库后，天然河道的水文形势发生了变化。坝前的干流水位因蓄水而被动抬高，并由此产生了逆流而上的回溯水流；位于库区蓄水位下的各条支流也因受到干流这种回水顶托作用的影响，出现了长短不一的回水河段。干流、支流河水流速均下降，但下降幅度和年内变幅存在时空异质性。

三峡水库干流水流呈现自上游流向下游的一维特征，即显著的河道型水库特征(季益柱等,2012;李锦秀等,2002)。夏季水流流速较大(官渡口 0.33～0.67m/s)，冬季水流流速较小（官渡口 0.07～0.15m/s），水流垂向分布差异性较小，纵向整体呈上游流速大，越靠近大坝流速越小的典型特征；在水库整个阶段性蓄水过程中，干流典型断面的流速呈明显下降的趋势。三峡库区支流流速较小，均为厘米级（白水河 0.4～8cm/s），流速最大值出现在蓄水期，最小值出现在高水位运行期，呈分层异重流特性。

1. 三峡水库干流流速特征

2004～2012 年三峡水库干流典型断面不同蓄水时段流速特征值见表 3-7。各个时段干流典型断面流速从库首向库尾均呈降低趋势，上游靠近库首的朱沱断面流速最大，月均流速 1.28～1.51m/s，下游靠近库尾的官渡口断面流速相对较小，月均流速 0.23～0.24m/s。在水库阶段性蓄水过程中，清溪场、沱口、官渡口断面在 135～175m 蓄水过程中平均流速、月平均流速最小值呈逐渐下降趋势；寸滩断面从 172m 蓄水开始，平均流速、月平均流速最小值明显降低；朱沱断面在整个蓄水过程中，平均流速无明显变化。

表 3-7 三峡水库干流典型断面不同蓄水时段流速特征 (单位：m/s)

时段	朱沱		寸滩		清溪场		沱口		官渡口	
	最小值	平均值	最小值	平均值	最小值	平均值	最小值	平均值	最小值	平均值
2004～2005 年	0.86	1.28	1.82	1.99	0.70	0.93	0.15	0.63	0.16	0.24
2006～2007 年	0.87	1.40	1.78	2.14	0.22	0.95	0.12	0.41	0.08	0.24
2008～2009 年	0.76	1.51	0.17	1.60	0.17	0.80	0.10	0.37	0.07	0.24
2010～2012 年	0.76	1.42	0.17	1.42	0.16	0.70	0.08	0.37	0.06	0.23

资料来源：中国环境科学研究院. 长江三峡水利枢纽工程竣工环境保护验收——库区水质影响调查报告。

2. 三峡水库支流流速特征

三峡水库成库后，支流流速显著降低，类似于湖泊或河-湖过渡型水体。支流水动力条件的变化加剧了支流富营养化和水华风险，水流变缓被国内学者普遍认为是支流回水区水华暴发的最大诱发因素。三峡水库蓄水前并没有暴发水华的情况，而试验一期（2003 年 6 月）蓄水时在大宁河等多个支流就监测到了水华暴发的现象。

三峡水库典型支流（大宁河白水河）断面平均流速和流量见表 3-8。蓄水后大宁河支流回水区的流速由蓄水前的 1～3m/s 下降到 0.004～0.08m/s，满足藻类聚集生长的流速条件，毗邻干流的培石断面平均流速较原来的 2m/s 虽然有所下降（0.17m/s），但是仍然显著大于支流流速。

表 3-8　大宁河白水河断面平均流速和流量

项目	2012-07-07	2012-08-14	2012-09-06	2012-09-27	2012-10-17	2012-12-12
流速/(m/s)	0.06	0.08	0.07	0.06	0.006	0.004
流量/(m^3/s)	880.44	1173.92	950.1975	880.44	88.044	54.297
项目	2013-05-16	2013-5-21	2013-5-27	2013-5-31	2013-6-7	2013-6-14
流速/(m/s)	0.04	0.04	0.02	0.05	0.02	0.06
流量/(m^3/s)	710.53	710.53	394.65	709.76	278.81	928.32

3.2.3　水体混合特征

三峡水库属河道型的季调节水库，作为一般的判断，干流水库库容相对较小，夏季形成水温跃层的时间不长；支流夏季形成水温跃层的机会可能多一些，表面水温高，深层水温低，除了洪水期间以外，湖底营养元素在夏季难以混合上行。从混合的程度来看，库区的大部分区域水深较大，以 175m 水位计，水库平均深度 36m 以上，靠近坝前的区域则更深。因此，库区具有温度分层的条件。

水库内水柱的交换程度受密度分层程度的控制，流动性好的水库和流动性差的水库的交换率有很大的差别。采用交换率 α 指标法判断水库水温分层情况的强弱，α 为年入库总流量/总库容，其含义是水库一年可交换的次数。当 $\alpha>20$ 时，为混合型（不分层）；当 $10<\alpha\leqslant20$ 时，为过渡型（弱分层）；当 $\alpha\leqslant10$ 时，为稳定分层型。

根据寸滩多年平均径流（$3593\times10^8m^3$），利用水库运行的水位波动区间计算得到的 α 指标值为 9.1（175m 高水位）和 20.9（145m 低水位）。对三峡水库全库而言，基本可以判断其属于过渡型水库。

结合相关研究成果（中国环境科学研究院，2006），在 30 条典型支流中，大部分支流（占 76.7%，主要集中于库区中下游）的 $\alpha<10$，为湖泊型水体，具有稳定分层的条件；其他支流属于混合型或过渡型水体，主要集中于库区上游，靠近库尾。

3.2.4 水体滞留时间

水体滞留时间反映了水库水体的更新特征。按水力学的划分方法，水体滞留时间 $T_r < 20d$，为过流型水体（类似河流）；$20d \leqslant T_r \leqslant 300d$，为过渡型水体；$T_r > 300d$，为营养型水体（类似湖泊）。将 20d 作为易发水华的参考值。

滞留时间计算公式如下：

$$T_r = V / Q \tag{3-1}$$

式中，T_r 为水体滞留时间，d；Q 为年平均径流量或其他时段平均流量，m^3/d；V 为水库库容，m^3，一般采用有效库容。

1. 干流水体滞留时间

三峡水库的总库容为 $393 \times 10^8 m^3$，其中有效库容 $221.5 \times 10^8 m^3$，死库容 $171.5 \times 10^8 m^3$。由于目前死库容尚未被泥沙占用，可按总库容进行分析。根据三峡水库多年平均情况、175m 水位设计水位运行的水力学特征，按枯季入库流量 $5.06 \times 10^8 m^3/d$ 计算，水体滞留时间为 78d；按年平均入库流量 $12.36 \times 10^8 m^3/d$ 计算，水体滞留时间为 31d。

可见，三峡水库作为季调节水库，不会出现水体滞留时间超过 300d 的情况，即水库与天然湖泊有明显的差别。但是，年内变化非常显著，在入库流量较低的枯水期，水体滞留时间可达 44～78d，说明水库与河流也明显不同。

2. 支流水体滞留时间

支流水体滞留时间明显大于干流，相关研究（中国环境科学研究院，2006）对受干流水位影响较大（在距离大坝 560km 内）的 25 条支流滞留时间进行了分析，结果显示，支流的湖泊特征较干流要明显得多，其中有 15 个支流的滞留时间超过两个月，有两个支流超过一年，仅 8 个支流小于 20d。这也为水华暴发提供了生境条件。

3.2.5 水体水温特征

三峡水库属河道型的季调节水库，库区大部分区域水深较大，以 175m 水位计，水库平均深度 36m 以上，按照三峡水库不同水域纵向分区理论，坝前的区域体现出湖泊生态系统特征，水深较深、水体滞留时间较长，坝前三条一级支流香溪河、神农溪和大宁河在部分水文期呈现明显的水温分层特性。受干流水体倒灌的影响，支流水温垂向分布主要受干流和上游来流水温的控制。

本书对大宁河及其毗邻干流水温分层特征进行了分析。除三峡水库高水位运行期外，大宁河回水区在泄水期、汛限期和蓄水期均存在水温分层现象，长江干流在四个水文期均为完全混合水体。在其他环境条件稳定的情况下（如营养盐充足、光照适宜、浮游动物摄食压力一定），大宁河水温特征有利于水华的形成。

大宁河白水河库湾水温的时空分布特征如图 3-7 所示。大宁河白水河库湾的水温全年变化为 12.93～31.54℃。受气温季节变化的影响，水温在不同水文期差异显著。各个样点垂向分布特征一致：水温基本上随着深度的增加呈逐渐降低的趋势。表底温差最大值出现在汛限期；到了汛后蓄水期和高水位运行期，表底温差迅速降低。

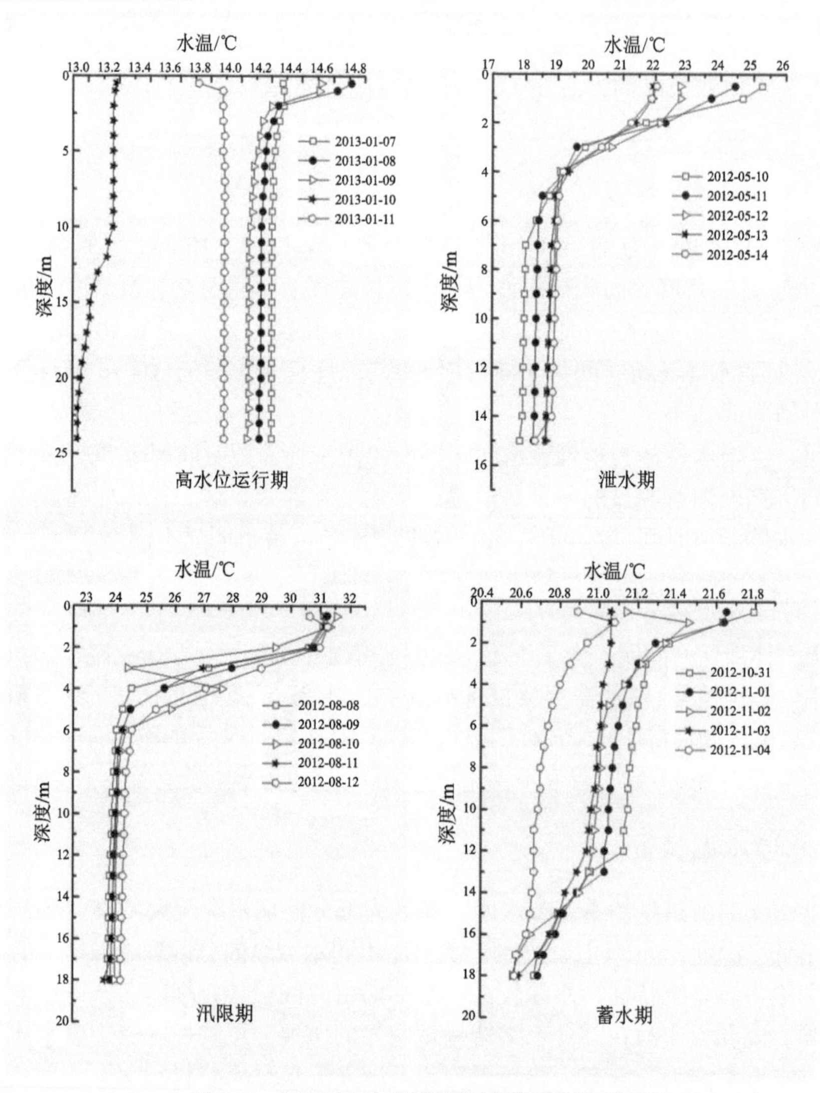

图 3-7 大宁河白水河库湾水温的时空分布特征

Ian 等（2000）在柏林扎克水库研究的技术报告中指出：水体混合层深度的判定标准为温度梯度小于 0.2℃的深度，温跃层深度的判定则按照 Thackeray 等

（2006）提出的判断标准“垂向温度差大于1℃/m的深度”。三峡库区在蓄水期由于水位迅速上升，水体混合强度较强，大宁河白水河断面基本上不存在分层的现象；在高水位运行期的个别调查时间出现了弱分层的现象，基本上处于水体完全混合的状态；在泄水期，温跃层的平均水层为2～4m，非混合层为2～5m；在汛限期，温跃层的平均水层为3～5m，非混合层为2～6m。

结合蓄水前库区支流水温垂向分布观测数据：三峡蓄水成库后导致支流库湾出现了明显的水温分层现象。从水动力角度看：水温分层将导致水团垂向掺混减弱，使藻类停滞在真光层内（水柱中支持净初级生产力的部分）接受充足的阳光而增殖，在其他环境条件稳定的前提下，容易导致水华的暴发。根据“临界层理论”可知：当支流水体混合层深度小于真光层深度时，藻类就能大量接受光照而繁殖，并逐渐形成水华；若遇特殊事件（如暴雨、温度骤降、水位突变等）使得混合层深度大于真光层，则藻类生长会因缺少光照而受到抑制和稀释，从而导致水华消失。三峡水库干流因泥沙含量相对较高，导致真光层深度一般不超过1m；同时水体始终处于混合状态，混合层长期大于50m，故而难以暴发藻类水华。

3.2.6 干支流水团交汇

干支流水团交汇受到“长江倒灌”“支流上游来水”两种驱动力的作用，受水体密度差、支流来流流量、干流水位变幅等影响，在交汇区（支流回水区）出现分层异重流，并呈现多种异向流态。在不同的时间内，长江干流分别从底层、中层和表层流向支流库湾，而支流库湾水体则对应分别以表层、表-底层和底层流向三峡水库干流。从干流倒灌驱动的角度，干流倒灌形式划分为五种类型：无显著倒灌（11月～次年1月）、底部倒灌（2月）、底层倒灌（3月）、中层倒灌（4～8月）和表层倒灌（9～10月蓄水）（刘德富等，2016）。

分层异重流是指两种或者两种以上密度相差不大、可以相混的流体，因密度的差异而发生的相对运动。对水流而言，引起密度差异的主要因素有含沙量、水温、溶解质含量。2012年，课题组对典型支流大宁河水体密度及流速观测结果分析显示，大宁河存在明显的分层异重流现象，见图3-8。

由图3-8可见，大宁河库湾水体密度存在明显的梯度变化，在垂向上从上而下水体密度逐渐升高，在沿程上从下游至上游逐渐变大。2012年7月7日，长江干流来流水体密度较大宁河库湾水体密度低，而大宁河上游入流水体密度较大宁河库湾水体密度高，故在河口处长江干流以上层倒灌异重流侵入大宁河库湾，而大宁河上游入流则以顺坡异重流从底部流出库湾。9月6日，长江干流来流水体密度较大宁河库湾水体密度高，而大宁河上游入流水体密度较大宁河库湾水体密度高，故在河口处长江干流以中下层倒灌异重流侵入大宁河库湾，库湾水体则从表层流出大宁河库湾，而大宁河上游入流则以顺坡异重流从底部流出库湾。9月

27 日，长江干流来流水体密度较大宁河库湾上层水体密度高，但长江干流水体密度较库湾下层水体密度低，而大宁河上游入流水体密度较大宁河库湾水体密度高，故在河口处长江干流以中层倒灌异重流侵入大宁河库湾，库湾水体则从上层和下层流出大宁河库湾，而大宁河上游入流则以顺坡异重流从底部流入库湾。12 月 12 日，长江干流来流水体密度较大宁河库湾水体密度低，而大宁河上游入流水体密度较大宁河库湾水体密度高，故在河口处长江干流以中上层倒灌异重流侵入大宁河库湾，库湾水体和大宁河上游入流则从下层流出大宁河库湾。

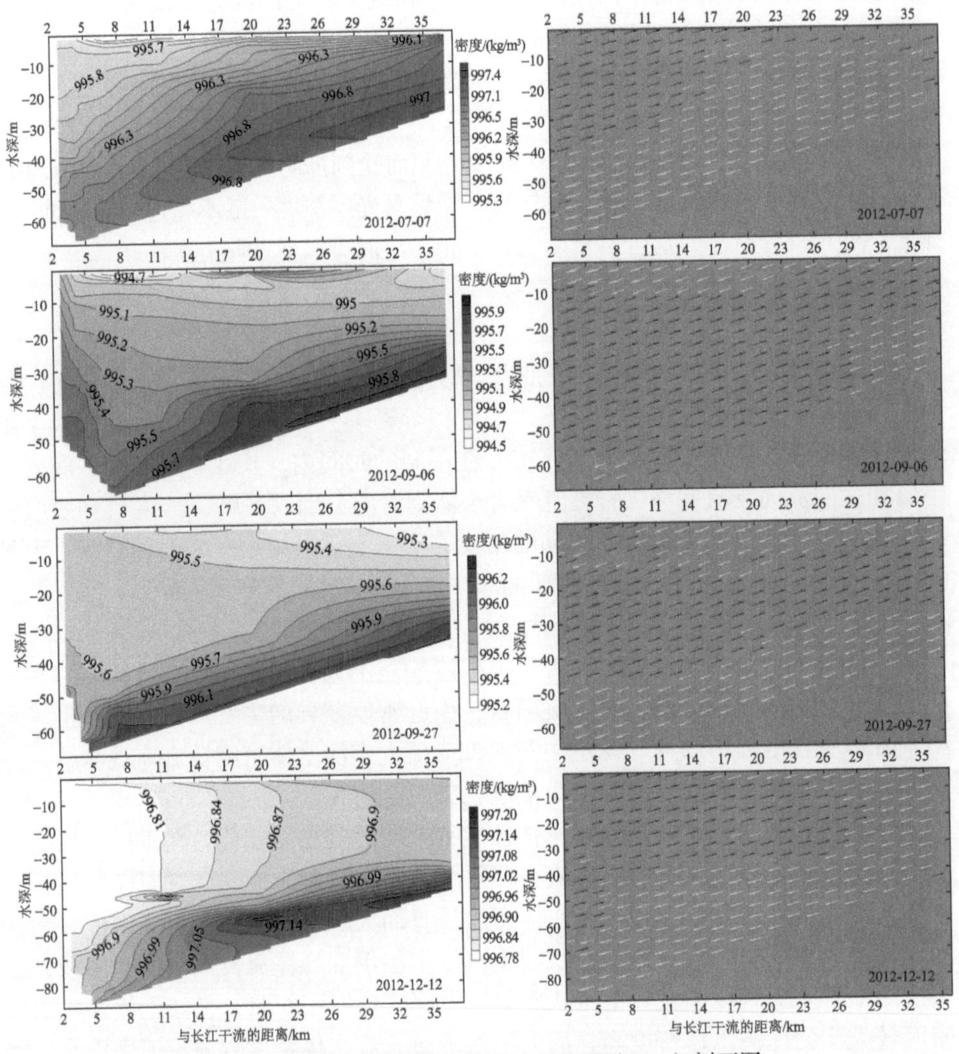

图 3-8　大宁河水体密度及流速（北向流速 VN）剖面图

流速剖面图中白色箭头表示水流从库湾内流向河口，黑色箭头表示水流从水库干流流向库湾上游，箭头长短表示流速大小

3.3 三峡库区水质特征

三峡水库水动力条件的改变导致干支流污染物交换、污染物来源格局的显著改变，使得上游-干流-支流三者的水环境演变具有“同步”效应。库区干流营养盐污染主要来源于上游三江来水（贡献比 80%～90%），支流回水区营养盐主要来源于干流倒灌（贡献比 84%～95%）；在阶段性蓄水过程中，干流水质稳定，营养盐浓度变化与上游三江来水高度关联；支流水质在各次蓄水后具有先恶化、再好转的规律，反映了水库生态系统发育阶段的不稳定特征，干流倒灌的影响从支流河口向上游沿程减弱。在年内不同调度运行方式下，典型支流（如大宁河）水质及沉积物质量沿程分布特征差异显著。

支流营养盐来源格局的特征决定了若要从根源上防控支流富营养化，归根结底要保护好干流水质，管控好上游来水污染物输送压力。本书以“水质”为评估终点，而非“水华”“水生态”，据此，相对支流水体而言，上游来水水体、库区干流水体是更重要的关注对象。

3.3.1 干支流水质变化特征

通过长期连续观测，分析库区干流、支流的水质变化特征。自 2003 年水库蓄水运行以来，库区水环境质量总体稳定，干流基本保持《地表水环境质量标准》（GB 3838—2002）Ⅱ、Ⅲ类水平；支流蓄水后类似湖泊型水体，富营养化问题突出，TP 是主要的水质超标因子，TN 污染较重（按湖库标准）。

1. 干流水质

1998～2012 年库区干流保持Ⅱ、Ⅲ类的稳定、良好状态，Ⅱ类水断面占比呈逐年增大趋势，水质逐渐好转。至 2012 年，干流 18 个断面均达到了Ⅱ类（图 3-9）。干流氮磷营养盐浓度变化与上游三江来水输入的氮磷通量变化高度关联，二者高值出现的时间及变化态势表现出一致性（图 3-10）。

2. 支流水质

2000～2012 年库区支流水质主要为Ⅰ～Ⅲ类。蓄水后，在流域治污力度不断加大的背景下，总体上，水质优于Ⅱ、Ⅲ类断面的比例有所增长；至 2012 年优于Ⅲ类的比例为 97%，水质逐步好转（图 3-11）。从水库阶段性蓄水过程的影响来看，研究发现，在各次蓄水后支流水质具有先恶化、再好转的规律，反映了水库生态系统发育阶段的不稳定特征。受成库后水动力特征影响，支流水质与毗邻干流水体水质关联密切，干流水体倒灌的影响从支流河口向上游沿程减弱。以大宁河支流为例，大宁河水质常年为Ⅰ～Ⅱ类。2012～2016 年，大宁河各断面表层年均 TP 浓度为 0.03～0.11mg/L，均值为 0.08mg/L，干流培石断面 TP 浓度为 0.10～

0.17mg/L，均值为 0.13mg/L，略高于大宁河。从年际变化来看，回水区 TP 浓度变化趋势与毗邻干流一致，但回水区上游断面受干流影响不明显［图 3-12（b）］；从沿程分布来看，表-中-底层 TN、TP 浓度沿上游至河口呈增加态势，河口处浓度值与毗邻干流浓度值最为接近（图 3-13）。

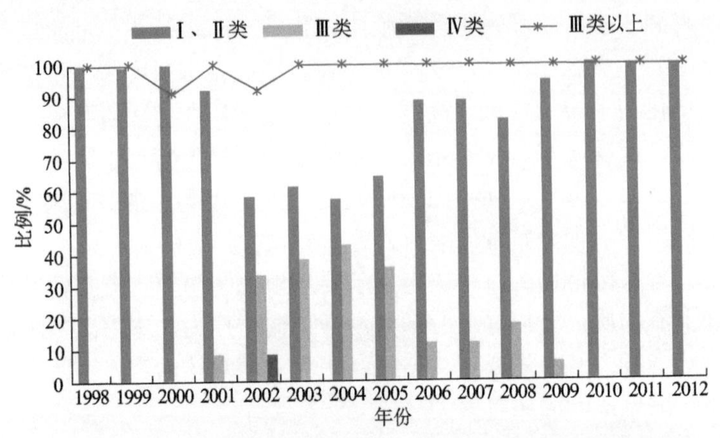

图 3-9　1998～2012 年三峡库区干流断面水质类别比例

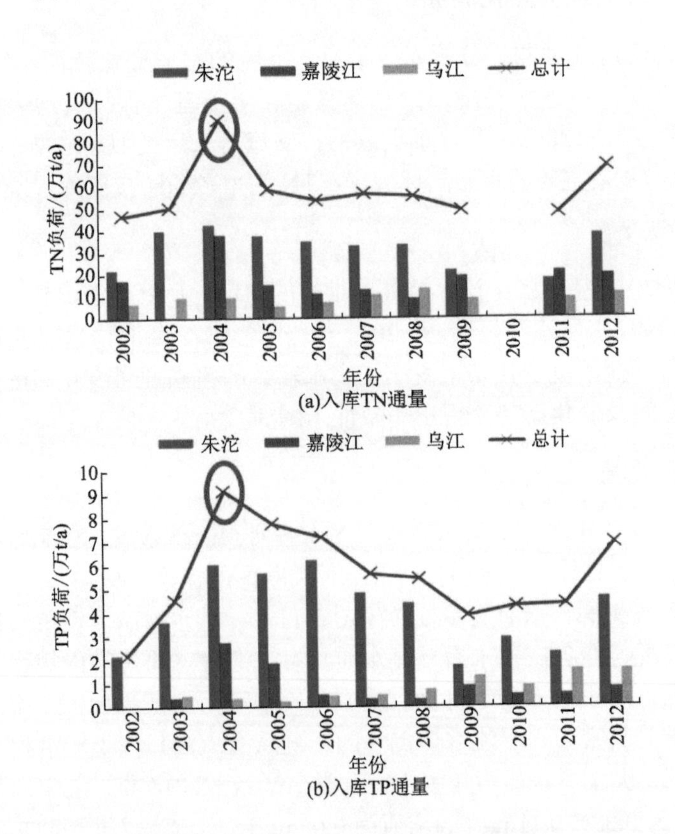

(a)入库TN通量

(b)入库TP通量

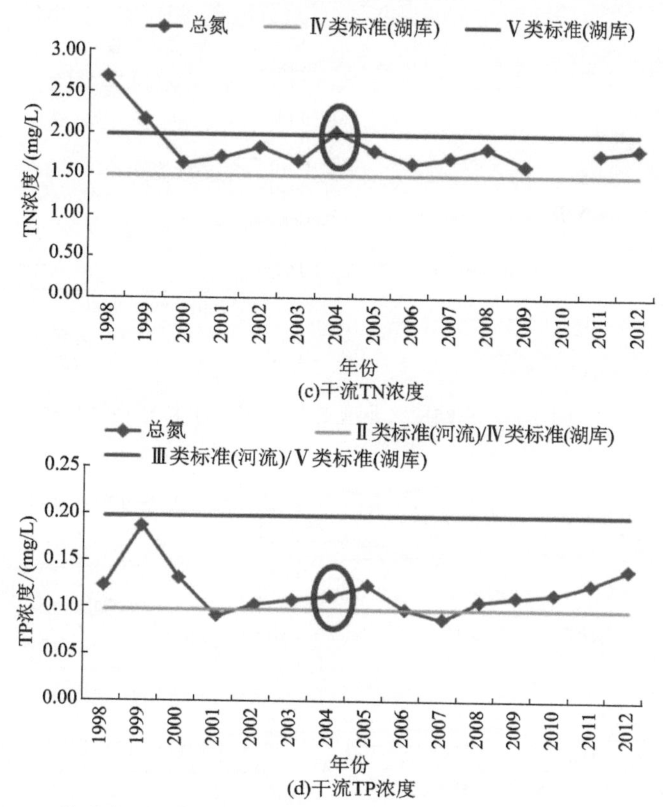

(c)干流TN浓度

(d)干流TP浓度

图 3-10 三峡水库干流氮、磷浓度变化及其与上游入库通量变化的对比

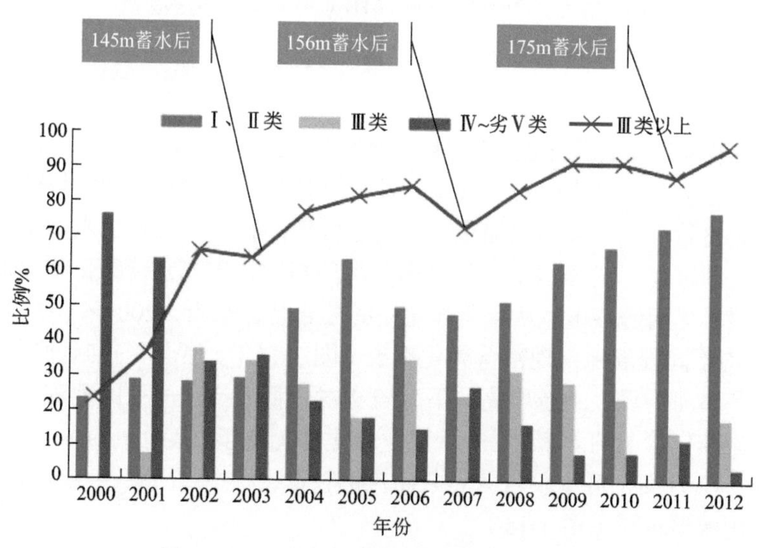

图 3-11 三峡水库支流水质类别变化分布图

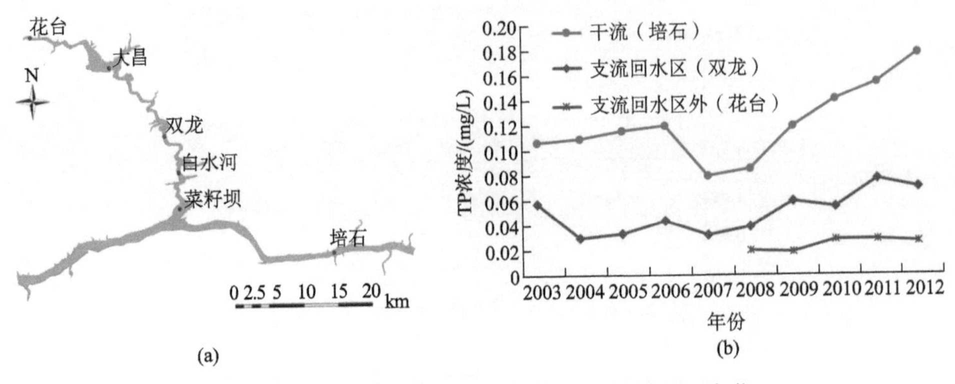

图 3-12　三峡库区典型支流大宁河 TP 浓度年际变化

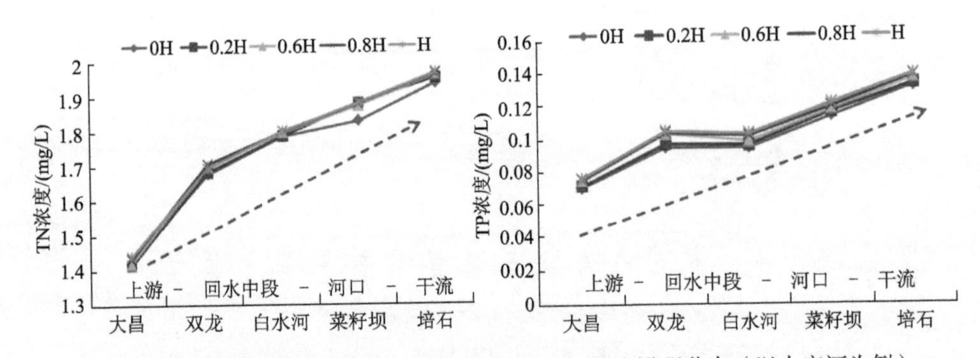

图 3-13　三峡水库支流回水区及毗邻干流 TN、TP 浓度沿程分布（以大宁河为例）

0H 为水体表层，H 为水体底层，0.2H~0.8H 为水深为 0.2~0.8H 处

3. 支流富营养化

从富营养化断面比例来看，2004～2012 年其变化与三峡水库的阶段性蓄水运行过程密切相关，表现出阶段性蓄水后富营养化程度先加重再稳定好转，至下一阶段蓄水后富营养化程度再次加重、再稳定好转的特征，反映了水库水生态系统波动中稳定的过程（图 3-14）。与水库蓄水前相比，支流富营养化状况加重趋势明显，富营养化问题突出。从富营养化空间分布特征来看，2004～2012 年，库区 38 条支流均不同程度地出现富营养化现象（图 3-14），富营养化断面比例空间分布大致以苎溪河为界，上游段高，下游段相对较低。支流所处的地理位置仅是影响水体富营养化状况的因素之一。从富营养化状况的年内变化特征来看，每年 1～2 月和 11～12 月回水区中段富营养断面比例较低，3～10 月富营养断面比例较高，为富营养化敏感时段（图 3-15）。

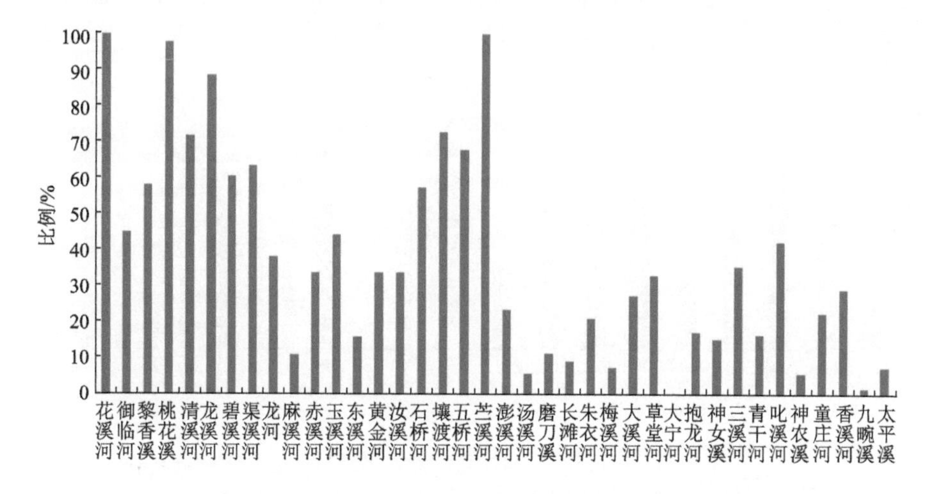

图 3-14 2004～2012 年主要支流回水区中段富营养化断面比例

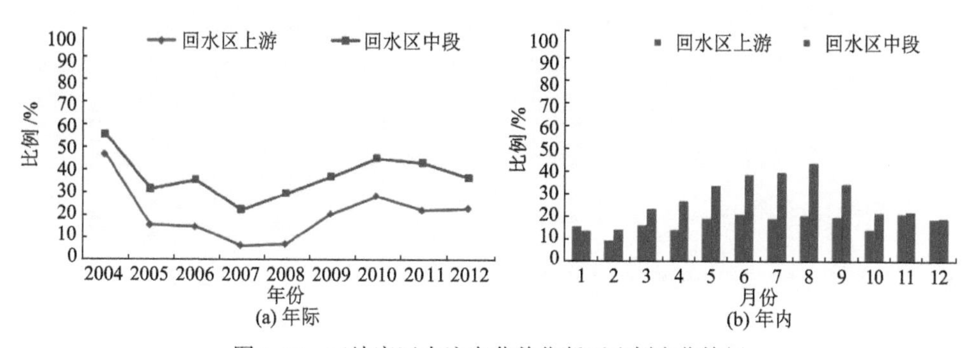

图 3-15 三峡库区支流富营养化断面比例变化特征

4. 支流水华暴发

2004～2012 年库区蓄水后支流水华暴发统计结果（图 3-16）显示，继 2003 年 6 月首次在三峡水库发现水华后，2004～2012 年共发生了 197 起，覆盖 20 余条支流。库区水华暴发次数呈现随不同蓄水期增加趋势，135m 在蓄水期间（2005～2006 年）水华暴发频率呈上升趋势，156m 在蓄水期间（2006～2009 年）水华暴发频率呈先下降后上升的趋势，175m 蓄水后水华暴发频率呈先上升后下降趋势。这与水库水位抬升时，支流河口面积和长度有不同程度的增加，水体滞留时间延长，更适宜藻类生长聚集有关。此后，水生态系统逐渐稳定，水华暴发频率也逐渐趋于稳定。库区全年均可发生水华（2～12 月），水华暴发频率较高的月份为 3～6 月，春夏季是三峡水华的多发季节。其中澎溪河、大宁河、童庄河和香溪河等一级支流的水华较为严重。虽然大宁河处于中营养状态，但其氮磷浓度已满足藻类生长所需要的阈值，且回水区面积较大，导致干支流水体交换频率逐渐减弱，水体滞留时间延长，更适宜藻类生长聚集，从而导致水华的暴发。

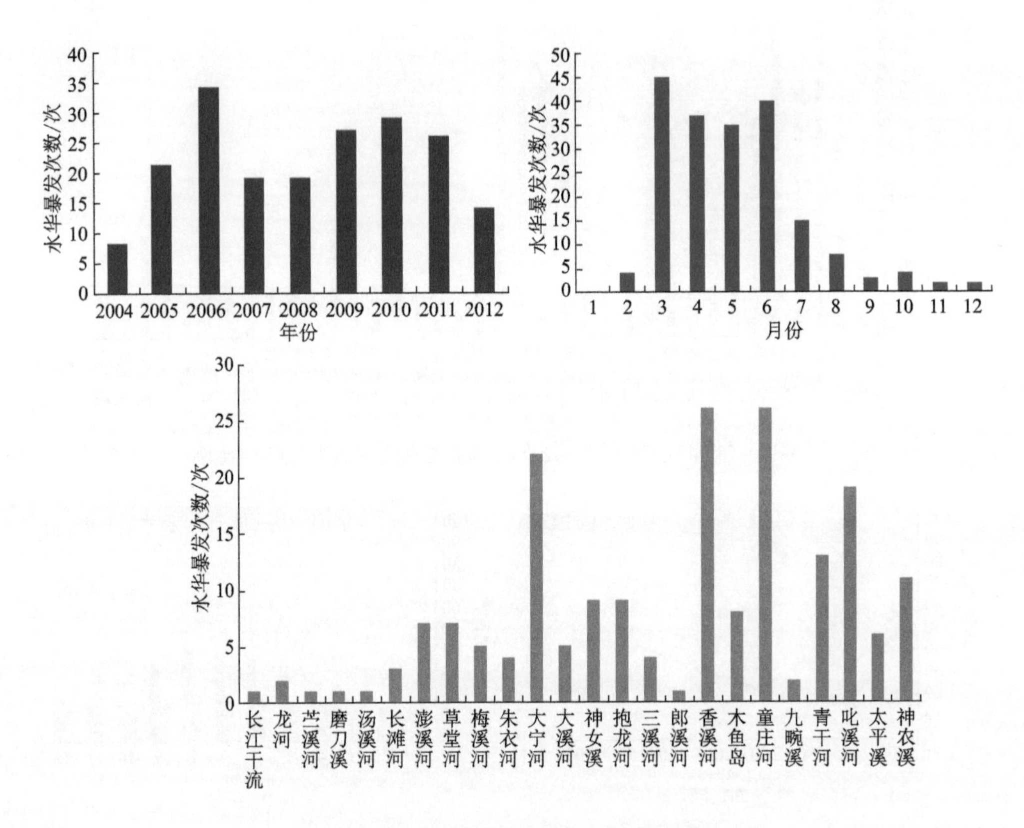

图 3-16　库区支流水华暴发基本特征图

3.3.2　干支流营养盐来源解析

1. 干流营养盐来源解析

基于水文水质同步观测，综合污染负荷核算、基流分割法，确定干流营养盐来源途径及其贡献量。

从空间分布上来看，2016 年上游来水为三峡库区流域入库主要负荷。三峡库区 COD 输入总负荷为 338.19 万 t，其中上游来水 COD 通量为 298.40 万 t，占总负荷的 88.2%，流域内污染排放输入量为 39.79 万 t，占 11.8%，其中 11.1%来自支流汇入，0.7%来自流域内点源排放。氨氮（NH_4-N）入库总负荷为 8.11 万 t，以上游来水输入为主，为 6.74 万 t，占 83.1%，流域内输入负荷为 1.37 万 t，占 16.9%。总磷（TP）入库负荷为 3.68 万 t，以上游来水输入为主，占 91.3%（图 3-17）。

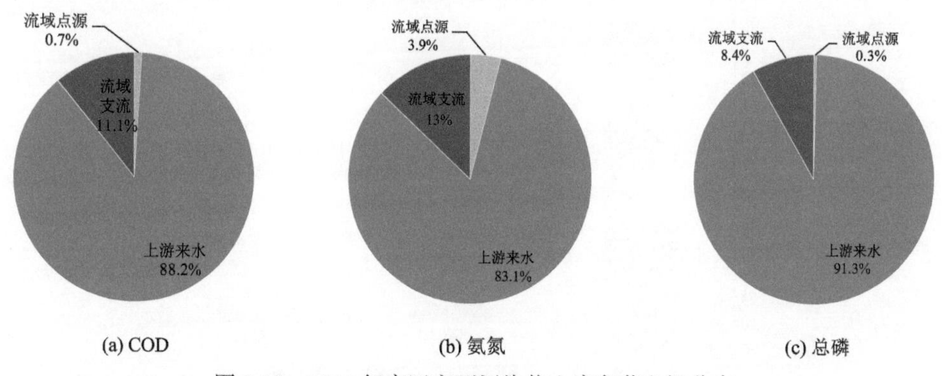

图 3-17 2016 年库区主要污染物入库负荷空间分布

从来源分布上来看：面源污染为三峡库区流域污染负荷主要来源。根据郑丙辉等（2009）的研究，2004 年三江入库 COD_{Mn}、TN 和 TP 的污染负荷分别为 168.96×10^4t、70.30×10^4t 和 10.95×10^4 t；2005 年分别为 228.24×10^4t、66.64×10^4t 和 14.24×10^4t。其中，来自面源的 COD_{Mn}、TN 和 TP 分别占 81.57%～87.19%、63.14%～65.75%和 89.19%～89.48%。可见，三峡库区上游流域面源污染严重，面源是三江入库污染物的主要来源，其对 TP、COD_{Mn} 的贡献率大于 80%，对 TN 的贡献率大于 60%，远高于点源污染贡献率（图 3-18）。

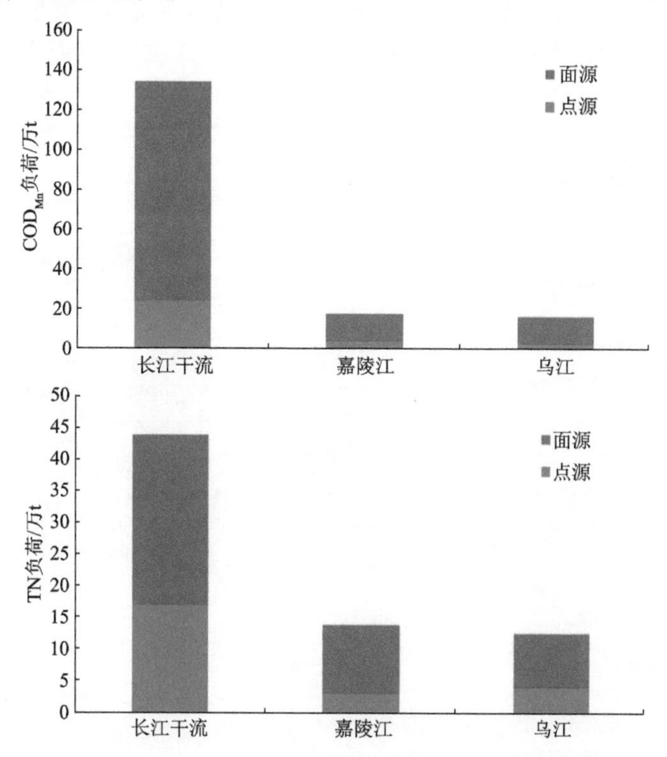

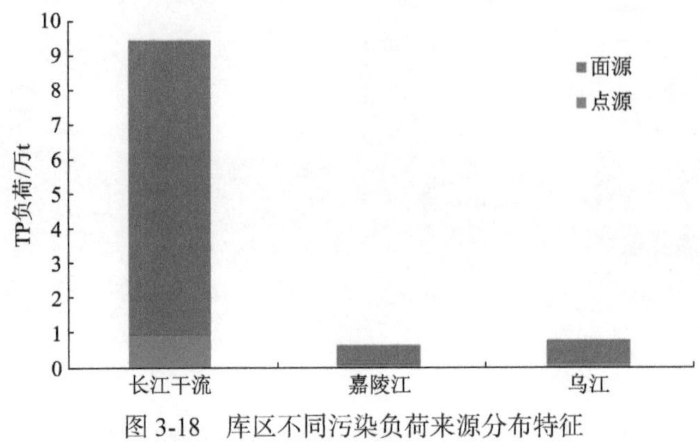

图 3-18　库区不同污染负荷来源分布特征

资料来源：郑丙辉等，2009

2. 支流营养盐来源解析

支流营养盐具有六大输入途径，包括库区支流上游来水输入、干流倒灌异重流补给、内源释放、面源污染、点源污染、消落带土壤释放。2013 年，课题组针对三峡水库蓄水过程（2013 年 9 月 16 日～23 日）中干支流水团交汇过程，在典型支流大宁河进行了现场采样监测，综合采样现场观测、室内实验、同位素及保守离子失踪等方式，识别了支流回水区营养盐输入途径，确定了主要来源，并定量化了其贡献率。研究发现，干流倒灌是支流库湾营养盐的主要来源。

水量贡献：长江干流水团对干支流水团混合区的贡献率在 41.7%～100%，平均贡献率为 78.9%，表明干流倒灌是混合区水团的重要来源。从图 3-19 可以看出，

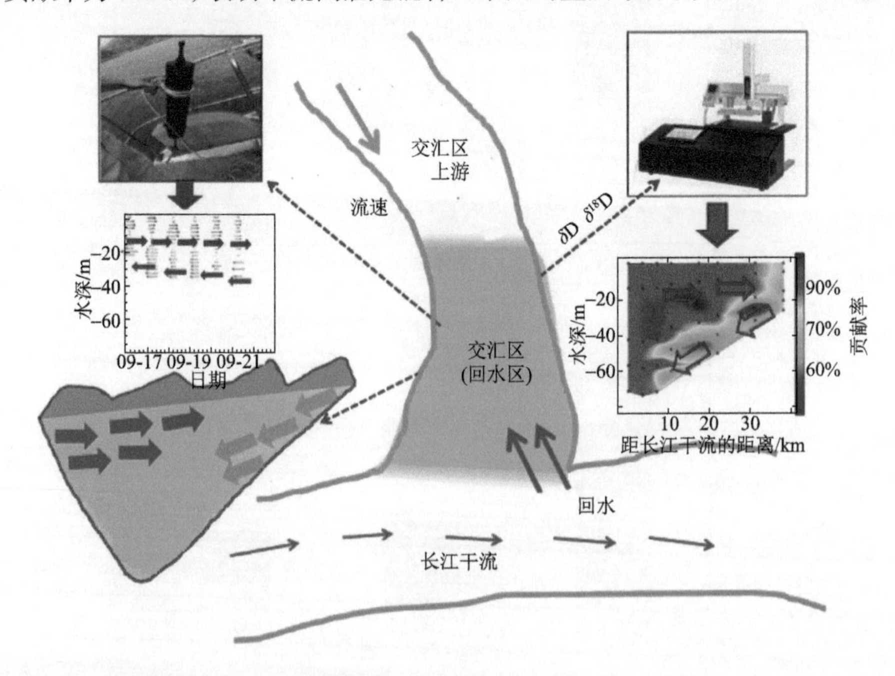

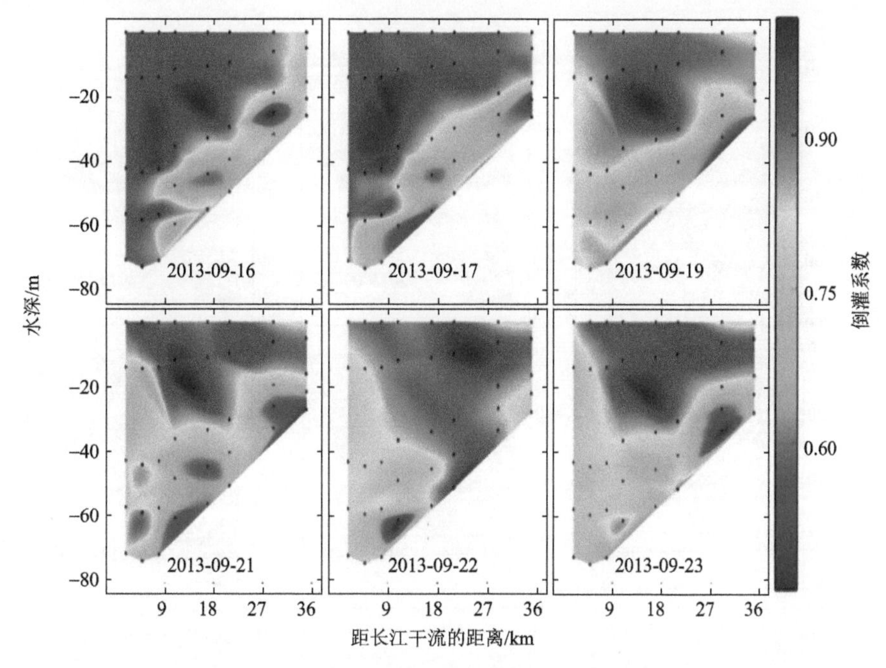

图 3-19 干流对大宁河回水区水量贡献率的时空分布图

中表层贡献率明显高于底层，表明干流倒灌水团主要从中表层切入，回水区上游来水从底层流入回水区。

硝态氮贡献：干流和回水区上游硝态氮平均浓度分别为 1.45mg/L 和 0.84mg/L。基于同位素监测计算得出干流水量贡献率，结合干流和回水区上游硝态氮浓度的数据，计算得知大宁河回水区的硝态氮约有 88%来自干流，表明干流倒灌是回水区营养盐浓度升高的主要原因。由于库区部分支流硝态氮主要来自非点源污染，水流流经重庆主城区，降低干流硝态氮浓度在短时间内难以实现。因此，控制干流倒灌量是降低大宁河回水区营养盐浓度的一个有效方式。

保守离子示踪：干流与大宁河保守离子监测结果显示，干流中 Ca^{2+}和 SO_4^{2-} 的平均浓度分别为 38.71 mg/L 和 33.20 mg/L，而在大宁河回水区上游两种离子的浓度分别为 52.94 mg/L 和 19.67 mg/L。从 Ca^{2+}、SO_4^{2-} 和 NO_3^- 的浓度时空分布图（图 3-20）可以看出，干流水团主要从中表层切入回水区，回水区上游来水主要从底层流入回水区。携带大量高浓度营养盐的干流水团进入混合区表层后，导致表层营养盐浓度升高，给藻类的生长提供了适宜的环境条件，从而增加了富营养化和水华暴发的风险。因此，减少干流倒灌带来的营养盐输入量是降低回水区富营养化、水华的关键。

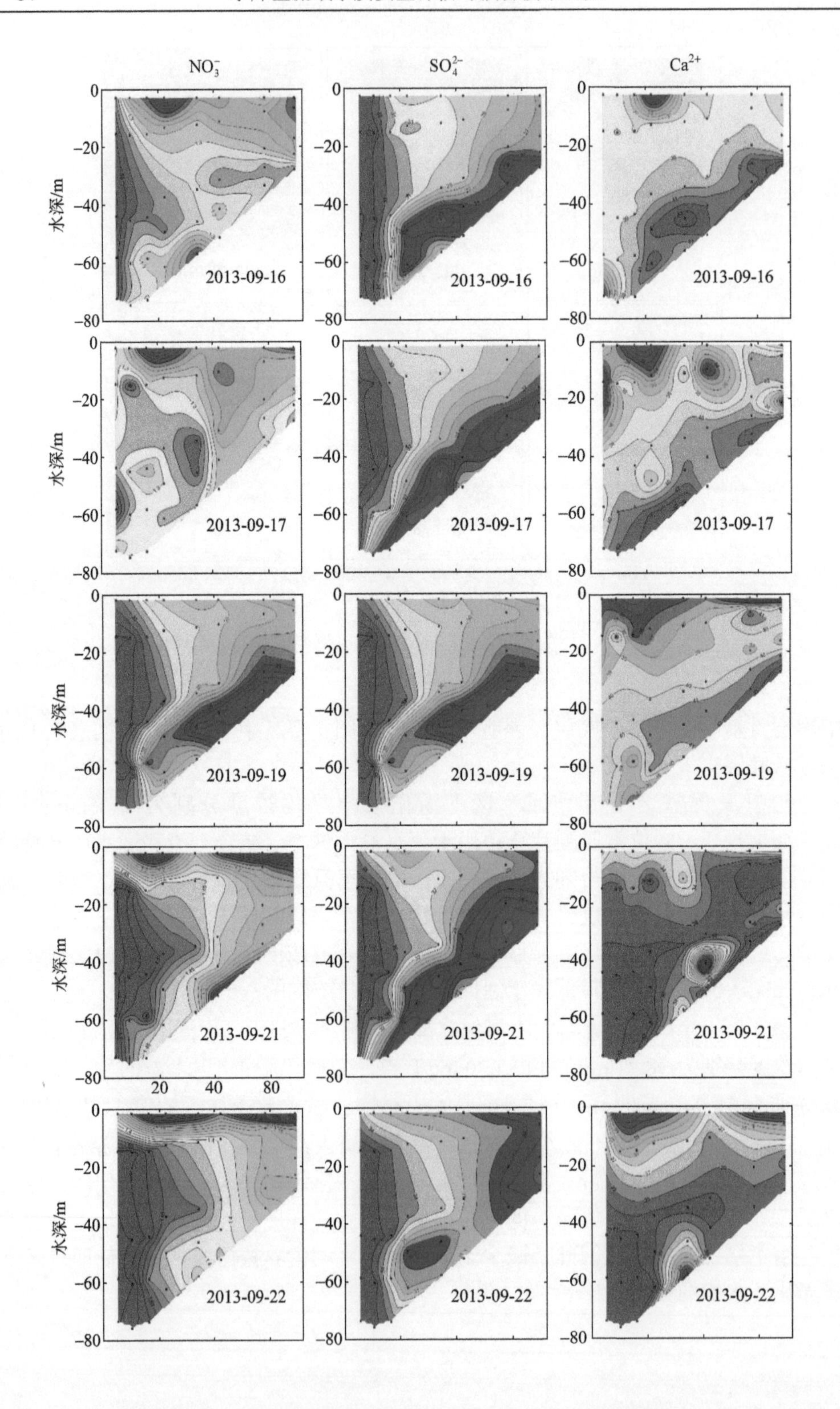

NO_3^-
SO_4^{2-}
Ca^{2+}
水深/m
2013-09-16
2013-09-17
2013-09-19
2013-09-21
2013-09-22
0
-20
-40
-60
-80
20
40
80

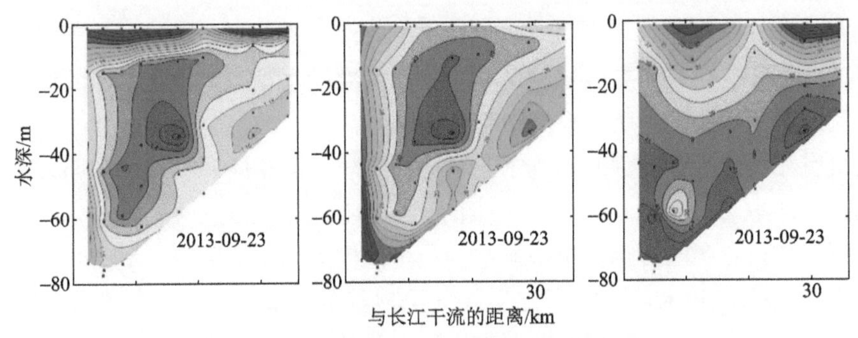

图 3-20　典型支流大宁河营养盐来源解析示意

3.3.3　典型支流沉积物污染特征

以重要支流大宁河作为研究对象，分别对大昌、白水河、菜籽坝和长江干流 4 个断面沉积物样品中重金属 Cr、Cu、As、Cd 和 Pb 的时空分布特征进行研究。结果显示，研究区域沉积物中 5 种重金属 Cr、Cu、As、Cd、Pb 断面均值含量分别为 43.380～269.146 mg/kg、28.488～238.150 mg/kg、10.724～33.169 mg/kg、0.576～5.667 mg/kg、15.386～169.158 mg/kg；各断面平均含量分别为 116.782 mg/kg、92.676 mg/kg、19.877 mg/kg、1.168 mg/kg、46.194 mg/kg，浓度由大到小排序为 Cr > Cu > Pb > As > Cd。与长江背景值相比，分别超出背景值 1.23 倍、3.31 倍、1.62 倍、6.79 倍、1.16 倍，其中 Cd、Cu 超出背景值较高。详见表 3-9。

表 3-9　沉积物中重金属含量　（单位：mg/kg）

监测断面	项目	重金属质量浓度				
		Cr	Cu	As	Cd	Pb
大昌	均值	125.001	52.193	16.847	0.925	25.384
	范围	49.409～269.146	28.488～92.193	10.724～20.634	0.662～1.241	15.386～41.941
白水河	均值	118.804	65.156	17.478	0.718	27.710
	范围	45.683～233.186	29.708～114.828	11.054～24.087	0.576～0.982	15.864～38.802
菜籽坝	均值	117.922	115.663	23.409	2.017	71.134
	范围	43.380～226.282	53.168～238.150	15.131～33.169	0.733～5.667	28.832～169.158
长江干流	均值	105.401	137.692	21.774	1.013	60.549
	范围	84.693～128.878	90.310～227.708	16.245～26.389	0.855～1.197	52.612～77.455
长江水系背景值		52.3	21.5	7.6	0.15	21.4
土壤环境质量一级标准		≤90	≤35	≤15	≤0.20	≤35

大宁河位于三峡水库腹心地带，受三峡水库周期性调度运行的影响，其水文、水环境特征发生显著变化。沉积物柱状样作为记录湖库环境对人类活动响应的自

然档案，能够反映流域环境演变过程及不同时段人类活动的影响。对于三峡水库来说，沉积物柱状样中重金属的迁移及分布主要受水动力条件下水库的沉积作用及河流的输移作用的影响。根据相关分析结果，Cu、As、Cd 和 Pb 这 4 种重金属可能具有相似的来源。因此，本书尝试分析三峡水库不同调度运行时期大宁河沉积物柱状样中 Cu、As、Cd 和 Pb 元素的迁移分布特征，以反映三峡水库调度对大宁河沉积物重金属的影响。结果显示，受干流倒灌作用的影响，不同调度运行方式下大宁河水文和水动力的变化导致沉积物重金属垂向分布及沿程分布差异显著。从沿程分布上看，菜籽坝断面靠近河口，各个时期均受长江干流影响；白水河断面在泄水后、蓄水期、高水位运行期受长江干流影响较大，泄水前主要受上游影响；大昌断面位于大宁河上游，受长江干流影响较弱（图 3-21）。

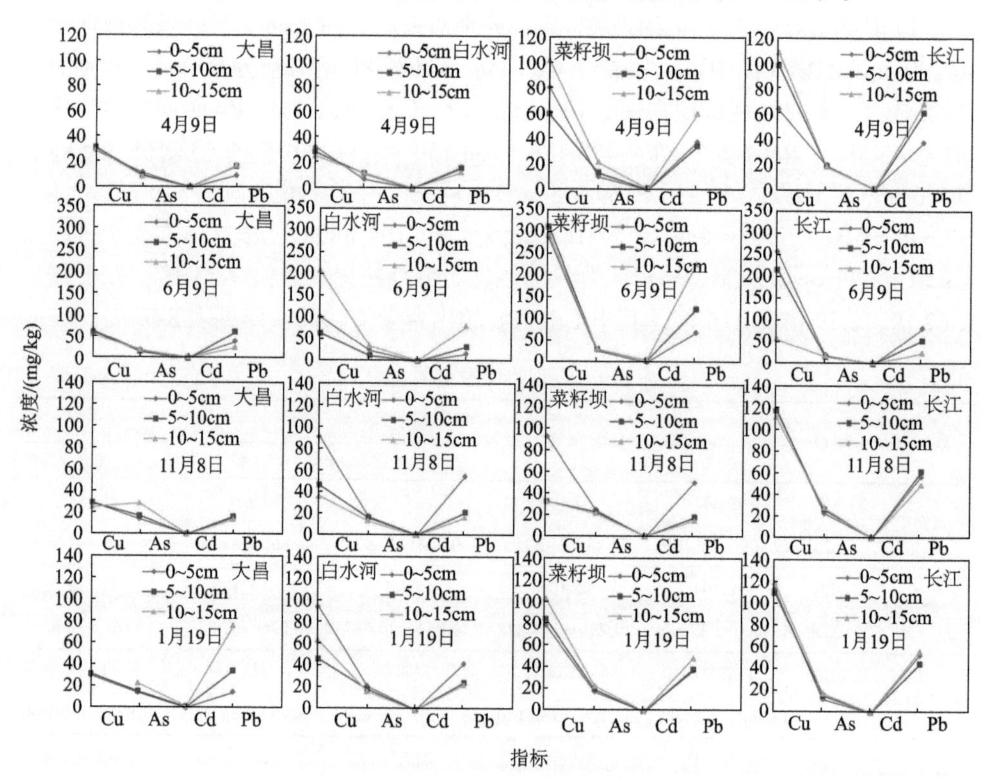

图 3-21　大宁河及长江干流沉积物重金属时空分布与垂向分布平均含量及潜在生态风险平均值

3.4　三峡库区污染物输移特征

三峡水库水动力条件改变导致污染物输移扩散发生变化，对各类风险源（污水处理厂、化工园区、大型企业）在其影响水域的危害性产生“叠加”效应。蓄水后，三峡水库干流不同江段岸边水环境容量有不同程度的降低；同等污染负荷条件下，水库蓄水后沿江排污口的岸边污染带大于蓄水前，污染带空间分布特性与水位调度过程密切相关；污染物对水质的影响不仅与排污负荷相关，还与水文条件密切相关。

各类压力源（上游来水污染通量、库区污染排放）对水体水质的影响具有时空动态特征，在进行压力源识别、水质安全评估与预警时，需要对不同的水库调度运行时期予以适当区别考虑。

3.4.1 三峡库区岸边水环境容量变化

沿用长江三峡水利枢纽环境影响报告书推荐方法，采用岸边污染带控制点浓度变化比值估算重点江段岸边水环境容量的损失，并与蓄水前进行对比。研究发现，蓄水后不同江段的水环境容量的降低程度不同；同一江段不同蓄水年份的水环境容量降低程度也不同，随着水库蓄水位的升高，水环境容量不断降低。在保持点源排放污水量不变的条件下，为使主要城镇污染带控制点浓度贡献值不超过蓄水前的水平，蓄水后需要削减污染物的排放负荷，以弥补岸边环境容量的损失。长寿、涪陵、万州江段分别需要削减负荷的29.31%、80.11%、78.85%（表3-10）。基于上述认识，三峡水库水动力条件改变使得污染物在水体中的输移传送特性发生变化，同等负荷条件下污染排放的危害加剧，水域水污染风险增大。

表3-10 三峡水库蓄水前后主要江段岸边排放污染物削减率 （单位：%）

项目	重庆主城	长寿	涪陵	万州
环评报告书中预测 C_{N2}/C_{N1}	1.345	2.713	6.734	—
环评报告书中预测 η	26	54	85	—
2004年蓄水后 C_{N2}/C_{N1}	0.73	1.26	3.50	3.75
2004年蓄水后 η	−37.31	20.39	71.39	73.34
2006年蓄水后 C_{N2}/C_{N1}	0.72	1.32	4.82	5.25
2006年蓄水后 η	−38.18	24.42	79.25	80.97
2008年蓄水后 C_{N2}/C_{N1}	0.93	1.45	5.58	5.01
2008年蓄水后 η	−7.95	30.80	82.07	80.02
2012年蓄水后 C_{N2}/C_{N1}	1.33	1.63	6.22	4.89
2012年蓄水后 η	24.60	38.58	83.91	79.54
蓄水后平均 C_{N2}/C_{N1}	0.93	1.41	5.03	4.73
蓄水后平均 η	−7.95	29.31	80.11	78.85

注：C_{N1}、C_{N2}为建库前、后污染物排放量不变时的控制点污染物的扩散浓度；η指污染物削减率。

3.4.2 典型排污口污染带变化

基于典型排污口岸边污染带（针对长江背景水质而言的超背景污染带）跟踪观测分析发现，蓄水后，由于水情变化不利于污染物的紊动扩散，单位负荷形成的岸边污染带相比蓄水前有所加重。COD、氨氮、TP 蓄水前与蓄水后的污染带面积比约为 1∶14，NH_3-N 约为 1∶9，TP 约为 1∶6。水库蓄水过程中、水位上升期间，污水受水流顶托影响，污染带呈明显的上溯趋势，上溯 300～400m，在此期间水流向上更不利于污染物的扩散。同一个排污口在污染负荷变化不大的条件下，在不同蓄水位时形成的污染带的大小有明显的差别，总体上高水位低流速下形成的污染带大于低水位较快流速时的污染带。水动力条件与污染带范围密切相关，水位和水流流速的变化是污染带演变的主要控制因素（图 3-22）。

3.4.3　典型排污口的水质影响

以主城区大型生活污水排污口和典型工业排污口分布区域为研究对象，以 MIKE21 二维水动力学及水质数学模型为载体，研究天然状态和成库状态下污染物在长江水体中的污染迁移路径，结果列于表 3-11。结果表明，同等负荷条件下，径流状态对污染带范围大小的影响不显著，污染带纵深均大于 7000 m，横向宽度为 630～690 m，对污染带内污染物的浓度分布影响显著。天然径流状态下，COD_{Cr}、总磷（TP）浓度最高超过背景值的 10%，氨氮浓度最高超过背景值的 20%；成库状态下，COD_{Cr}、氨氮（NH_3-N）浓度最高超过背景值的 20%，而 TP 最高浓度超

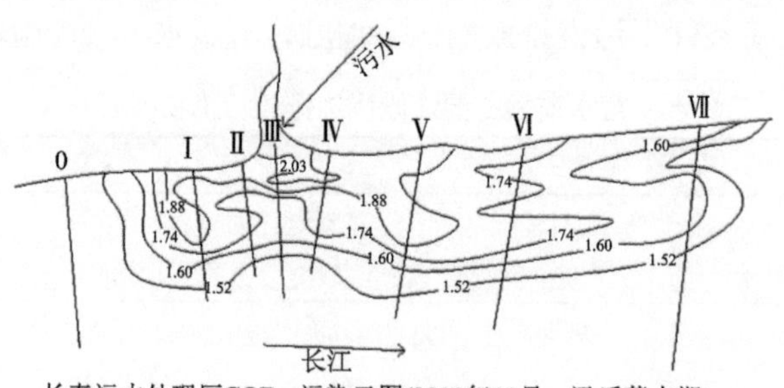

长寿污水处理厂COD_{Mn}污染云图(2010年10月，汛后蓄水期)
(a)

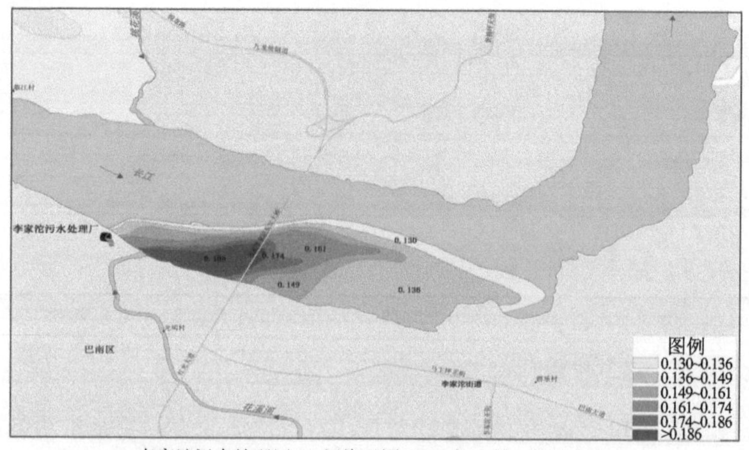

李家沱污水处理厂 TP 污染云图(2012 年 9 月，较低水位)
(b)

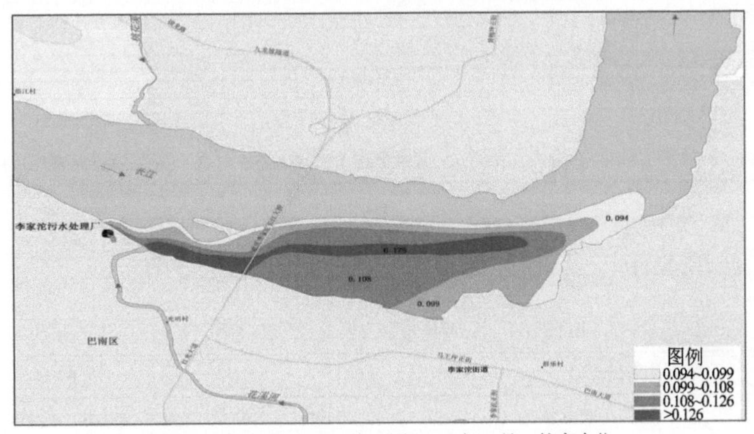

李家沱污水处理厂 TP 污染云图(2012 年 2 月，较高水位)

(c)

图 3-22 三峡水库不同调度运行期典型排污口岸边污染带变化

过背景值的 30%。从实测数据可以看出，成库状态下流速比自然径流状态下流速减缓了 75.7%，流量也相应减少了 75.1%，水文条件的变化不仅降低了水体对污染物的稀释能力，也降低了污染物的扩散速度，从而加剧了污染物在污染带范围内的集聚，导致蓄水状态下出现高浓度污染带。

表 3-11 监测江段天然状态和成库状态下排污口对下游水体水质影响状况对比

	水文情况		天然状态（9 月） 平均流量 20450 m³/s 背景流速 1.48 m/s			成库状态（12 月） 平均流量 5100 m³/s 背景流速 0.36 m/s			
COD_{Cr}	负荷量/(kg/h)	总量	1125.9			1145.6			
		藏金阁	74.0			284.3			
		鸡冠石	724.1			514.5			
		唐家沱	327.8			346.8			
	背景浓度/(mg/L)		1.2			1.2			
	表层水质污染带	超背景/%	5	10		5	10	20	
		长/m	>7000	1600	—	>7000	3600	1470	—
		宽/m	687	135		630	450	220	
NH_3-N	负荷量/(kg/h)	总量	72.1			86.7			
		藏金阁	28.3			55.7			
		鸡冠石	30.0			25.0			
		唐家沱	13.7			6.0			
	背景浓度/(mg/L)		0.17			0.10			
	表层水质污染带	超背景/%	5	10	20	5	10	20	
		长/m	>7000	1260	230	>7000	3620	1740	—
		宽/m	630	225	70	690	450	160	

续表

水文情况			天然状态（9月） 平均流量 20450 m³/s 背景流速 1.48 m/s			成库状态（12月） 平均流量 5100 m³/s 背景流速 0.36 m/s			
TP	负荷量/(kg/h)	总量	13.9			8.8			
		藏金阁	0.3			5.3			
		鸡冠石	10.2			2.9			
		唐家沱	2.5			0.7			
	背景浓度/(mg/L)		0.044			0.018			
	表层水质污染带	超背景/%	5%	10%		5%	10%	20%	30%
		长/m	>7000	>7000	—	>7000	4080	1460	440
		宽/m	680	410		650	520	150	62

从典型排污口污染带分析结果看，污染带分布范围与形态不仅与排污口位置、排污负荷、水文条件密切相关，还受到河道地形的影响。以本书涉及的三个典型排污口为例，唐家沱污水处理厂排污口位于邻近弯道的内侧，鸡冠石污水处理厂排污口位于对岸，两者排放方式相同，同期监测结果表明，位于邻近弯道凹岸的排污口（唐家沱污水处理厂排污口）形成的横向污染范围明显大于位于对岸排污口产生的横向污染范围。从污染程度看，弯道内侧流速较小，相对外侧而言不利于污染物扩散，在内侧形成的高污染区域范围更大，污染区域的水质超标情况更为严重。可见，不同调度运行期典型排污口对水体的影响程度不同（图 3-23～图 3-28）。

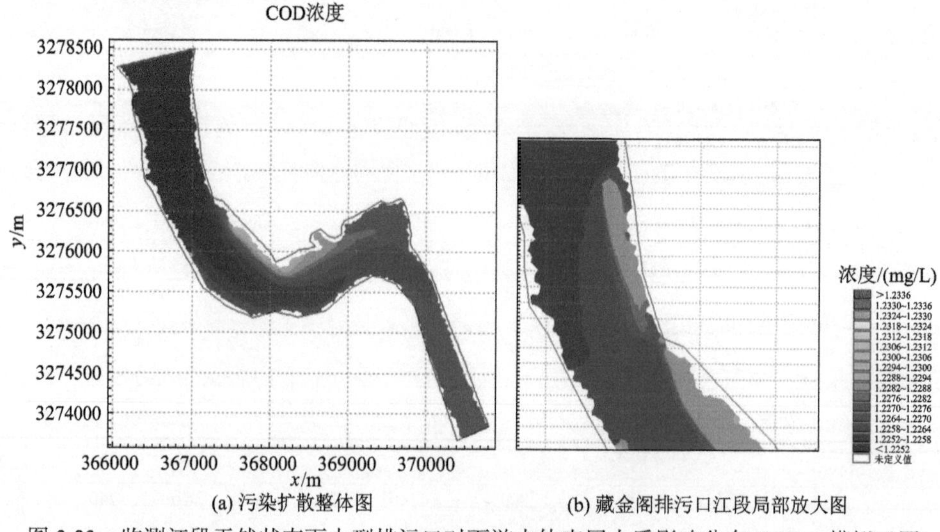

(a) 污染扩散整体图　　(b) 藏金阁排污口江段局部放大图

图 3-23　监测江段天然状态下大型排污口对下游水体表层水质影响分布 COD_{Mn} 模拟云图

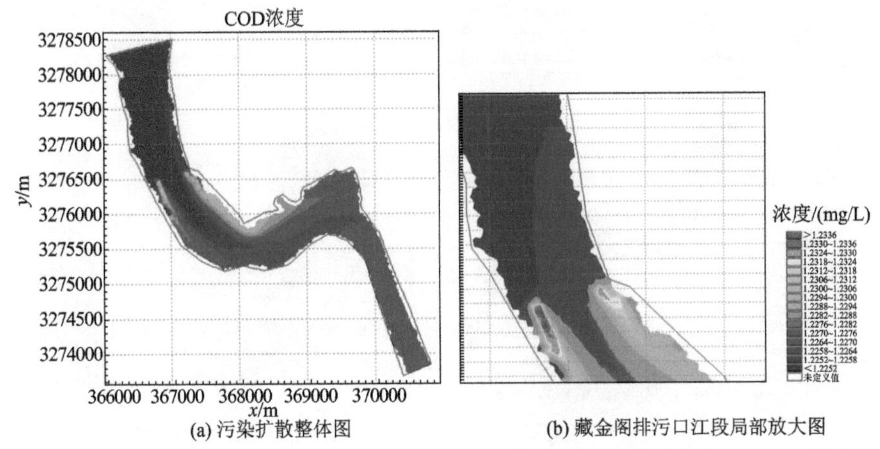

(a) 污染扩散整体图　　(b) 藏金阁排污口江段局部放大图

图 3-24　监测江段天然状态下大型排污口对下游水体中层水质影响分布 COD_{Mn} 模拟云图

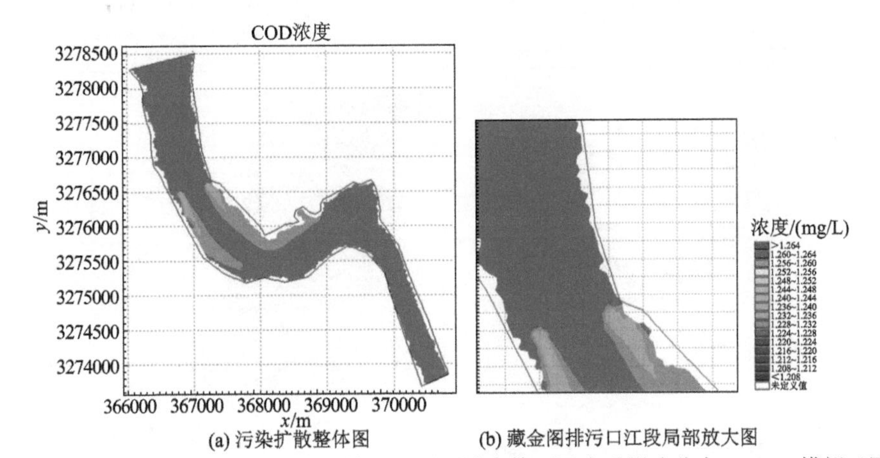

(a) 污染扩散整体图　　(b) 藏金阁排污口江段局部放大图

图 3-25　监测江段天然状态下大型排污口对下游水体下层水质影响分布 COD_{Mn} 模拟云图

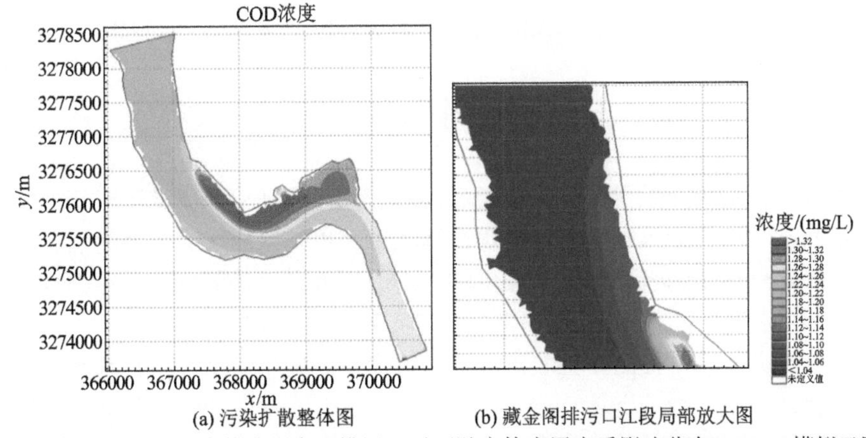

(a) 污染扩散整体图　　(b) 藏金阁排污口江段局部放大图

图 3-26　监测江段成库状态下大型排污口对下游水体表层水质影响分布 COD_{Mn} 模拟云图

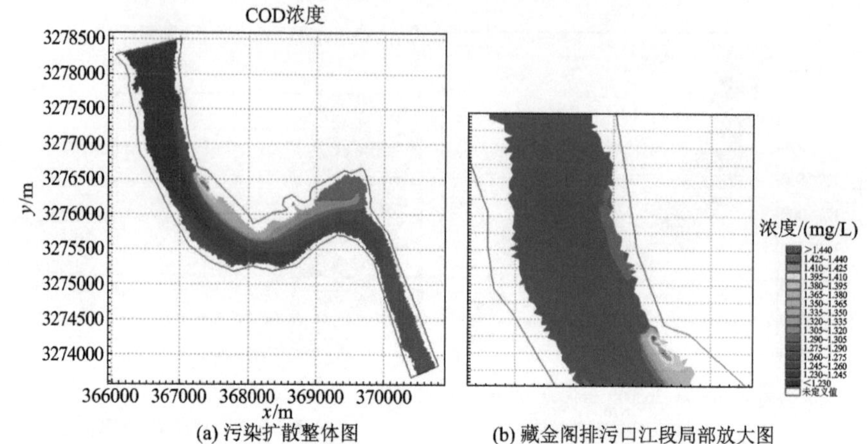

(a) 污染扩散整体图　(b) 藏金阁排污口江段局部放大图

图 3-27　监测江段成库状态下大型排污口对下游水体中层水质影响分布 COD_{Mn} 模拟云图

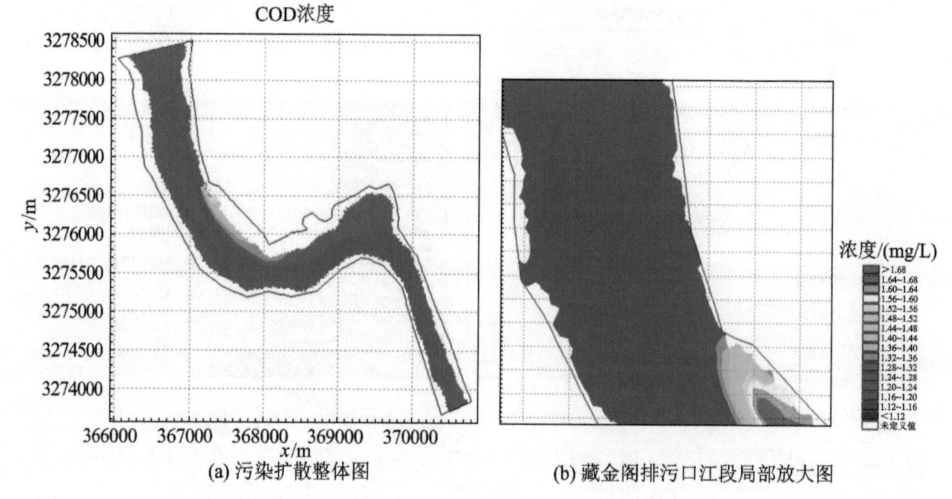

(a) 污染扩散整体图　(b) 藏金阁排污口江段局部放大图

图 3-28　监测江段成库状态下大型排污口对下游水体下层水质影响分布 COD_{Mn} 模拟云图

3.5 小　结

本章综合采用文献资料分析、现场观测、同位素和保守离子示踪等方式，从三峡水库蓄水运行的水动力条件变化过程入手，以“水质”为关注终点，探索特大型、高水位变幅运行背景下所伴生的水动力特性、水质演化、水污染物输移等规律，剖析和凝练三峡库区的水环境演变特征。

重点研究并总结提出了三峡水库作为特大型、新生型水库，其水环境演变过程中存在的“三大效应”，即干支流生境分化的“突变”效应、上游-干流-支流水环境演变“同步”效应、水动力变化对同等负荷条件下污染源危害的“叠加”

效应，进一步凝练和丰富了大型水库蓄水运行初期水动力变异及其伴生水环境演变的理论认识。

（1）库区水动力特征方面。研究认为，三峡水库蓄水后原有水动力条件发生巨大变化，干流、支流差异显著，产生生境类型分化的“突变”效应。综合流动强度、混合类型、水体滞留时间等要素的表征，干流仍然保留河流型水体特征，支流大部分呈深水湖泊特征；干支流交汇的区域（支流回水区）水团混合过程复杂多变，水体出现分层异重流并且呈现多种异向流态。

（2）库区水质特征方面。研究认为，三峡水库水动力条件改变导致干支流污染物交换、污染物来源格局的变化显著，使得上游-干流-支流三者的水环境演变具有“同步”效应。库区干流营养盐主要来源为上游三江来水（贡献比80%～90%）、支流回水区营养盐主要来源为干流倒灌（贡献比84%～95%）；阶段性蓄水过程中，干流水质稳定，营养盐浓度变化与上游三江来水高度关联；支流水质在各次蓄水后具有先恶化、再好转的规律，反映了水库生态系统发育阶段的不稳定特征，干流倒灌的影响从支流河口向上游沿程减弱。年内不同调度运行方式下，典型支流（如大宁河）水质及沉积物质量沿程分布特征差异显著。

（3）库区污染物输移方面。研究认为，三峡水库水动力条件改变导致污染物输移扩散发生变化，对于各类风险源（化工园区/污水处理厂/大型企业）在其影响水域的危害性产生“叠加”效应。蓄水后，三峡水库干流不同江段岸边水环境容量有不同程度的降低；同等污染负荷条件下，水库蓄水后沿江排污口的岸边污染带大于蓄水前，污染带空间分布特性与水位调度过程密切相关。

（4）对库区水质安全评估与预警研究的启示。基于上述科学认识，以三峡水库为代表的水库型流域水质安全评估与预警研究应关注以下要点：①突出水库调度作为特殊背景条件的必要性。水库建设及运行阶段水循环过程、水动力特征的改变与水环境质量演变密切相关。水库在正常蓄水运行过程中，水库年内调度运行将作为区别于其他水体类型的一个背景条件，贯穿始终地影响水库水质安全。②关注水库上游来水和水库干流水体的重要性。支流营养盐来源格局的特征决定了若要从根源上防控支流富营养化，归根结底要保护好干流水质，管控好上游来水污染物输送压力。本书以“水质”为评估终点，而非“水华”“水生态”，据此，相比支流水体而言，上游来水水体、库区干流水体是更重要的关注对象。③压力源识别过程中与水库调度背景耦合考虑的重要性。各类压力源（上游来水污染通量、库区污染排放）对水体水质的影响具有时空动态特征，在进行压力源识别、水质安全评估与预警时，需要注重对不同的水库调度运行时期予以适当区别考虑。

参考文献

巴东县统计局. 2017. 2016 年巴东县国民经济和社会发展统计公报.

重庆市统计局. 2017. 重庆统计年鉴 2016. 北京: 中国统计出版社.

湖北省统计局. 2017. 湖北统计年鉴 2016. 北京: 中国统计出版社.

环境保护部. 2010. 重点流域水污染防治"十二五"规划编制技术大纲. 北京: 环境保护部污染防治司.

黄凯, 刘永, 郭怀成, 等. 2006. 小流域水环境规划方法框架及应用. 环境科学研究, 19(5): 136-141.

纪道斌, 刘德富, 杨正健, 等. 2010a. 三峡水库香溪河库湾水动力特性分析. 中国科学：物理学力学天文学, 40(1): 101-112.

纪道斌, 刘德富, 杨正健, 等. 2010b. 汛末蓄水期香溪河库湾倒灌异重流现象及其对水华的影响. 水利学报, 41(6): 691-702.

季益柱, 丁全林, 王玲玲, 等. 2012. 三峡水库一维水动力数值模拟及可视化研究. 水利水电技术, 43(11): 21-24.

李锦秀, 廖文根, 黄真理. 2002. 三峡工程对库区水流水质影响预测. 水利水电技术, 33(10): 22-25.

刘德富, 杨正健, 纪道斌, 等. 2016. 三峡水库支流水华机理及其调控技术研究进展. 水利学报, 47(3): 433-454.

王丽婧. 2011. 三峡水库水生态安全评估研究. 北京: 北京师范大学.

王丽婧, 席春燕, 付青, 等. 2010. 基于景观格局的三峡库区生态脆弱性评价. 环境科学研究, 23(10): 48-53.

王丽婧, 翟羽佳, 郑丙辉, 等. 2012. 三峡库区及其上游流域水污染防治规划. 环境科学研究, 25(12): 1370-1377.

夷陵区统计局. 2017. 2016 年夷陵区国民经济和社会发展统计公报.

兴山县统计局. 2017. 2016 年兴山县国民经济和社会发展统计公报.

郑丙辉, 王丽婧, 龚斌. 2009. 三峡水库上游河流入库面源污染负荷研究. 环境科学研究, 22(2): 125-131.

中国环境科学研究院. 2006. 三峡水库水环境综合管理技术. 北京.

秭归县统计局. 2017. 2016 年秭归县国民经济和社会发展统计公报.

Ian L, Myriam B, Rod O, et al. 2000. Physical and nutrient factors controlling algal succession and biomass in Burringjuck Reservior. Australian: Cooperative Research Centre for Freschwater Ecology: 118-119.

Thackeray S J, George D G, Jones R I, et al. 2006. Statistical quantification of the effect of thermal stratification on patterns of dispersion in a freshwater zooplankton community. Aquatic Ecology, 40: 23-32.

USEPA. 1998. Nationl Strategy for the Development of Regional Nutrient Criteria. Washington: USEPA.

USEPA. 1999. Protocol for Developing Nutrient TMDLs. Washington: Office of Water, USEPA.

4　水库型流域水质安全压力源识别方法

4.1　技 术 思 路

本书旨在探索建立基于水库型流域特征的水质安全压力源（即风险源）评估技术。主要步骤包括：①确定水库水质安全所要评估的压力源。从累积性风险的概念范畴出发，兼顾水库水生态系统的特征，本书主要对水库上游来水、产业化、城镇化和土地开发 4 类压力源进行介绍。②构建水库压力源与水质安全相互作用关系的概念模型，分别针对每一类压力源予以展开分析，从而进一步明晰和揭示压力源胁迫对水质受体的影响过程、效应范围，厘清二者之间的作用关系。③开展水库压力源的特征分析，关注压力源自身演变特征及其影响的定量化核算，为压力源的定量化评估提供支撑。④构建水库压力源的评估方法。分别针对每一类压力源的特征，选择合适的评估终点，构建评估方法，提出压力源警示/风险级别（图 4-1）。

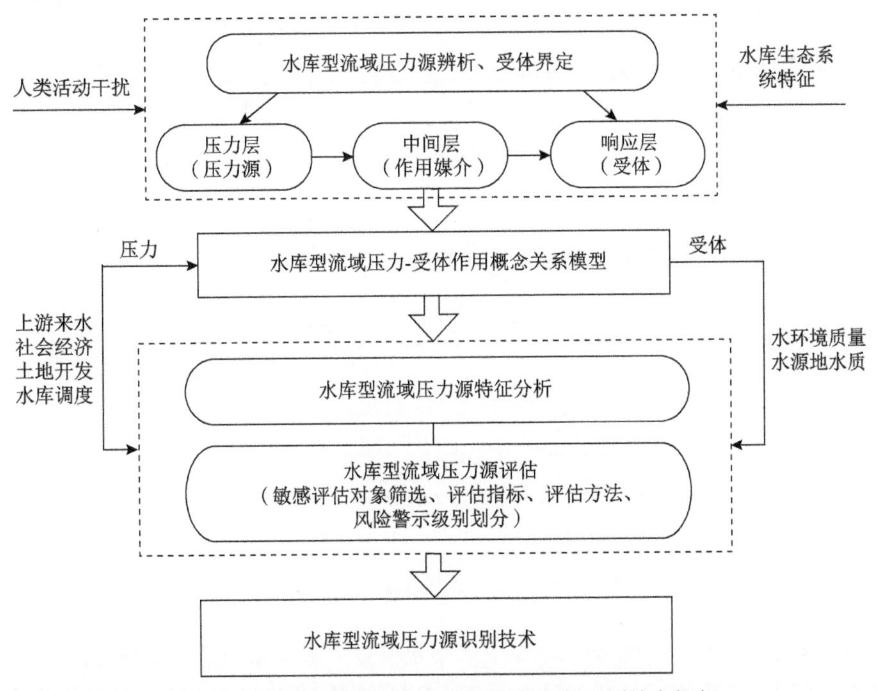

图 4-1　基于水库特征的水质安全压力源识别技术框架

本书所研发的水库压力源的评估方法的技术关注点如下：①强调其是面向水质安全风险警示的评估。②强调对压力源自身状态和变化的警示判断，评估对象重点在压力源而非受体（水质）。③强调压力源识别的终极目标是保障水质安全，核心则在于控制压力源的污染输出风险和“源头”的风险防控。④认为压力源识别的终点并不一定要落到水质要素层面，不一定要求与水质本身建立严格的定量化响应，应综合考虑数据可得性、方法应用的时间效率等，从水库压力源与水质安全相互作用关系过程中，筛选合适的评估终点。⑤针对上游来水、产业化、城镇化和土地开发 4 类压力源，应在水库调度的背景下，识别对水质受体而言较为敏感的关注区域、关注时段、关注行业等，针对胁迫最为显著的压力，选择最为敏感的指标，对其风险予以判定和分级。

4.2　水库上游来水压力源识别技术

4.2.1　上游来水压力-水体作用概念关系

上游来水压力-水体作用概念关系如图 4-2 所示。受社会经济发展的驱动，水库上游负荷持续增加，同时入库泥沙量持续减少，从而导致水库水质恶化，增大了水体富营养化风险，影响水源地水质安全。具体表现在：入库河流高密度水电梯级开发，土地利用强度增大，产业发展和人口增长导致入库河流水质恶化。同时，水电开发和土地利用方式的改变使上游来水水量受人为干预增强，来水污染负荷增大；水电梯级开发改变了河流天然属性，泥沙沉淀增强，入库泥沙减少，使得水库透明度增大，水库富营养化风险增大，威胁水源地水质安全。

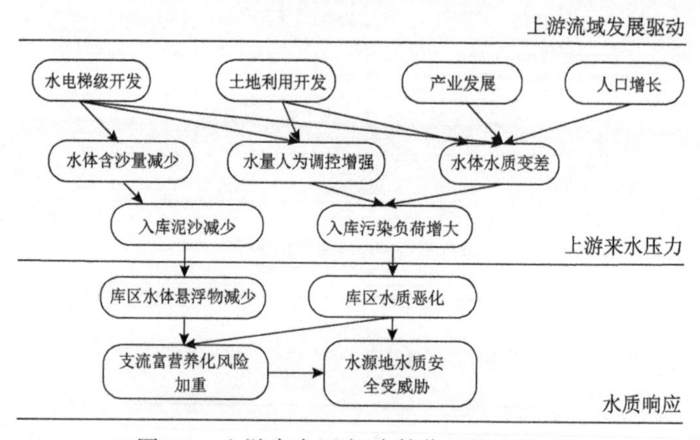

图 4-2　上游来水压力-水体作用概念关系

本书着眼于库区水质安全，基于上游来水量及主要污染物质时空分布特征，进行上游来水压力特征分析，构建上游来水压力评估方法，为流域水质安全评估提供支撑。

4.2.2 上游来水压力特征分析

三峡水库上游主要涉及嘉陵江水系、乌江水系和长江干流（金沙江）水系，区域面积大，水资源丰富，是三峡水库客水的主要来源区，对三峡水库水生态环境保护有重要意义。本节以三峡水库上游为研究对象（图 4-3），通过分析上游来水水量、水质、营养盐及主要污染物通量特征，研究上游来水对三峡水库水生态安全的影响。

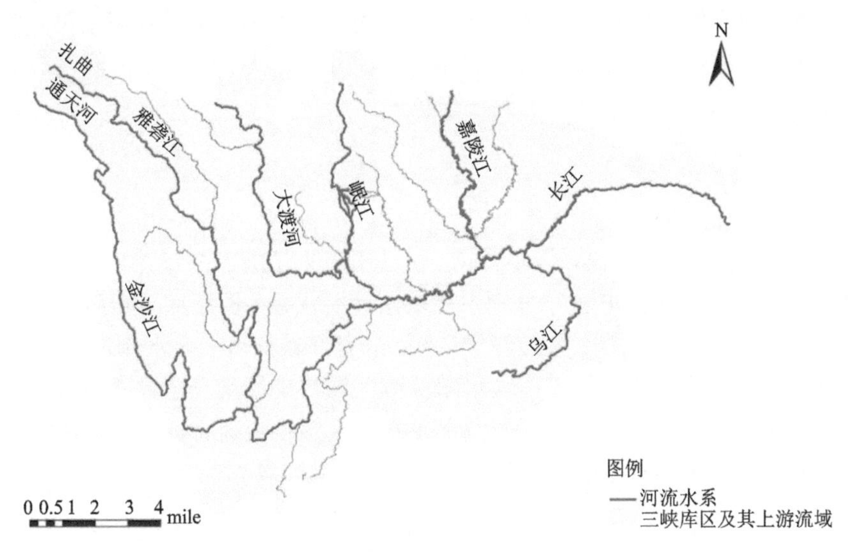

图 4-3 研究断面分布图

1mile=1.609344km

水质趋势分析的常用方法有线性回归分析法、滑动平均法、季节性肯达尔检验法、Spearman 秩相关系数法、Mann-Kendall 检验法、季节分解模型等。李艳华（2006）采用线性回归分析法对云南省境内怒江流域 1980～2000 年的水质状况及污染物输送量进行了长时间序列趋势分析；张晓红（1987）以滑动平均法分析了南通市十年的水质变化情况并对其趋势进行了预测；张茹等（2009）采用季节性肯达尔检验法对柴河水库 2001～2005 年的水质变化趋势进行了分析；Lee 等（2010）采用 Mann-Kendall 趋势检验和 LOWESS 平滑法对韩国洛东河 1992～2002 年的 BOD_5（biochemical oxygen demand 5，5 天生化需氧量）、TN、TP 等水质参数进行了时空趋势变化分析；晋利和魏梓桂（2010）利用 Mann-Kendall 检验法对渭河干流实测断面水质数据进行了水质趋势分析；刘秀花和胡安焱（2008）应用 Spearman 秩相关系数法计算了丹江口水库主要污染因子的变化趋势，并对显著上升因子进行了累积变化分析；刘微微等（2013）采用 ARIMA 模型对紧水滩水库近坝区水质进行了分析和预测，发现其有机污染程度呈季节规律性变化，预测结果良好。基于 ARIMA（Autoregressive Integrated Moving Average mode）模型可将数据系列中的季节性分解出来，能更好地反映趋势性，本书采用该方法进行趋势分析。

污染负荷/通量的估算方法大致分为分时段通量和、时段平均浓度与时段水量之积、通量频率分布之和、对流-扩散模式 4 种类型。其中对流-扩散模式仅适用于枝状河口（张永良和刘培哲，1991），通量频率分布之和法适合于数值模拟（富国，2003）。相比通量频率分布之和、对流-扩散，分时段通量和、时段平均浓度与时段水量之积较为常用，特别是耦合分时段通量和、时段平均浓度与时段水量之积两种算法在实际中运用较多，已成功应用于环太湖河道、鄱阳湖出入湖、洞庭湖出入湖污染物通量计算和污染物通量特征分析，为所在流域的管理提供了数据支撑。本书采用该方法计算上游污染负荷。

1. 上游来水水文特征

嘉陵江多年（1956～2012 年）平均径流量为 $662.3 \times 10^8 m^3$，乌江多年（1956～2012 年）平均径流量为 $483.6 \times 10^8 m^3$，长江干流朱沱断面多年（1950～2012 年）平均径流量为 $2659.3 \times 10^8 m^3$，分别占三峡水库总水量（长江宜昌断面）的 15.3%、11.2%和 61.6%。上游三江（嘉陵江、乌江、长江）累计占三峡水库水量的 88.1%，其水质状况很大程度能够代表三峡水库上游区域污染情况。选取嘉陵江、乌江入河口及长江干流朱沱断面，研究上游来水水量及污染负荷特征，具体断面为：嘉陵江-北碚站，乌江-武隆站，长江干流-朱沱站（图 4-4）。

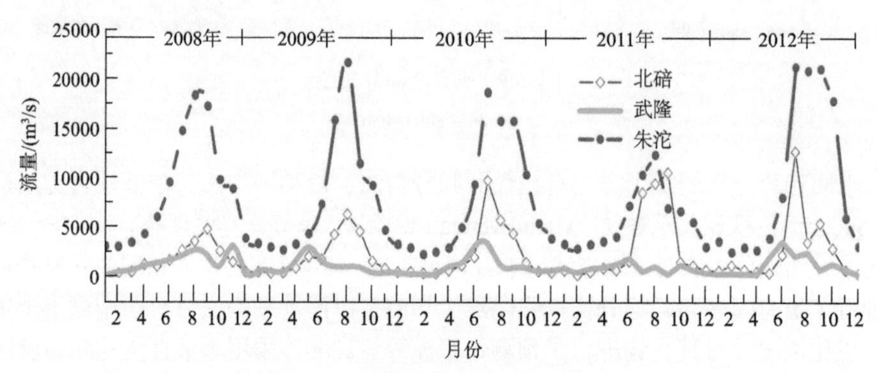

图 4-4 三峡水库上游流量季节变化图

区域河流流量季节变化明显，丰水期主要集中在 6（5）～10 月（乌江 4～8 月），径流量占相应河流全年流量的 70%左右。

2. 上游来水水质特征

2002～2016 年，长江上游和嘉陵江入库断面水质标准基本保持在Ⅱ～Ⅲ类水平，主要以Ⅲ类居多，其次为Ⅱ类；乌江入库断面（锣鹰断面）水质相对略差，在Ⅲ～劣Ⅴ类水平。从逐年变化来看，2009～2013 年水质相对其他年份略差，这主要是由于锣鹰断面水质恶化，除锣鹰断面以外，其他断面 2002～2016 年水质基本保持稳定状态，详见表 4-1。

表 4-1 2002～2016 年库区上游来水入库断面水质类别一览表（21 项指标）

断面	2002年	2003年	2004年	2005年	2006年	2007年	2008年	2009年	2010年	2011年	2012年	2013年	2014年	2015年	2016年
朱沱	Ⅱ	Ⅲ	Ⅲ	Ⅲ	Ⅲ	Ⅲ	Ⅲ	Ⅱ	Ⅲ	Ⅲ	Ⅲ	Ⅲ	Ⅲ	Ⅲ	Ⅲ
北温泉	Ⅲ	Ⅲ	Ⅱ	Ⅱ	Ⅱ	Ⅱ	Ⅱ	Ⅱ	Ⅱ	Ⅱ	Ⅱ	Ⅱ	Ⅱ	Ⅱ	Ⅱ
麻柳嘴	Ⅲ	Ⅱ	Ⅱ	Ⅲ	Ⅲ	Ⅲ	Ⅲ	Ⅴ							
锣鹰						Ⅲ	Ⅲ	Ⅴ	劣Ⅴ	劣Ⅴ	劣Ⅴ	Ⅴ	Ⅲ	Ⅲ	Ⅲ

对朱沱（长江干流入库）、北温泉（嘉陵江入库）、麻柳嘴/锣鹰（乌江入库）等入库断面的水质变化趋势进行分析（图 4-5～图 4-7）。以库区主要定性污染物总磷及主要关注污染物总氮、高锰酸盐指数来开展水质变化趋势分析。结果显示，各断面高锰酸盐指数均达到Ⅱ类标准（4 mg/L），从时间分布来看，呈逐年下降而后稳定的态势；从空间分布来看，2008 年以前朱沱最大、北温泉其次，麻柳嘴最小；2008 年以后北温泉最大，其次为朱沱。总磷为库区水质类别定性指标，其是主要污染物，除锣鹰断面 2010～2014 年外，均满足Ⅲ类标准（0.2mg/L），从时间分布来看，大致逐年上升，2012 年以后有下降态势；从空间分布来看，锣鹰/麻柳嘴最大，朱沱其次，北温泉最小。总氮指标不参加水质评价，除朱沱部分年份外基本未能满足Ⅲ类标准；从时间分布来看，2009 年以后呈上升态势，2017 年有所下降；从空间分布来看，锣鹰/麻柳嘴最大，北温泉其次，朱沱最小。

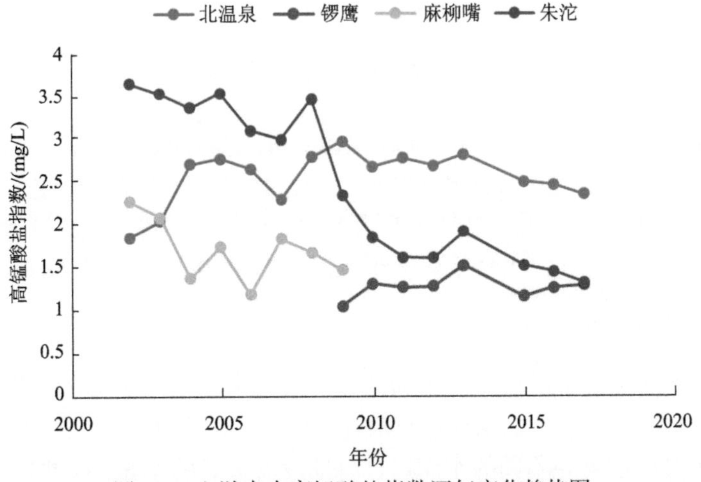

图 4-5 上游来水高锰酸盐指数逐年变化趋势图

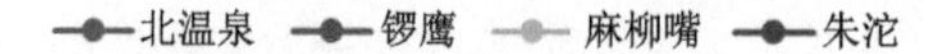

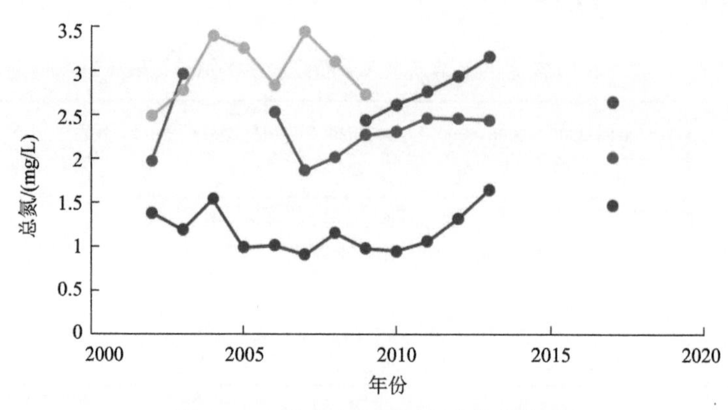

图 4-6　上游来水总氮逐年变化趋势图

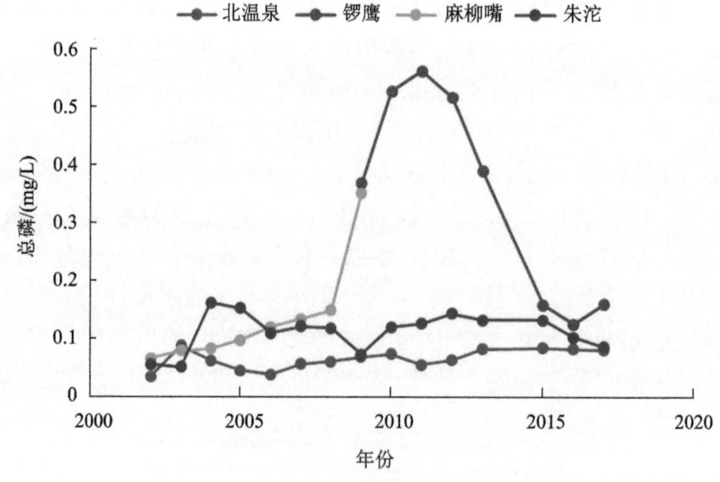

图 4-7　上游来水总磷逐年变化趋势图

以氨氮、总磷为指标展开库区上游来水入库通量现状分析（图 4-8 和图 4-9），结果显示，2016 年氨氮入库通量为 75061t/a，其中长江上游（朱沱）占 79.0%，嘉陵江（北温泉）占 6.7%，乌江（武隆）占 14.3%。总磷入库通量为 39703t/a，其中长江上游（朱沱）占 72.4%，嘉陵江（北温泉）占 9.2%，乌江（武隆）占 18.4%。

3. 上游来水稳定性分析

以三峡库区重要水质指标 TP 为例，对长江朱沱、嘉陵江北温泉、乌江锣鹰断面在 4 个水库运行时期的水质进行对比，发现：①当显著性水平为 0.05 时，长江朱沱断面 TP 浓度在不同的水库运行时期没有显著的差异；②嘉陵江北温泉断面 TP 浓度在不同的水库运行时期存在显著的差异（$P < 0.01$），其中低水位和蓄水期 TP 浓度较高，高水位和泄水期 TP 浓度较低；③乌江锣鹰断面 TP 浓度在不同的水库运行时期存在显著的差异（$P < 0.01$），其中泄水期 TP 浓度较高，蓄水期 TP 浓度较低，高水位和低水位 TP 浓度居中。结果表明，长江 TP 稳定性相对嘉陵江、乌江的要好（图 4-10）。

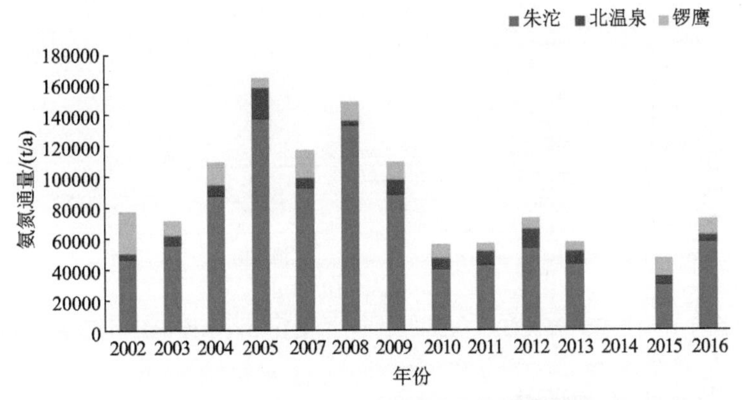

图 4-8 上游来水氨氮通量逐年变化趋势图

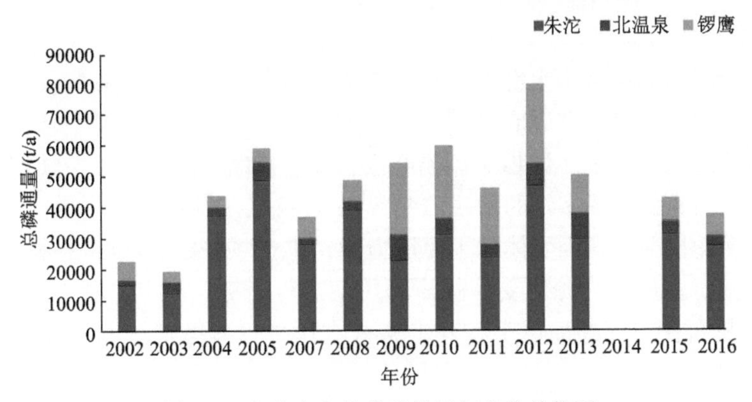

图 4-9 上游来水总磷通量逐年变化趋势图

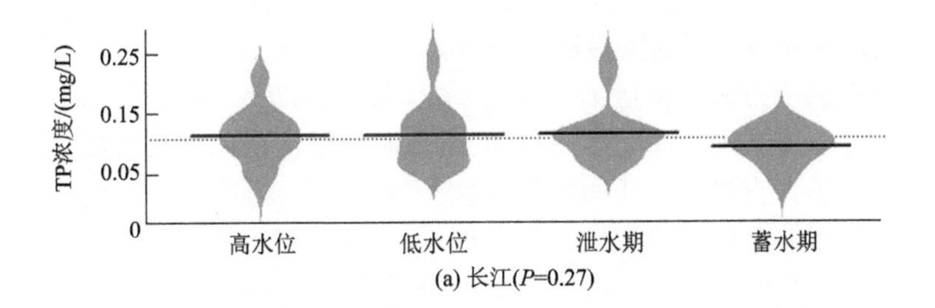

(a) 长江(P=0.27)

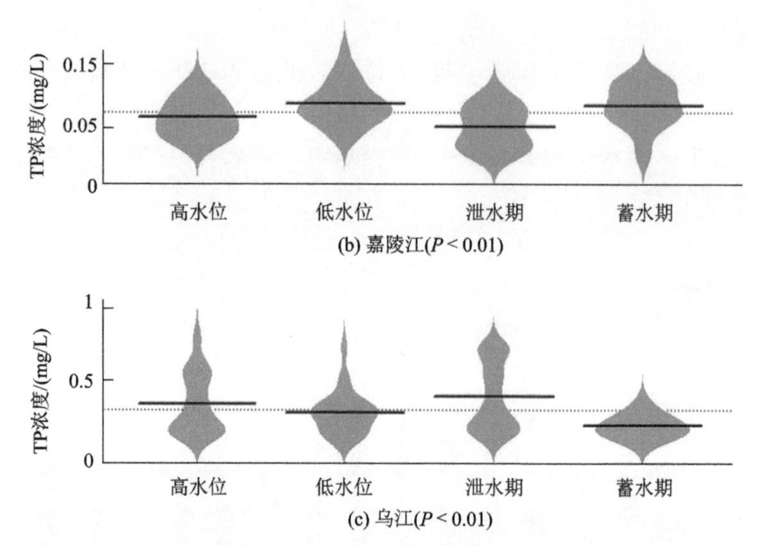

图 4-10　长江、嘉陵江、乌江断面 TP 浓度在不同水库运行时期的分布

4.2.3　上游来水压力评估

1. 研究方法

三峡库区的上游来水水源主要有 3 个，即以朱沱断面为代表的长江、以北温泉断面为代表的嘉陵江和以麻柳嘴/锣鹰断面为代表的乌江。寸滩、清溪场、晒网坝、培石为库区的主要（国控）监测断面，即受体断面。研究以三峡库区主要关注指标 TN、TP 的连续多年的水质监测数据为基础，分析 4 个受体断面 TN 和 TP 的状态及变化情况，识别受体的主要压力源，建立“主要压力源-受体”的响应关系，最后基于主要压力源对受体的压力风险进行分析，提出上游来水评估等级。由于寸滩断面在乌江断面以上，其上游来水压力仅考虑长江和嘉陵江。研究路线见图 4-11。

1）研究理论基础

本书利用数学统计方法，建立上游压力源与干流受体之间的关系，其中时滞时间、有效距离等为本书的重要理论基础。

上游来水从压力源上游至下游需要一定时间，该时间称为时滞时间（Meals et al.，2010），从理论上看，同一时刻压力源和受体的同一污染物之间不存在直接的因果关系，直接建立压力源污染物浓度（C_{i1}）与受体污染物浓度（C_{i2}）之间的统计模型缺乏机理过程的支撑。图 4-12 给出了污染物从压力源到受体过程的概念模型（假设只有一个压力源和一个受体）。图中，t 表示污染物由压力源到受体所需的时间；方框表示污染源，C_{i1} 和 C_{i-t} 分别表示某种污染物某一时刻（i 时刻）和 $i-t$ 时刻的浓度；实心点表示受体 C_{i+t} 和 C_{i2} 在 $i+t$ 和 i 时刻该污染物的浓度。一方面，源在 i 时刻的浓度 C_{i1} 受扩散稀释、分解、沉降和再悬浮等因素的影响，在 i 时刻到达受体时，其浓度变为 C_{i+t}；显然，C_{i1} 与 C_{i+t} 之间存在一定的函数关系，不妨设 $C_{i+t}=f(C_{i1})$。另一方面，受体污染物浓度在不同时刻存在自相关，设 $C_{i+t}=f(C_{i2})$。因此，在 i 时刻压力源污染物浓度 C_{i1} 与受体污染物浓度 C_{i2} 可以通过 t 时刻受体污染物浓度 C_{i+t} 联系起来。这种统计学上的相关关系，虽然并非机理过程的因果关系，却符合机理过程，因而是有效的。

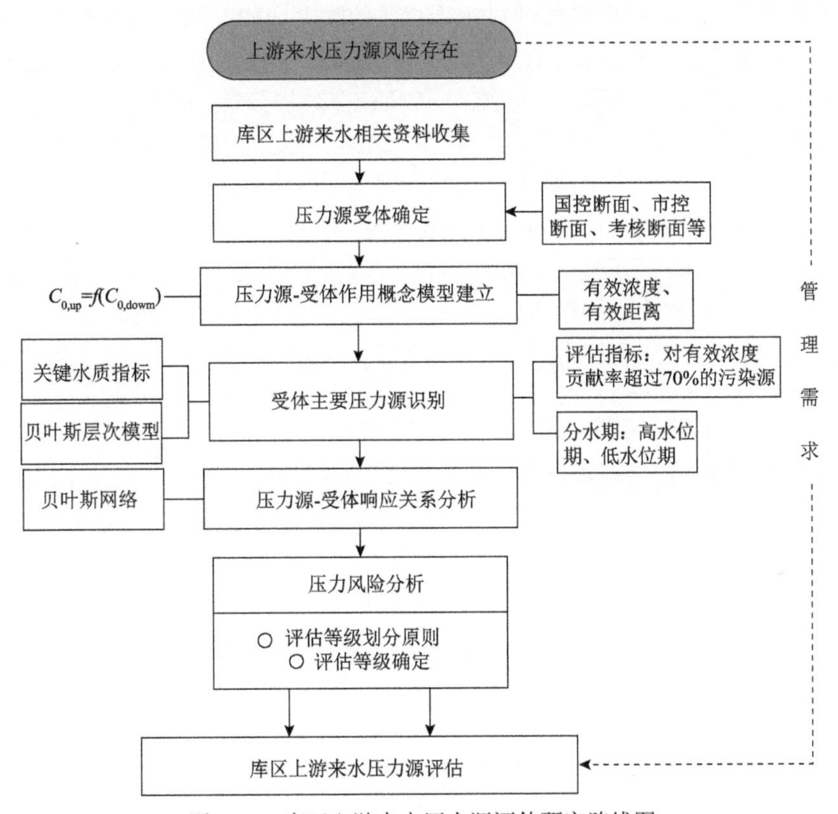

图 4-11 库区上游来水压力源评估研究路线图

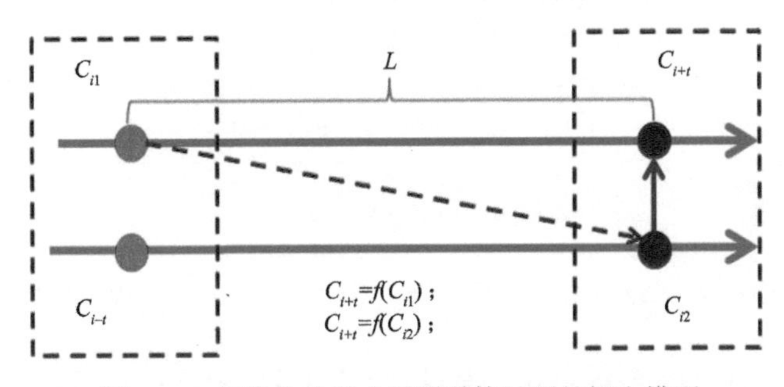

图 4-12 污染物从压力源到受体过程的概念模型

考虑时滞时间难获取和不确定性等因素，难以直接建立 $C_{i+t} = f(C_{i1})$ 的响应关系：①建立高、低水位的响应关系时，连续的时间序列被打破，难以通过统计模型计算得到高、低水位时的时滞时间 t；②不同月份流速不同，可导致相应时滞时间的不一致，综上，直接建立 $C_{i+t} = f(C_{i1})$ 的响应关系难度较大。

根据以上理论分析，本书欲建立 C_{i1} 与 C_{i2} 之间的响应关系，其显著性取决于函数 $C_{i+t} = f(C_{i1})$ 和函数 $C_{i+t} = f(C_{i2})$ 的显著性。①函数 $C_{i+t} = f(C_{i1})$ 的显著性的影响因素有两个：一是源到受体的过程干扰（使浓度增加或减少的因素），使得源浓度与“剩余浓度”（源浓度在 C_{i1} 经过 t 时刻之后到达受体时的浓度）之间的关系不再显著，如途中有较大的负荷输入或负荷多数被分解，则 $C_{i+t} = f(C_{i1})$ 的关系必不显著；二是“剩余浓度”与受体“初始浓度”之间的相对大小，如果“剩余浓度”占水体中负荷比例小，则不能对混合后的受体浓度产生影响，则 $C_{i+t} = f(C_{i1})$ 的关系不显著。②函数 $C_{i+t} = f(C_{i2})$ 的显著性，即经过 t 时刻之后受体污染物的自相关关系是否显著，若不显著，则最终建立的 C_{i1} 与 C_{i2} 之间的响应关系也不显著。

综上，对本书受体的沿程特征而言，当受体与压力源相距较远时，$C_{i+t} = f(C_{i1})$ 或者 $C_{i+t} = f(C_{i2})$ 不显著，得到的 C_{i1} 与 C_{i2} 之间的响应关系不显著，此时这个距离定义为源对受体影响的“有效距离”（L）。

2）主要压力源识别方法

本书采用贝叶斯层次模型对受体断面 TN、TP 浓度在高、低水位的主要压力源进行识别，以对受体营养盐回归“有效浓度”的总贡献率超过 70%的压力源作为受体的主要污染源。

识别压力源过程需注意以下几点：①在相同流速条件下，下游受体的源显著性和受体显著性均弱于上游受体，因此上游受体的模型拟合效果要优于下游受体；②若某一压力源不是上游受体的显著压力源，则不应该称其为下游受体的显著压力源；③高水位时的源显著性弱于低水位时的，而受体显著性则强于低水位时的，在高、低水位时源对受体的影响程度不一定具有特定的规律性。此外，不同的源与受体的距离不同，距离越大，两种显著性越弱，源对受体的影响也就越弱。

贝叶斯层次模型是一类采用贝叶斯方法，对面板数据或者截面数据“部分聚集”分析的模型。本书中采用的贝叶斯层次模型公式如下：

$$\mathrm{TN}_{ij} = a_j \times \mathrm{TN\_}L_{ij} + b_j + \varepsilon_{\mathrm{TN},ij} \quad (4\text{-}1)$$

$$\mathrm{TP}_{ij} = c_j \times \mathrm{TP\_}L_{ij} + d_j + \varepsilon_{\mathrm{TP},ij} \quad (4\text{-}2)$$

$$\mathrm{TN\_}L_{ij} = \alpha_j \times \mathrm{CJ\_TN}_{ij} + \beta_j \times \mathrm{JLJ\_TN}_{ij} + \gamma_j \times \mathrm{WJ\_TN}_{ij} \quad (4\text{-}3)$$

$$\mathrm{TP\_}L_{ij} = \alpha_j \times \mathrm{CJ\_TP}_{ij} + \beta_j \times \mathrm{JLJ\_TP}_{ij} + \gamma_j \times \mathrm{WJ\_TP}_{ij} \quad (4\text{-}4)$$

$$a_j \sim N(m_a,\sigma_a^2);b_j \sim N(m_b,\sigma_b^2);c_j \sim N(m_c,\sigma_c^2);d_j \sim N(m_d,\sigma_d^2)$$
$$m_a,m_b,m_c,m_d \sim N(0,10);\sigma_a,\sigma_b,\sigma_c,\sigma_d \sim U(0,10)$$
$$\varepsilon_{\mathrm{TN},ij} \sim N(0,\sigma_{\mathrm{TN}}^2);\varepsilon_{\mathrm{TP},ij} \sim N(0,\sigma_{\mathrm{TP}}^2)$$
$$\alpha \sim U(0,1000);\beta \sim U(0,1000);\gamma \sim U(0,1000)$$
$$j=1,2,3,4$$

式中，j 为受体的序号（1～4 分别为清溪场、晒网坝、培石和银杏沱 4 个受体）；i 为某一特定受体监测值的序号；TN、TP 分别为受体浓度；CJ、JLJ 和 WJ 分别为长江、嘉陵江和乌江 3 个压力源；TN_L 和 TP_L 为 3 个压力源对受体回归的“有效浓度”；参数 a、c 和 b、d 分别为有效浓度对受体浓度的回归斜率和截距，这些参数服从同一个未知分布；α、β 和 γ 分别为长江、嘉陵江和乌江对有效浓度的回归系数；σ_{TN}^2 和 σ_{TP}^2 为受体浓度的回归残差；m_a、m_b、m_c、m_d 和 σ_a、σ_b、σ_c、σ_d 为层次模型的超参数；$N(m,\sigma^2)$ 和 $U(a,b)$ 分别为正态分布和均匀分布；ε 为残差项。由于寸滩仅受长江、嘉陵江的影响，不受乌江的影响，因此对其单独处理，在上述模型公式中需要扣除乌江压力源。

在得到参数估计值后，计算各个压力源对有效浓度的贡献比例，计算方法（以长江为例）如下：

$$L=\alpha\times\overline{\mathrm{CJ}}+\beta\times\overline{\mathrm{JLJ}}+\gamma\times\overline{\mathrm{WJ}} \tag{4-5}$$

$$R_{\mathrm{CJ}}=\frac{\alpha\times\overline{\mathrm{CJ}}}{L} \tag{4-6}$$

式中，$\overline{\mathrm{CJ}}$ 为长江某种污染物的平均值；L 为某种污染物的有效浓度。主要污染源的判定准则为对有效浓度贡献率超过 70%的污染源。

3）压力源评估分级

本书采用贝叶斯网络分析压力源对受体的压力。贝叶斯网络输出结果为概率分布，因此适用于对受体超过某一阈值的概率进行分析。将受体超过某一阈值的概率水平划分为Ⅰ级（表 4-2），当压力源的浓度使得受体浓度超过阈值的概率小于等于 60%时定义为Ⅳ级；大于 60%小于等于 75%时，定义为Ⅲ级；以此类推。

表 4-2　评估等级划分

压力等级	受体浓度超过阈值的概率
Ⅳ级（一般）	≤60%
Ⅲ级（较大）	(60%～75%]
Ⅱ级（重大）	(75%～90%]
Ⅰ级（特大）	>90%

贝叶斯网络是一种描述变量间概率关系的有向图模型（Heckerman，1997）。贝叶斯网络的应用包括 4 个主要步骤：①贝叶斯网络结构选择；②贝叶斯网络参数学习；③模型效果评估；④统计推断，即根据已经学习的网络结构和参数，设定情景进行推断。本书采用主观方法确定贝叶斯网络的结构，根据经验和需求，网络结构是明确的，即主要压力源的特定污染物浓度对应受体同种污染物的浓度。设定上游压力源的不同取值，探究不同受体污染物的概率分布（将自变量浓度分布的 5%～95%分位数分为 100 段，对每一段进行积分，求解平均值；抽样次数为 100 次，以 100 次的平均值作为因变量的值）；设定受体污染物的浓度阈值，以超出阈值的百分比表征源对受体的压力，并划分不同的评估等级。

2. 三峡水库案例分析

本书以嘉陵江、乌江和长江上游为上游来水压力源，以寸滩、清溪场、晒网坝、培石和银杏沱为受体进行研究，重点以寸滩为例进行说明。

1）上游来水主要污染源识别

根据上游 3 个压力源对寸滩断面有效浓度的平均贡献率分析得知，高、低水位，寸滩断面 TN 浓度的主要压力源均为嘉陵江，长江 TN 浓度对寸滩 TN 浓度没有显著影响。寸滩断面 TP 浓度的主要压力源为长江，在高水位时嘉陵江的贡献率占 29%，而在低水位时嘉陵江影响不显著，详见表 4-3。

表 4-3　各个压力源对寸滩断面有效浓度的平均贡献率

受体	压力源	TN		TP	
		高水位	低水位	高水位	低水位
寸滩	长江	0	0	0.71	1
	嘉陵江	1	1	0.29	0

注：表中的 0 表示回归系数不显著，下同。

寸滩以外的其他 3 个受体的主要压力源识别结果见表 4-4。总体上，对 TN 浓度而言，乌江和嘉陵江由于浓度较高，被识别为受体的主要压力源；对 TP 浓度而言，乌江由于浓度较高且距离各个压力源最近，被识别为主要压力源。仅从对主要压力源的识别来看，水位对 TN 的影响更大。

表 4-4　受体主要压力源识别结果

受体	TN		TP	
	高水位	低水位	高水位	低水位
清溪场	乌江	嘉陵江、乌江	乌江	乌江
晒网坝	—	嘉陵江、乌江	乌江	乌江
培石	嘉陵江	嘉陵江	长江	嘉陵江、乌江

2）上游来水压力源-水质响应关系分析

根据受体压力源识别的结果，对不同受体的不同营养盐分别构建高、低水位时的贝叶斯网络，表征“源→受体”的响应关系。通过分析响应关系：①探究主要压力源对受体的影响是否足够大；②比较高、低水位的响应关系是否存在差异，分析产生差异的原因。本书依据压力源对回归有效浓度的贡献比例来识别主要压力源，贡献比例小的压力源对受体营养盐浓度的影响甚微，而贡献比例大的压力源对受体浓度的影响不一定大。据此，响应关系的分析是对压力源识别的必要补充，更是下一步压力风险分析的基础。

根据贝叶斯网络分析各断面的响应关系，朱沱的 TN、TP 负荷大小影响了干流各断面 TN、TP 浓度分布，而其浓度大小的波动主要受到乌江和嘉陵江的影响。虽然乌江断面流量最小，但是其 TP 浓度高，且距离受体较近，对受体 TP 浓度的波动起到主要作用；嘉陵江断面 TN 浓度较高，但是由于其距离下游受体较远，影响范围较小，在高水位时仅能影响到清溪场，在低水位时可以影响到晒网坝；乌江断面 TP 的影响则至少可以到达晒网坝，由于培石断面有 TP 负荷的输入，不能判别其是否对培石断面具有显著影响。综上，上游来水对长江干流影响对培石、银杏沱较小，研究意义不大，不予分析。

3）上游来水压力源评估标准制定方法

本书主要关注 TN、TP 指标，贝叶斯网络由于输出结果为概率分布，适用于分析受体超过某一阈值的概率。对 TN 而言，选择所有受体浓度的 50%分位数作为阈值，即 1.8mg/L；对 TP 而言，寸滩断面选择 0.10mg/L，晒网坝断面选择 0.15mg/L 作为阈值。

4）上游来水压力源评估标准

在进行模拟时，设定 TN 的最高浓度为 4.5mg/L，TP 的最高浓度为 0.8mg/L，寸滩断面和清溪场断面不同评估等级对应的主要压力源浓度见表 4-5 和表 4-6。

表 4-5 寸滩断面不同评估等级对应的主要压力源浓度 （单位：mg/L）

受体	评估等级	长江：TP 浓度		嘉陵江：TN 浓度	
		高水位	低水位	高水位	低水位
寸滩	Ⅲ级	0.13	0.13	2.31	2.42
	Ⅱ级	—	0.16	2.45	2.57
	Ⅰ级	—	—	2.66	—

注：“—”表示需要的压力源浓度超过了最高浓度。

表 4-6 清溪场断面不同评估等级对应的主要压力源浓度 （单位：mg/L）

受体	评估等级	乌江：TP 浓度		乌江：TN 浓度		嘉陵江：TN 浓度
		高水位	低水位	高水位	低水位	低水位
清溪场	Ⅲ级	0.44	0.58	1.76	1.89	1.68
	Ⅱ级	0.6	0.76	1.93	—	—
	Ⅰ级	—	—	2.14	—	—

注：“—”表示需要的压力源浓度超过了最高浓度。

清溪场的 TN 浓度在低水位时有两个影响显著的压力源，分别为乌江和嘉陵江（表 4-6），TN 低水位时的压力源值是通过控制其中一个压力源浓度值为平均值时得到的。

晒网坝的 TP 浓度主要压力源为乌江；对 TN 浓度而言，在高水位时没有影响显著的压力源，在低水位时的主要压力源为嘉陵江和乌江，不同评估等级的浓度值也是通过控制另外一个压力源浓度值为平均值时得到的（表 4-7）。

表 4-7 晒网坝断面不同评估等级对应的主要压力源浓度 （单位：mg/L）

受体	等级	乌江：TP 浓度		嘉陵江：TN 浓度	乌江：TN 浓度
		高水位	低水位	低水位	低水位
晒网坝	Ⅲ级	—	0.43	1.54	2.4
	Ⅱ级	—	0.54	—	—
	Ⅰ级	—	0.7	—	—

5）上游来水压力源评估结果（以寸滩为例）

以 2013 年为基准年进行上游来水压力源对寸滩断面的压力评估，结果如表 4-8 所示。1 月、6 月、7 月 TN 上游压力源评估结果为Ⅱ级（压力重大），需重点关注（表 4-8）。

表 4-8 上游来水压力源评估结果（寸滩断面）

月份	TN	TP
1	Ⅱ级	Ⅳ级
2	Ⅲ级	Ⅲ级
3	Ⅳ级	Ⅲ级
4	Ⅳ级	Ⅲ级
5	Ⅳ级	Ⅲ级
6	Ⅱ级	Ⅳ级
7	Ⅱ级	Ⅳ级

续表

月份	TN	TP
8	Ⅳ级	Ⅳ级
9	Ⅳ级	Ⅳ级
10	Ⅳ级	Ⅲ级
11	Ⅳ级	Ⅲ级
12	Ⅳ级	Ⅲ级

4.3 库区产业化压力源识别技术

4.3.1 产业发展压力-水体作用概念关系

产业发展压力-水体作用概念关系如图 4-13 所示。库区产业发展导致工业污染负荷增加、径流污染加重、水土流失加剧，使水环境质量恶化，威胁水源地水质安全。产业化发展促进产业规模逐步增长、产业结构升级和产业布局调整。产业规模增长和扩大，需要更多资源支撑，导致资源消耗增加，工业污染负荷增加；产业布局调整影响自然生态环境，导致径流污染加重，水土流失加剧，从而对水环境造成压力。另外，产业结构升级带来的资源利用效率提高、污染治理与生态保护水平提升等有助于减缓水质安全压力。

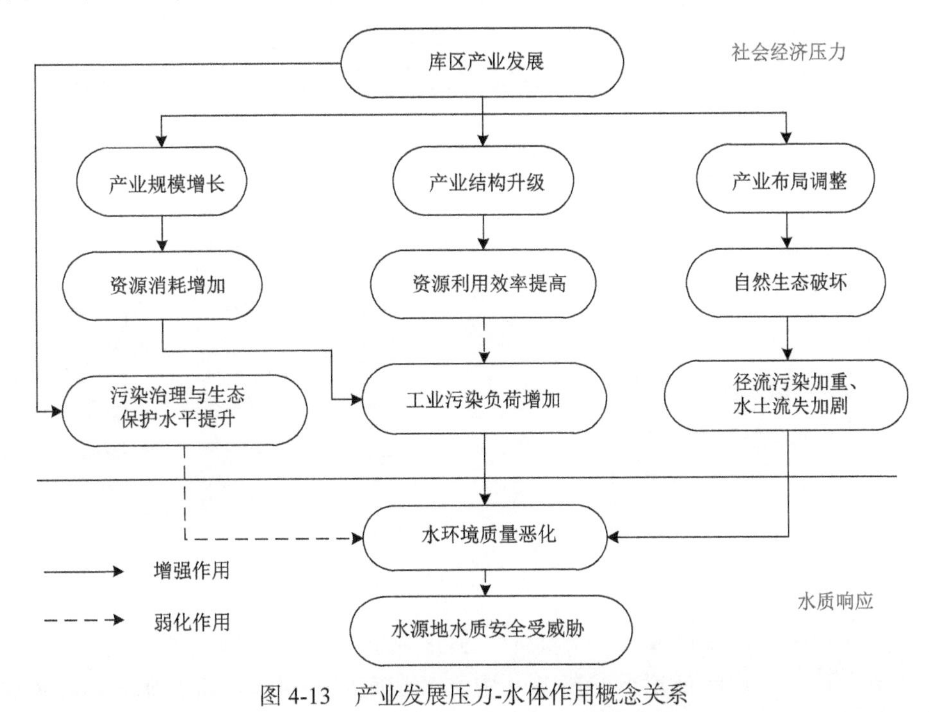

图 4-13 产业发展压力-水体作用概念关系

基于水质安全保障的目的，本书从污染负荷的角度出发，分析库区产业发展现状及趋势，剖析库区产业化发展压力特征，构建产业化压力源识别方法，为流域水质安全评估提供支撑。

4.3.2 产业化发展压力特征分析

产业化发展压力主要来自工业污染负荷，一般可通过实际监测、资料收集、相关公式估算/核算的方法获得。实际监测法需测定工业废水排放量及污染物实测排放平均浓度，该法计算相对简单，误差较大，适用于小尺度空间、短时间内的负荷计算。资料收集法主要收集环境统计、污染源普查相关资料，数据相对准确，常用于特征分析、流域污染负荷核算及环境容量计算中，蒋海兵和徐建刚（2013）基于污染源普查数据进行了江苏淮河流域工业点源污染负荷空间分布特征研究；乔飞等（2013）利用环境统计资料进行了长江流域污染负荷核算。另有物料平衡法（季浩宇，2015）、水文估算法（张智等，2005）、产排污系数法（马啸，2012）、基于单位排放强度法等估算/核算方法（刘占良等，2009）。中国环境监测总站（2007）采用单位排放强度法对三峡库区工业废水负荷进行了预测，为库区及其上游水污染防治战略提供了有效支撑。

本书根据数据的准确性、有效性及可获得性，选用资料收集法，根据库区环境统计数据进行相关特征分析。

1）库区工业总产值

2008～2013 年，库区工业总产值呈现逐年递增的趋势，2008～2010 年增长速度较快，2011～2013 年增长速度相对较缓。整体上，工业总产值的年均增长率为 19.54%（图 4-14）。

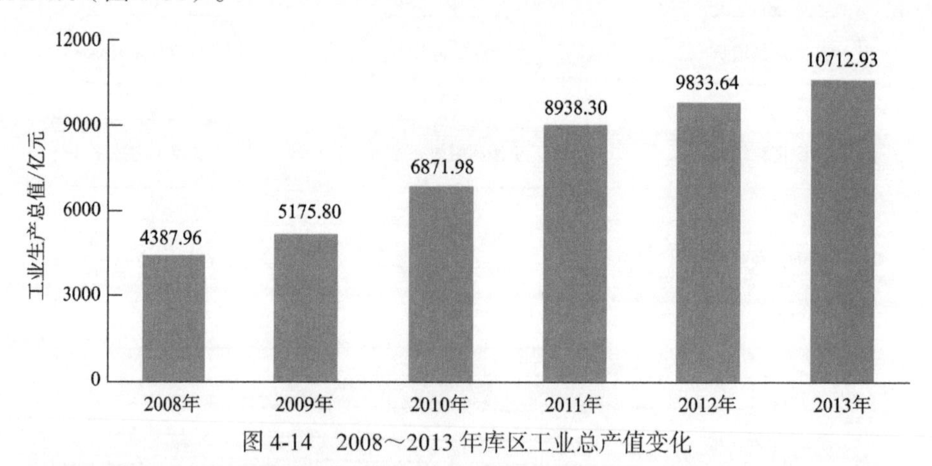

图 4-14 2008～2013 年库区工业总产值变化

除涪陵区、大渡口区及奉节县外，2008～2013 年，库区内各区（县）工业总产值大致呈现逐年递增的趋势。其中，渝东南各县由于经济基础相对较差，在2008～2013年工业总产值年均增长率最高，达到27.15%，主城区和主城区周边的经济基础相对较好，在2008～2013年工业总产值年均增长率较各县低，分别达到14.27%和18.09%（图4-15）。

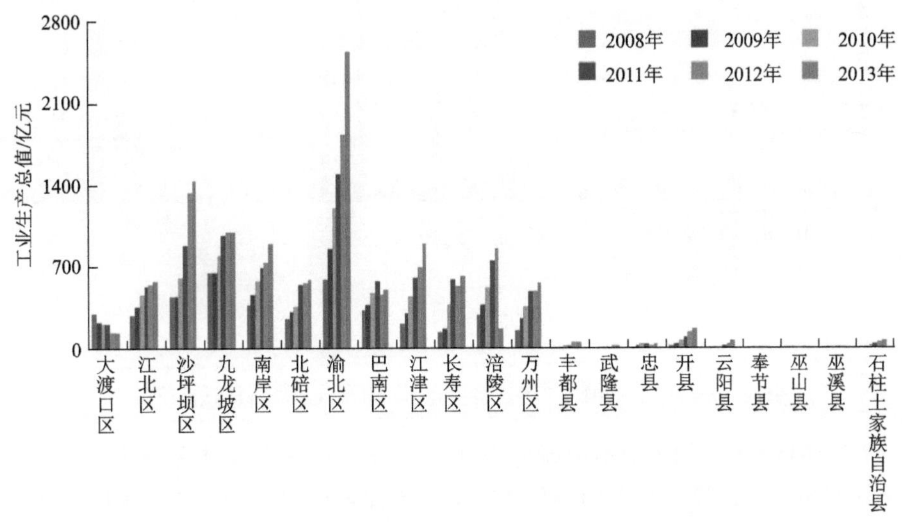

图4-15　2008～2013年库区各区（县）工业总产值

2）工业污染物排放特征

库区工业COD及氨氮排放强度整体呈现下降的趋势，年均递减率分别为32.62%及34.95%。其中，2008～2010年的排放强度下降较快，2011～2013年则趋于稳定（图4-16）。

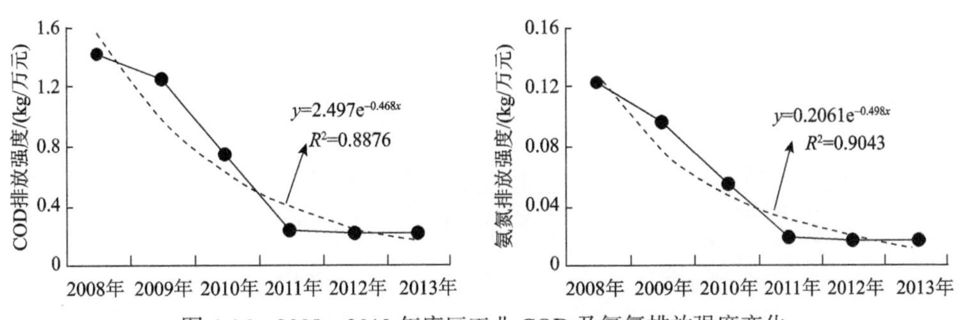

图4-16　2008～2013年库区工业COD及氨氮排放强度变化

库区各区（县）的工业COD排放强度在2008～2013年整体呈现明显的递减趋势（除巫山县外），其中以主城区COD排放强度下降趋势最为显著，年均递减率达到41.33%，其次为主城区周边，其年均递减率为26.45%，渝东南各县COD排放强度下降相对较缓，年均递减率为13.03%（图4-17）。

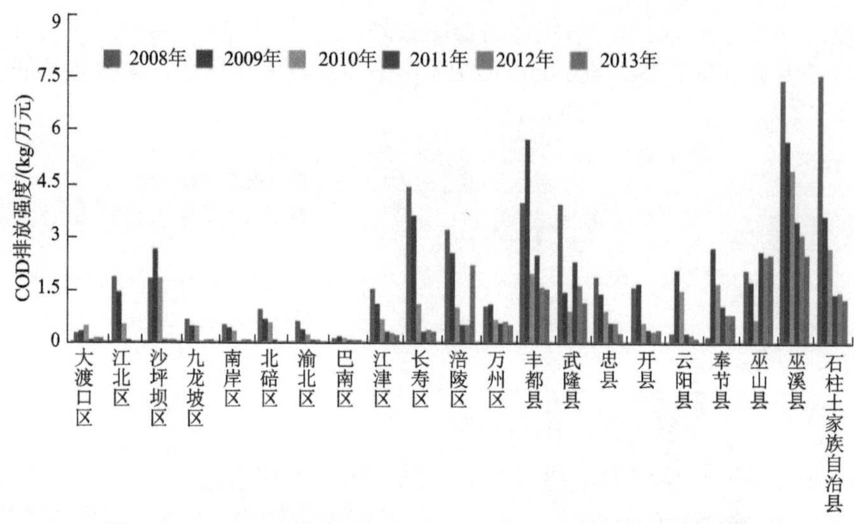

图 4-17　2008～2013 年库区各区（县）工业 COD 排放强度变化

库区各区（县）的工业氨氮排放强度在 2008～2013 年整体呈现明显的递减趋势（除万州区、武隆县、巫山县外），其中以主城区氨氮排放强度下降趋势最为显著，年均递减率达到 26.29%，其次为主城区周边，年均递减率为 20.36%，渝东南各县氨氮排放强度下降相对较缓，年均递减率为 9.36%（图 4-18）。

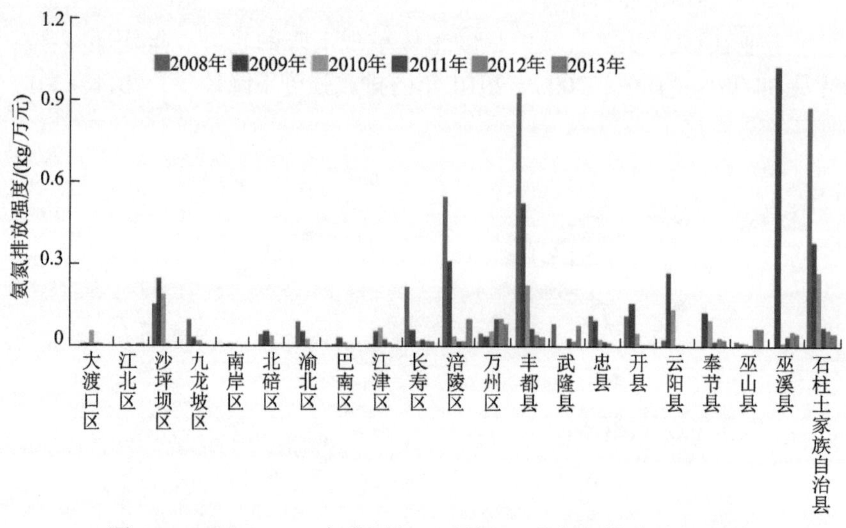

图 4-18　2008～2013 年库区各区（县）工业氨氮排放强度变化

3）污染物排放现状

整体上，工业污染物的排放量以主城区周边的江津区、长寿区、涪陵区、万州区为主要贡献区域，2013 年工业 COD 及氨氮的贡献率分别达到 60.79%及 71.20%。此外，主城区的九龙坡区、渝东南区域的丰都县、武隆县、石柱土家族自治县、开县、巫溪县和巫山县的污染贡献率也相对较高（图 4-19）。

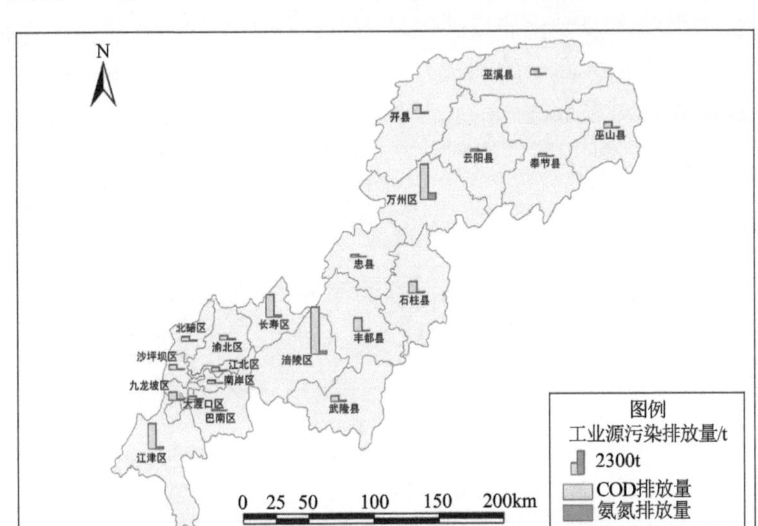

图 4-19 2013 年库区各区（县）工业 COD 与氨氮排放量

4.3.3 产业化发展压力评估方法

本节着眼于流域水质安全保障的需求，确定对水质退化而言较为敏感的关注对象（敏感行业），构建产业化压力源评估指标及分级方法，反映和警示对水质安全不利的产业化状态和变化，并以三峡库区典型区段为例进行产业化发展压力评估研究。

1. *研究方法*

传统风险评估方法一般从风险源和受体角度出发，构建危险性-易损性（损失性/敏感性）风险评估模型进行环境（生态/灾害）风险评估。流域产业化压力源评估以水体为受体、水环境质量为评估终点，以目标断面水质为具体保护对象。该研究中，压力源危险性主要从污染物绝对数量上判断压力源的风险大小，通过污染负荷输出过程相关参数来衡量，避免与水质直接关联的复杂不确定性。受体易损性主要从空间格局上判断目标断面水质对压力源的敏感性，通过空间位置相关指标来考量。压力源危险性、受体易损程度越高，分别表征着产业化的结构风险、布局风险越高，对水质安全压力越大，压力级别越高。以各行政区（县）为空间单元来实施评估（图 4-20）。

1）评估指标及获取

a. 压力源结构风险指标

以压力源危险性评估表征压力源结构风险。以压力源早期预警为目的，区别于一般意义上的单项或综合型分析评估，评估指标应至少满足客观性、精准代表性、可量化性、规范性和指示性等原则。①客观性原则。要求指标客观、可信，所选指标状态及变化能反映区域产业化压力源的实际状况。②精准代表性原则。区别于指标多而全的筛选方式，该原则要求以最少的指标反映压力风险，着重反映评估对象最敏感的状态和变化。③可量化性原则。要求指标数据易于获得、可量化。④规范性原则。要求指标概念明确、获取方法统一、规范，保证结果的可靠性。⑤指示性原则。代表压力源输出压力状态和变化，适合快速预警评估。

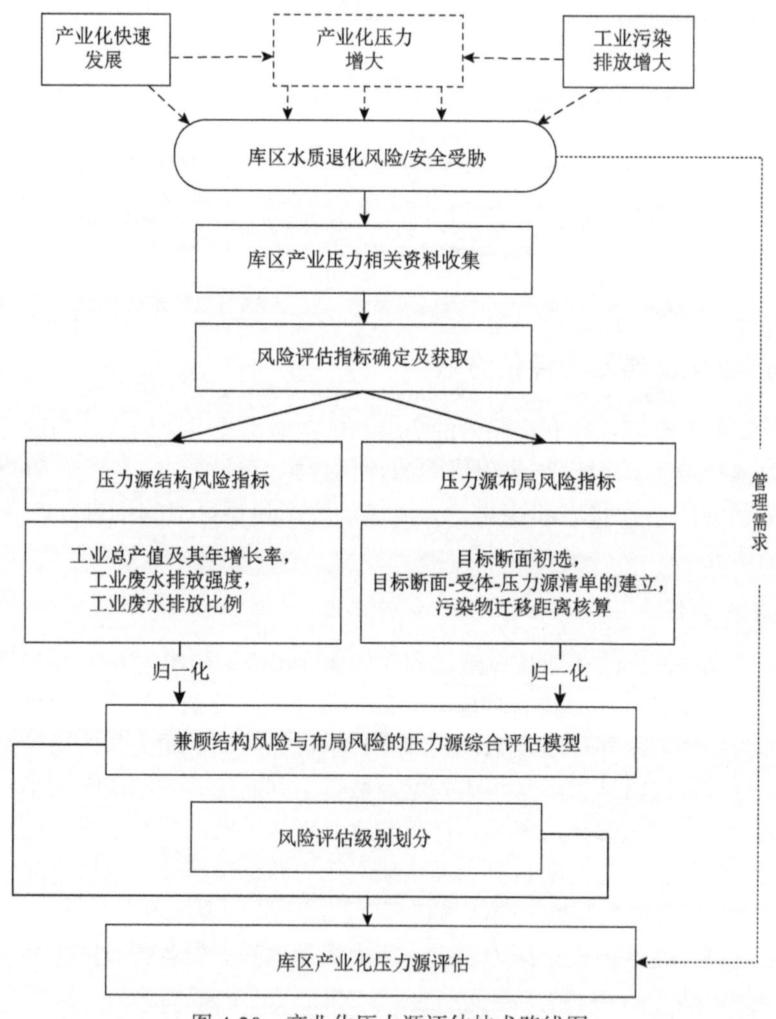

图 4-20　产业化压力源评估技术路线图

产业化涉及指标众多，通过案例区调研、专家咨询，结合数据资料可得性，考虑排污总量与治污效率兼顾的需求，推荐初选指标为工业总产值（万元）、工业总产值年增长率（%）、工业废水排放量比例（%）和工业废水排放强度（即单位工业总产值废水排放量，t/万元）。工业废水排放强度反映治污效率压力，警示产业化发展“质量”的污染输出风险；其他指标表征排污总量压力，警示产业化发展“规模”的污染输出风险。

b. 压力源布局风险指标

以受体易损性评估表征压力源布局风险。受体对压力源是否敏感，与污染物的迁移转化特性、物质传递的水动力条件（流速、流量等）及空间地理信息状况（与压力源的距离）等密切相关。考虑快速预警的指标可得性，该研究主要从空间格局上来考量。据此，推荐初选指标为污染物迁移距离。该距离是指压力源污染物输出口至受体目标断面的距离，该距离越大，受体易损性越小，产业化发展“布局”的风险越小。

（1）目标断面的初选。参考环保部门的常规监测断面（国控、省控）、水污染防治专项规划或水污染防治行动计划等政府规划/计划的重点考核断面予以确定。断面过多会增大运算量，过少则代表性不强。综合考虑区（县）和流域大小，选取合理的尺度，确定每个断面控制的区域。

（2）目标断面–受体–压力源清单的建立。筛选流域内的敏感受体（水源地、自然保护区等），建立目标断面与上述敏感受体的空间对应关系，进一步核定目标断面的警示含意和代表性。调查各目标断面上游区（县）的排污口位置等信息，建立目标断面与各区（县）压力源的空间对应关系。

（3）污染物迁移距离核算。初始点可以根据空间尺度大小而不同。当研究区空间范围较大、相邻目标断面之间包含多个区（县）时，可选取区（县）建成区概化点位置作为起始点。反之，则可考虑以区（县）城镇污水处理厂、工业直排口作为起始点。计算终点是该区（县）下游的第一个目标断面，每个区（县）仅针对一个目标断面。迁移距离即起点到终点沿水流方向概化得出的直线距离。

c. 指标归一化

由于各指标具有不同量纲，为消除其所带来的影响，需对指标值进行标准化，见式（4-7）和式（4-8）。其中，式（4-7）适用于压力源结构风险指标，指标值越大对水质安全越不利；式（4-8）适用于压力源布局风险指标，指标值越大对水质安全越有利。

$$E_i = \frac{f_i - f_{\min}}{f_{\max} - f_{\min}} \tag{4-7}$$

$$E_i = \frac{f_{\max} - f_i}{f_{\max} - f_{\min}} \tag{4-8}$$

式中，E_i为指标的标准化值；f_i为指标实测值；$f_{\max}$为指标实测最大值；$f_{\min}$为指标实测最小值。

2）压力源评估指数

a. 压力源结构风险评估

采用压力源结构风险指数（压力源危险性指数）来表征综合压力状态。计算公式见式（4-9）：

$$\mathrm{SSRI_I} = \sum_{i=1}^{n} \alpha_i \cdot E_i \tag{4-9}$$

式中，$\mathrm{SSRI_I}$为工业化压力源结构风险指数；α_i为工业化第 i 个指标权重；n 为工业化压力源指标总数；E_i为第 i 个指标标准化值。

b. 压力源布局风险评估

以污染物迁移距离来反映受体对压力源的响应和恢复能力，构建压力源布局风险评估指数（受体易损性指数），见式（4-10）：

$$\mathrm{SLRI} = E_L \tag{4-10}$$

式中，SLRI 为压力源布局风险指数；E_L为指标标准化值，即污染物迁移距离的标准化值。

c. 兼顾结构风险与布局风险的压力源综合评估模型

综合考虑产业化的压力源结构风险和布局风险，兼顾压力源危险性和受体的易损性，构建压力源综合评估模型，采用压力源综合风险指数 SRAI 来表征，见式（4-11）：

$$\mathrm{SRAI_I} = \mathrm{SSRI_I} \times \mathrm{SLRI} \tag{4-11}$$

该指数越大，产业化发展压力越大，压力级别越高。

3）级别划分

面向水质安全预警的压力源评估分级尚无统一的方法。国内常用的分级方式有高-中-低三级、高-中-低-极低或很高-高-中-低四级和五级分级制。参考相关文献，产业化压力源风险评估分级见表 4-9。分析流域工业化发展实际情况，得到风险评估结果，选取四级分级制，确定流域风险评估分级标准。以库区为例，库区流域工业化压力源结构风险指数在 0～0.44，故分别以 0.11、0.22、0.33 为Ⅳ、Ⅲ、Ⅱ级压力级别限值，大于Ⅱ级限值的视为Ⅰ级，其他指标依次类推。

表 4-9　产业化压力源风险评估分级

压力等级	压力源结构风险评估		压力源布局风险评估		压力源综合评估		标识
	工业化标准	描述	工业化标准	描述	工业化标准	描述	
Ⅰ级	>0.40	压力源危险性很大，对水质安全压力特大	>0.75	特大	>0.33	特大	

续表

压力等级	压力源结构风险评估		压力源布局风险评估		压力源综合评估		标识
	工业化标准	描述	工业化标准	描述	工业化标准	描述	
Ⅱ级	0.40	压力源危险性大，对水质安全压力重大	0.75	重大	0.33	重大	
Ⅲ级	0.28	压力源危险性处于中等，对水质安全压力较大	0.50	较大	0.22	较大	
Ⅳ级	0.12	压力源危险性较小，对水质安全基本无影响	0.25	一般	0.11	一般	

2. 三峡水库案例分析

1）三峡库区产业化压力源评估指标

根据评估指标选取原则，压力源结构指标选择工业总产值（万元）、工业总产值年增长率（%）、工业废水排放量比例（%）和工业废水排放强度（t/万元）。

以 2013 年为例，库区工业总产值为 10712.93 亿元，从空间分布来看，各区产值呈重庆主城各区多、周边区域其次、渝东地区少的态势。其中渝北区、沙坪坝区、九龙坡区 3 个重庆主城区的工业总产值达 5032 亿元，约占库区总产值的 47.0%，而位于渝东地区的武隆、奉节、巫山和巫溪 4 县产值仅为 98.83 亿元，仅占总产值的 0.92%。

工业总产值年增长率（2008～2013 年年平均增长率）与工业总产值分布规律不同，渝东区云阳县、开县的年平均增长率较高，主城的大渡口、涪陵、巴南、九龙坡、江北 5 个区增长偏慢。

工业废水排放量比例在工业园区较为集中的长寿、万州、涪陵 3 个区最多，达 4824 万 t，占库区总排放量的 43.2%，各区排放量占比均大于 10%。奉节县、武隆县、忠县、云阳县、丰都县、巫溪县 6 县工业废水排放量为 466 万 t，占库区总排放量的 4.19%，各县排放量占比均不足 1%。

排放强度越高代表单位工业生产总值产生的废水排放量越多，治污效率越低，对水环境危害越大。巫山、石柱、巫溪、长寿 4 个区（县）排放强度较高，为库区平均排放强度（5.3t/万元）的 2.38～3.95 倍。

利用 GIS 软件的空间分析功能获取污染物迁移距离，计算压力源布局评估指数，进行研究区压力源布局风险评估，重庆江北区、渝中区等主城区及万州区、涪陵区、巫山县等区（县）压力源布局风险大。究其原因，这些区

（县）离目标断面距离较小，江北区离目标断面——寸滩距离仅为 1km，而寸滩周围覆盖和涉及丰收坝水厂水源地、黄桷渡水厂水源地等 5 个城市水源地和 12 个镇级饮用水源地，该断面水质状况与饮用水安全息息相关，水质污染对周边饮用水源水质构成威胁。

2）三峡库区产业化压力源评估结果

根据公式计算产业化压力源结构风险指数、布局风险指数和综合评估指数，开展三峡库区兼顾结构和布局的压力源综合评估，结果显示，三峡库区产业化压力具有空间差异性。①产业化压力源综合评估为Ⅰ级（特大）的区域以重庆 1h 城市圈的区（县）为主，包含长寿、万州、九龙坡、涪陵等区（县），该区域人口密集、经济发达，产业化发展快，污水排放压力大，并且布局上离敏感受体距离较近，其结构风险和布局风险均大。②Ⅱ级（重大）区域主要为渝北、沙坪坝、南岸、江津、大渡口和北碚等区（县），该区域布局风险大，并有一定的压力源结构风险。③Ⅲ级（较大）区域包含渝东南、东北的忠县、武隆县、巫溪县、石柱土家族自治县和主城的江北区、巴南区。由于评估方法遵循了“排污总量与治污效率兼顾”的原则，所选取的评估指标兼顾压力源的状态与动态，因此，江北和巴南污染迁移距离较大，布局风险高，但其工业废水排放量比例及排放强度小，故而综合评估结果为Ⅲ级。④丰都县、奉节县、开县、云阳县和渝中区为Ⅳ级（一般）。其中，渝中区位于重庆主城区，其与目标断面距离较短，即污染物迁移距离较短，布局风险指数高。但其结构风险小，综合而言为压力一般。

4.4 库区城镇化压力源识别技术

4.4.1 城镇化发展压力-水体作用概念关系

库区城镇化发展压力-水体作用概念关系如图 4-21 所示。库区城镇化发展导致城镇生活污染负荷增加、城镇径流污染加重、水土流失加剧，严重影响水环境质量，威胁水源地水质安全。具体表现在：不断增长的人口带来的资源消耗增加，导致城镇生活污染负荷增加；大量人口聚居导致自然生态环境被破坏，城镇径流污染加重、水土流失加剧等。人口结构城镇化和消费模式城镇化都不利于资源利用效率的提升，不利于水环境质量保护。

基于水质安全保障的目的，作者从污染负荷的角度出发，分析库区城镇化发展现状及趋势，剖析库区城镇化发展压力特征，构建城镇化压力评估方法，为流域水质安全评估提供支撑。

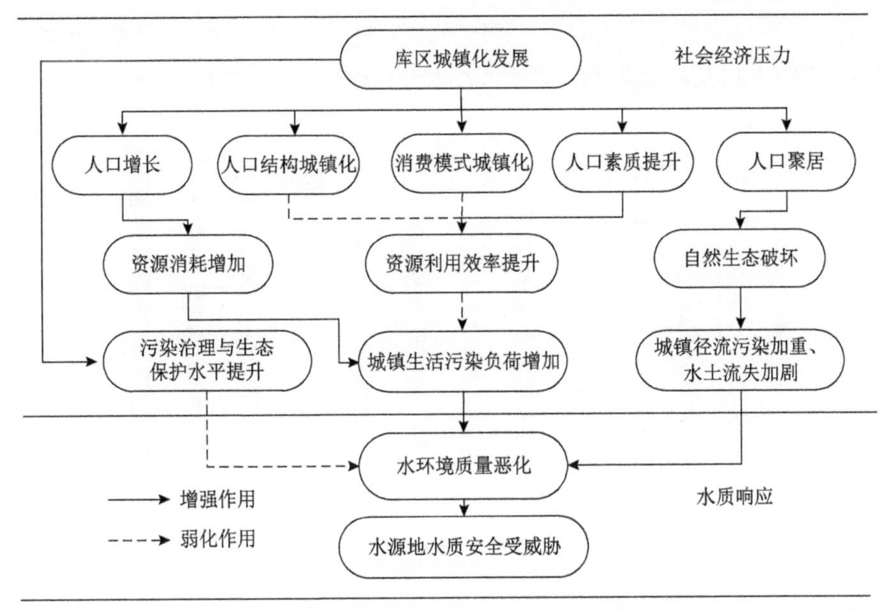

图 4-21 库区城镇化发展压力-水体作用概念关系

4.4.2 城镇化发展压力特征分析

城镇化发展压力主要来自城镇生活污染负荷，一般可通过实际监测、调查统计、公式估算等方法获得。实际监测法计算相对简单，误差较大。调查统计法主要参考环保部门及相关单位的调查统计资料（如环境统计年鉴），该法获得的数据相对准确，常用于流域污染负荷核算、环境容量计算和污染负荷预测。胡锋平等（2010）基于南昌市环保局（现南昌市生态环境局）统计数据进行了赣江南昌段污染负荷及水环境容量分析；杨旭和王晓丽（2014）利用近十年环境统计公报的全国城镇生活污水排放量数据建立 GM（1，1）模型预测了我国城镇生活污水排放量。另外，公式估算方法也常用于水环境污染负荷及其相关研究。常用方法有基于人均生活污染物排放当量估算（郭胜等，2011；方俊华，2004）、基于产排污系数估算（李响等，2014；秦迪岚等，2011；环境保护部华南环境科学研究所，2010；刘庄等，2010；中国环境规划院，2003）、基于水质变量及流量估算（刘爱萍等，2011）等。

本书根据数据的准确性、有效性及可获得性，选用调查统计法，根据库区环境统计数据进行相关特征分析。另外，基于产排污估算法对库区城镇生活污染负荷进行计算。

1. 库区城镇人口

2003～2013 年，库区重庆辖区城镇人口从 848 万人升至 1214 万人，增长了

43.16%，年平均增长率为 3.65%；城镇化率从 50%增长至 65%，年平均增长率为 1.84%。城镇人口及城镇化率呈现逐年增长的趋势（图 4-22）。

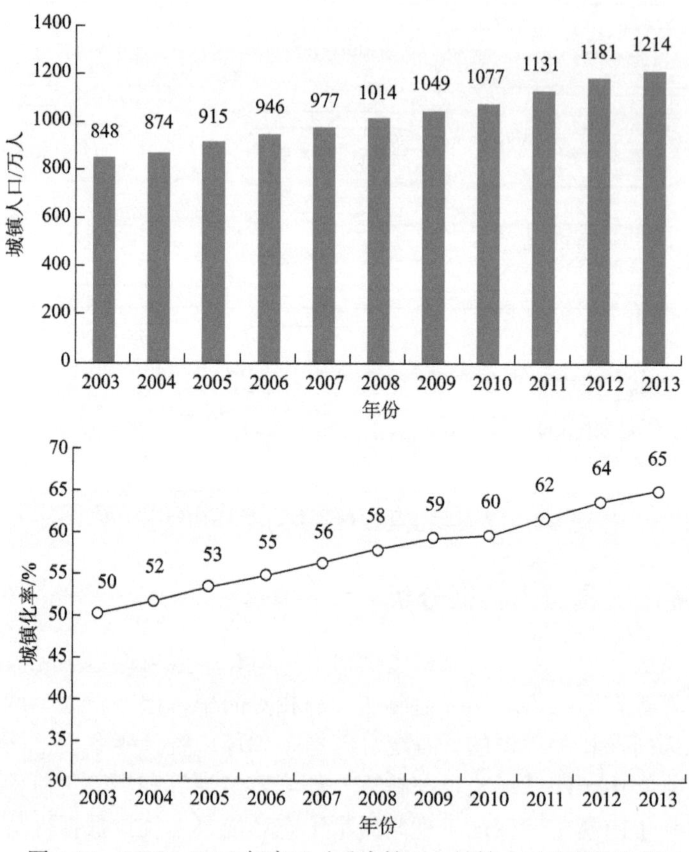

图 4-22　2003～2013 年库区（重庆辖区）城镇人口及城镇化率

从各区（县）城镇人口整体趋势情况来看，各区（县）城镇人口大体呈逐年上升趋势，各区（县）城镇人口差异较大，总体上各“区”城镇人口较多、“县”相对较少。从各区（县）城镇人口增长速率来看，总体上各“县”增长较快、“区”增长相对较慢。

从城镇化率的角度来看，整体呈逐年上升的趋势。2003 年开县、丰都县、忠县、武隆县、石柱土家族自治县、奉节县、云阳县、巫山县、巫溪县 9 县城镇化率小于 30%，处于城镇化初期阶段；北碚区、渝北区、巴南区、涪陵区、江津区、万州区、长寿区 7 区城镇化率为 30%～70%，处于城镇化加速阶段；渝中区、大渡口区、江北区、南岸区、沙坪坝区、九龙坡区 6 区城镇化率大于 70%，处于城镇化后期。到 2013 年，仅巫溪县处于城镇化初期阶段，其城镇化率达 29.89%，城镇化发展非常明显。2003～2013 年各区（县）城镇人口变化及城镇化增长率见图 4-23。

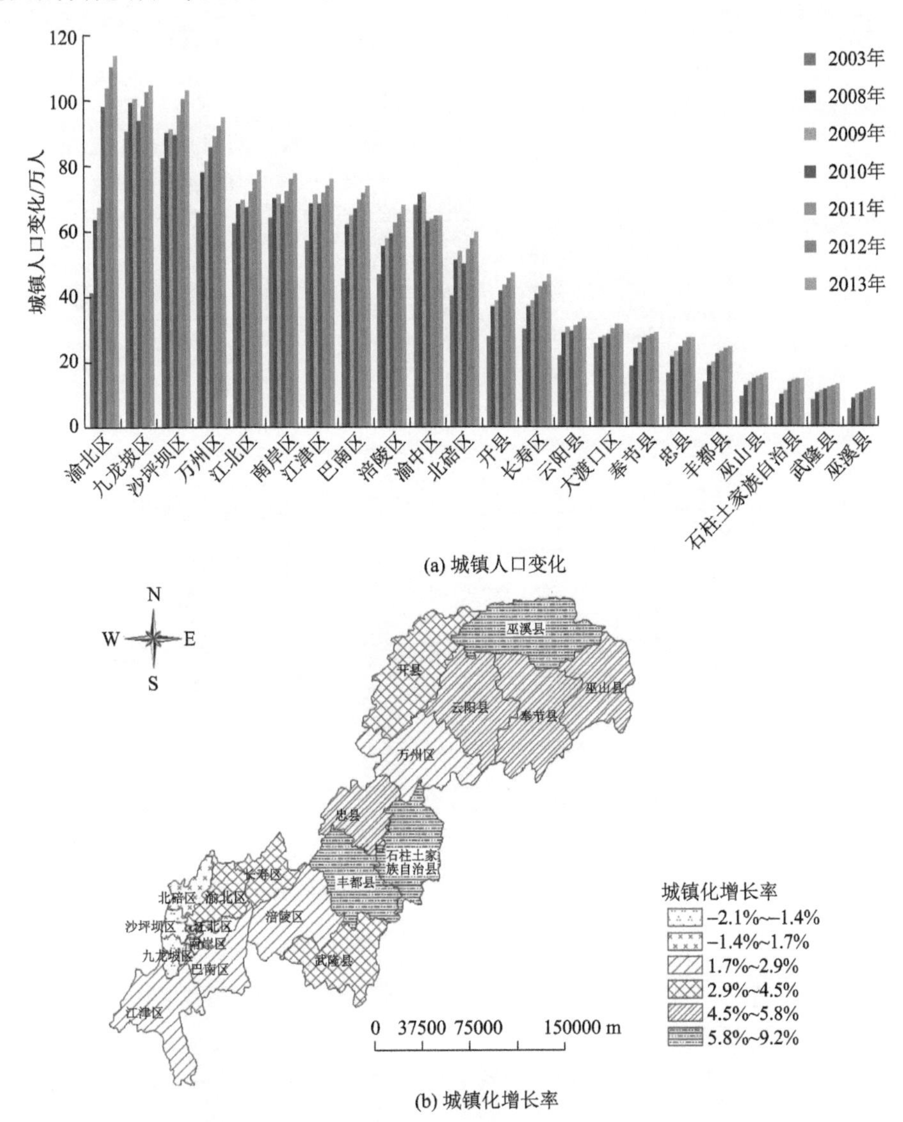

图 4-23 2003～2013 年各区（县）城镇人口变化及城镇化增长率

2. 城镇生活污水排放特征

2008～2013 年城镇生活污水排放量大致呈逐年上升的趋势（除 2010 年下降外），2008 年城镇生活污水排放量为 57679 万 t，2013 年达 74879 万 t，污水排放量年平均增长率为 5.36%（图 4-24）。

化学需氧量排放量和氨氮排放量在 2008～2011 年呈上升趋势，2011 年后二者均有下降趋势。此趋势与生活污水排放量上升趋势相反，这可能与 2011 年后污水处理厂处理污染物的能力提高有关（图 4-25）。

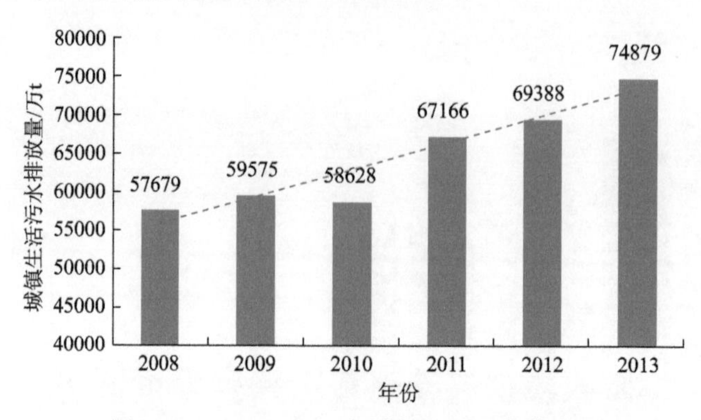

图 4-24　2008～2013 年城镇生活污水排放量

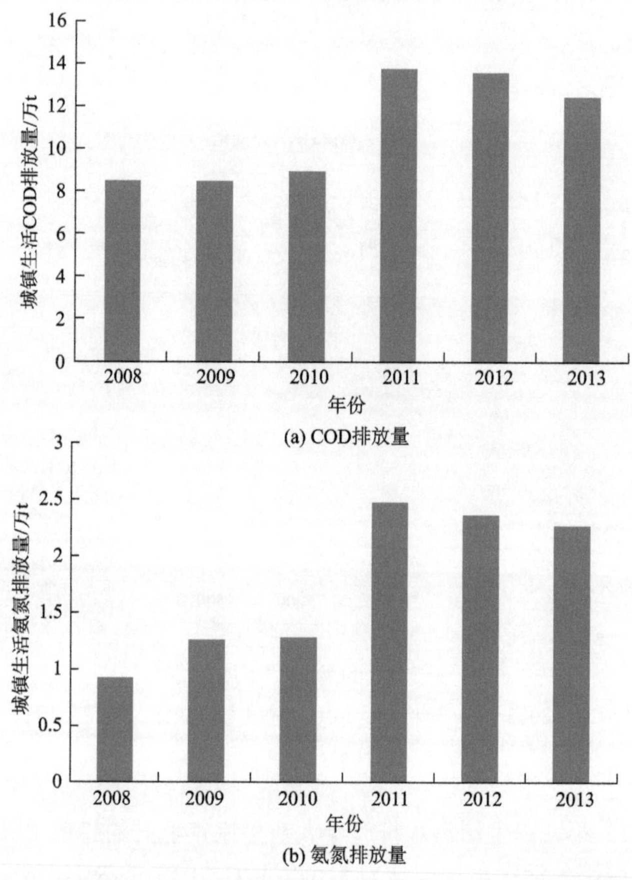

图 4-25　2008～2013 年城镇生活污水排放量中 COD、氨氮排放量

从空间分布上来看，除九龙坡、沙坪坝、江北、渝中等少数区（县）外，各区（县）城镇污水排放量逐年呈递增趋势。2013 年，九龙坡、沙坪坝、万州、江

北、南岸、渝北等污水排放量相对较大，占库区重庆辖区排放量的57.6%(图4-26)。

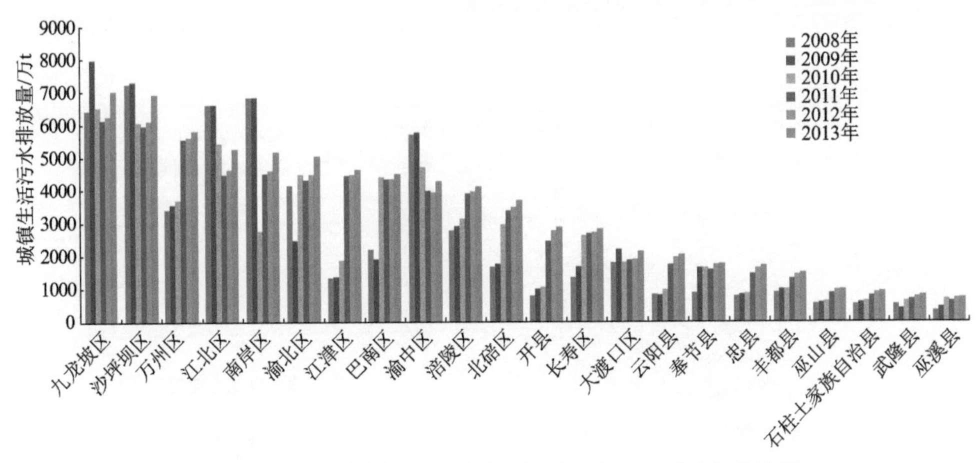

图4-26　库区重庆辖区各区（县）逐年城镇生活污水排放量

3. 城镇生活污水处理能力现状

2008～2013年城镇生活污水处理率逐年稳步增长，化学需氧量和氨氮处理率在2010～2011年呈不同幅度的下降，从2011年开始又逐年提升（图4-27）。

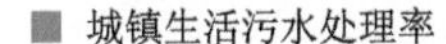

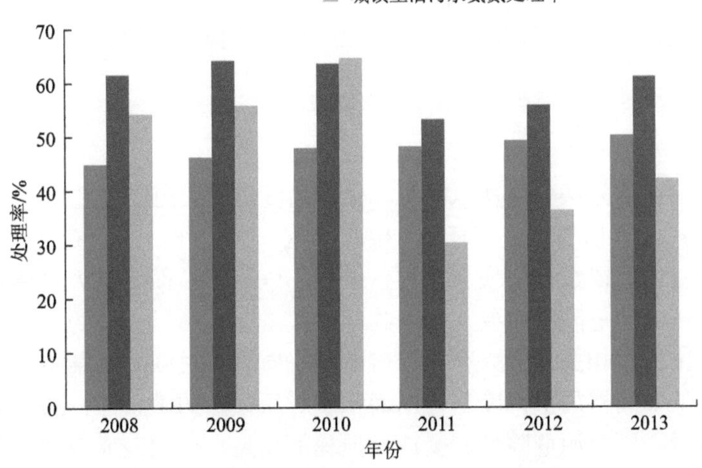

图4-27　城镇污水处理厂污水及污染物处理率

2012年三峡库区城镇污水处理能力滞后率如图4-28所示。污水处理能力滞后率为城镇生活污水排放量增长率与城镇生活污水处理率增长率的差值。其值越高，城镇化发展的质量越差，治污效率压力越大，单位输出风险越高。从图4-28可以看出，开县、奉节等渝东北部分区（县）城镇生活污水处理率极其滞后，迫切需要改善。

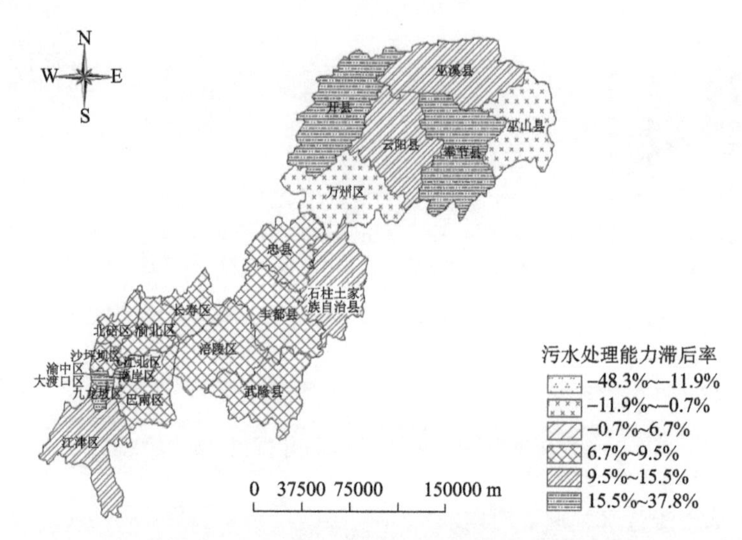

图 4-28　三峡库区城镇污水处理能力滞后率

4.4.3　城镇化发展压力评估方法

本小节着眼于流域水质安全保障的需求，确定对水质退化而言较为敏感的关注对象（敏感区、县），构建城镇化压力源评估指标及分级方法，反映和警示对水质安全不利的城镇化状态和变化，并以三峡库区典型区段为例进行产业化发展压力评估。

1. *研究方法*

传统风险评估方法一般从风险源和受体角度出发，构建危险性-易损性（损失性/敏感性）风险评估模型进行环境（生态/灾害）风险评估。流域城镇化压力源评估以水体为受体、以水环境质量为评估终点、以目标断面水质为具体保护对象。该研究中，压力源危险性主要从污染物绝对数量上判断压力源的风险大小，通过污染负荷输出过程相关参数来衡量，避免与水质直接关联的复杂不确定性。受体易损性主要从空间格局上判断目标断面水质对压力源的敏感性，通过空间位置相关指标来考量。压力源危险性、受体易损程度越高，分别表征着城镇化的结构风险、布局风险越高，对水质安全压力越大，进而压力级别越高。以各行政区（县）为空间单元来实施评估（图 4-29）。

1）评估指标及获取

a. 压力源结构风险指标

参考产业化压力源评估方法，以压力源危险性评估表征压力源结构风险，以压力源早期预警为目的，要求评估指标应至少满足客观性、精准代表性、可量化性、规范性和指示性等原则，具体详见 4.3.3 节。

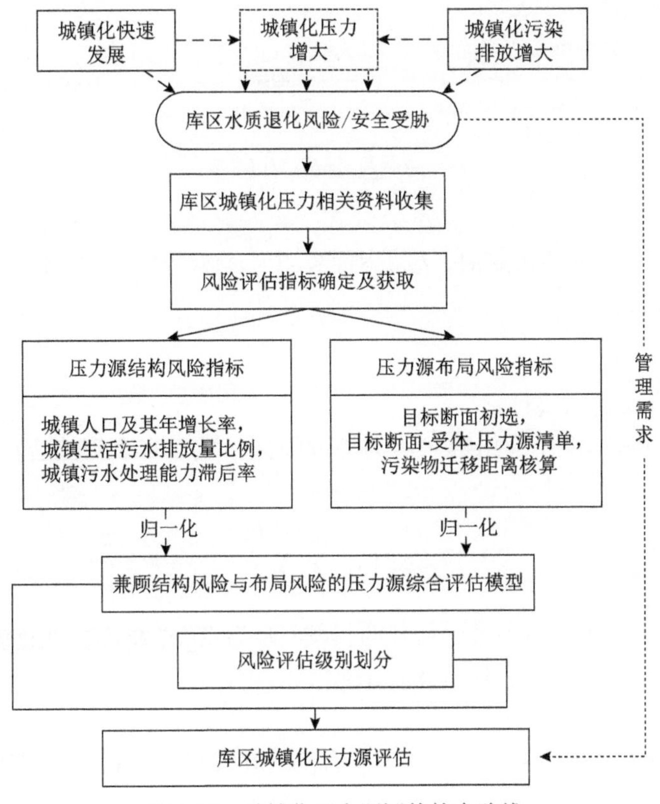

图 4-29　城镇化压力源评估技术路线

城镇化涉及指标众多，通过案例区调研、专家咨询，结合数据资料可得性，考虑排污总量与治污效率兼顾的需求，推荐初选指标为城镇人口（万人）及其年增长率（%）、城镇生活污水排放量比例（%）及城镇污水处理能力滞后率（即城镇生活污水排放量增长率与城镇生活污水处理率增长率的差值，%）。前三项指标表征排污总量压力，警示城镇化发展“规模”的污染输出风险；最后一项指标反映治污效率压力，警示城镇化发展“质量”的污染输出风险。

b. 压力源布局风险指标

城镇化发展压力源布局风险指标选取原则和方法参考产业化发展压力源相关方法，以受体易损性评估表征压力源布局风险，推荐初选指标为污染物迁移距离，具体详见 4.3.3 节。

c. 指标归一化

由于各指标具有不同量纲，为消除其所带来的影响，需对指标值进行标准化，见式（4-12）和式（4-13）。其中，式（4-12）适用于压力源结构风险指标，指标值越大对水质安全越不利；式（4-13）适用于压力源布局风险指标，指标值越大对水质安全越有利。

$$E_i = \frac{f_i - f_{\min}}{f_{\max} - f_{\min}} \tag{4-12}$$

$$E_i = \frac{f_{\max} - f_i}{f_{\max} - f_{\min}} \tag{4-13}$$

式中，E_i为指标的标准化数值；f_i为指标实测值；$f_{\max}$为指标实测最大值；$f_{\min}$为指标实测最小值。

2）压力源评估指数

a. 压力源结构风险评估

采用压力源结构风险指数（压力源危险性指数）来表征综合压力状态，见式（4-14）：

$$\mathrm{SSRI_U} = \sum_{j=1}^{m} \beta_j \cdot E_j \tag{4-14}$$

式中，$\mathrm{SSRI_U}$为城镇化压力源结构风险指数；E_j为第j个指标标准化值；β_j为城镇化压力源第j个指标权重；m为指标个数。

b. 压力源布局风险评估

以污染物迁移距离来反映受体对压力源的响应和恢复能力，构建压力源布局风险评估指数（受体易损性指数），见式（4-15）：

$$\mathrm{SLRI} = E_L \tag{4-15}$$

式中，SLRI为压力源布局风险指数；E_L为指标标准化值，即污染物迁移距离的标准化值。

c. 兼顾结构与布局风险的压力源综合评估模型

综合考虑城镇化的压力源结构和布局风险，兼顾压力源危险性和受体的易损性，构建压力源综合评估模型，采用压力源综合风险指数SRAI来表征，见式（4-16）：

$$\mathrm{SRAI_U} = \mathrm{SSRI_U} \cdot \mathrm{SLRI} \tag{4-16}$$

该指数越大城镇化发展压力越大，压力级别越高。

3）级别划分

面向水质安全预警的压力源评估分级尚无统一的方法。国内常用的分级方式有高-中-低三级、高-中-低-极低或很高-高-中-低四级和五级分级制。参考相关文献，城镇化压力源风险评估分级见表 4-10。在分析流域城镇化发展实际情况后，得到风险评估结果，选取四级分级制，确定该流域风险评估分级标准。以库区为例，库区城镇化压力源综合风险指数在 0～0.52，故以 0.13、0.26、0.39 为Ⅳ、Ⅲ、Ⅱ级压力级别限值，大于Ⅱ级限值的视为Ⅰ级，其他指标依次类推。

表 4-10 城镇化压力源风险评估分级

压力等级	压力源结构风险评估		压力源布局风险评估		压力源综合评估		标识
	城镇化标准	描述	标准	描述	城镇化标准	描述	
Ⅰ级	>0.64	压力源危险性很大，对水质安全压力特大	>0.75	特大	>0.39	特大	
Ⅱ级	≤0.64	压力源危险性大，对水质安全压力重大	≤0.75	重大	≤0.39	重大	
Ⅲ级	≤0.56	压力源危险性处于中等，对水质安全压力较大	≤0.50	较大	≤0.26	较大	
Ⅳ级	≤0.48	压力源危险性较小，对水质安全基本无影响	≤0.25	一般	≤0.13	一般	

2. 三峡水库案例分析

1）三峡库区城镇化压力源评估指标

根据评估指标选取原则，压力源结构指标选择城镇人口（万人）及其年增长率（%）、城镇生活污水排放量比例（%）及城镇生活污水处理能力滞后率（%）。

以 2013 年为例，库区城镇人口共 1202 万人，从空间分布来看，城镇人口大多分布在重庆主城及其周边区域，库尾渝东区域城镇人口相对较少。其中，渝北区、九龙坡区、沙坪坝区 3 个重庆主城区的城镇人口均大于 100 万人，3 区城镇人口共 323.2 万人，占库区的 26.9%，而武隆、石柱、巫山、丰都、忠县等位于渝东地区 5 县的城镇人口仅为 95.8 万人，仅占库区的 8.0%。

城镇人口增长率（2008～2013 年年平均增长率）与城镇人口分布规律不同，渝北区、石柱土家族自治县、巫溪县、丰都县、巫山县、忠县、开县年平均增长率较高，均大于 5%，渝中区、九龙坡区、南岸区 3 个区增长偏缓，为–1.79%～2.80%。

城镇生活污水排放量在九龙坡、沙坪坝、万州、江北、南岸、渝北 6 区较高，合计共 35252 万 t，占库区总排放量的 47.0%，其中各区均高于 5000 万 t。巫溪县、武隆县、石柱土家族自治县、巫山县 4 县城镇生活污水排放量为 3478 万 t，占库区总排放量的 4.19%，各县排放量占比均不足 1%。

城镇生活污水处理能力滞后率反映治污效率，滞后率越高，其治污效率越低，对水环境危害越大。开县、奉节县等区（县）的滞后率均大于 20%，这些区污水处理能力远不能满足生活污水排放量和城镇化发展的需求。而渝中、沙坪坝、南岸、江北、万州、九龙坡 6 个区滞后率为负数，表明这些区污水处理能力能满足城镇化发展的需求。

研究区城镇化风险源布局风险评估结果与产业化风险源布局风险评估结果相同，重庆江北区、渝中区等主城区与万州、涪陵、巫山等区（县）压力源布局风险大。

2）三峡库区城镇化压力源评估结果

采用式（4-16）评估模型，开展三峡库区兼顾结构和布局的压力源综合评估，结果显示，三峡库区城镇化压力具有空间差异性。①城镇化压力源综合评估为Ⅰ级（特大）的区域以重庆 1h 城市圈的区（县）为主，包含涪陵、江北、江津、九龙坡、沙坪坝、万州和渝北等区（县），该区域人口密集、经济发达，城镇化发展快，污水排放压力大，并且布局上离敏感受体距离较近，其结构风险和布局风险均大。②Ⅱ级（重大）区域主要为巴南、北碚、南岸、渝中和长寿等区（县），这些区域布局风险重大，并有一定的压力源结构风险。③Ⅲ级（较大）区域包含渝东南、东北的奉节、巫山、巫溪、武隆和忠县等区（县）和大渡口区。由于评估方法遵循了“排污总量与治污效率兼顾”的原则，所选取的评估指标兼顾了压力源的状态与动态，因此，排污总量小的地区（如巫溪县），由于其治理能力明显滞后于城镇化发展的治污需求，是压力源管理的重要警示对象。④忠县、长寿区、云阳县和渝中区为Ⅳ级（一般）。其中，渝中区位于重庆主城区，其与目标断面距离较近，即污染物迁移距离较短，布局风险指数大。但其结构风险指数较小，综合而言为压力一般。

4.5 库区土地开发压力源识别技术

4.5.1 土地开发压力与水体作用概念关系

土地开发压力与水体作用概念关系如图 4-30 所示。土地开发产生的压力直接体现在土地沙化和地力减退，林草地等高生态价值土地面积减少，建设用地快速增长，包括养殖、废弃物、污灌、农药化肥、采矿等在内的土地污染面积增多等。土地沙化、地力减退和林草地等高生态价值土地减少的相互作用加剧了库区的水土流失；建设用地快速增长加重了库区城镇径流污染；由养殖、采矿等人为因素引起的土地污染加重了库区农村面源污染。库区水土流失的加剧、城镇径流污染的加重和农村面源污染的加重三个方面的共同作用加重了水体中的氮磷污染；库区的水土流失对水体中悬浮物的增多起到促进作用，并在一定程度上增加了支流富营养化发生的风险。上述由土地开发带来的压力作用于水体，产生了一定的水质响应，支流水体富营养化和水华风险的加剧使水源地水质安全受到威胁。

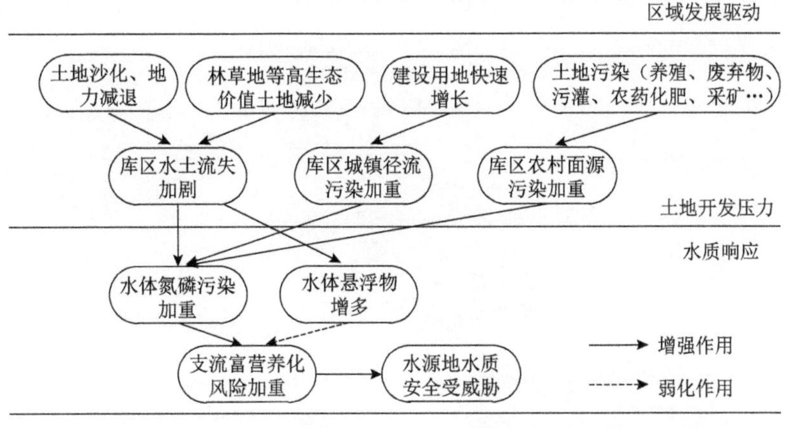

图 4-30　土地开发压力与水体作用概念关系图

4.5.2　土地开发的变化特征分析

区域土地开发的变化特征反映在变化幅度和变化方向两方面。区域土地利用变化幅度主要是指土地利用面积的变化幅度，首先反映在不同土地利用类型的总量变化上，通过分析其总量变化，可以了解研究区土地利用变化总的态势和区域土地利用结构的变化。通过对区域内发生变化的土地面积进行统计来计算综合动态度，以衡量区域内土地开发的强度。区域土地利用变化方向是指区域内各类型土地互相转化的过程所反映出的趋势，土地转移矩阵不仅可以清晰地定量反映研究初期至研究末期的土地利用类型的变化转移情况，还可以揭示不同土地利用类型之间的转移概率，有助于分析土地利用空间格局的时空变化，进而明确土地利用类型转变的方向。

1. 土地覆被分布特征

引用 2000 年、2005 年和 2010 年卫星遥感影像解译数据，依据我国 1984 年制定的土地分类系统将库区土地划分为林地（高密度林地、低密度林地）、草地、耕地（水田、旱地）、水域、人工表面和其他六种基本类型进行分析。

在解译后的土地利用分类图中，使用不同的颜色代表各土地利用类型的像元，可以得到 2000 年、2005 年、2010 年库区土地利用分类专题图。其中，Ⅰ为长江嘉陵江重庆市辖区控制单元，Ⅱ为长江涪陵区万州区控制单元，Ⅲ为澎溪河开县控制单元，Ⅳ为长江云阳县巫山县控制单元，Ⅴ为恩施州宜昌市控制单元。由分析可知，在研究时段内库区土地覆被以林地与耕地为主，水域与人工表面用地类型相对较少。其中林地主要分布于库区东侧，旱地主要分布于库区中部，水田主要分布于库区东北侧，人工表面用地在库区西侧分布较集中。对比三张土地利用分类专题图（图 4-31～图 4-33）可以发现，10 年间人工表面用地显著增加，集中于重庆市主城区附近。旱地略微有所减少，而且部分旱地转化为了水田。

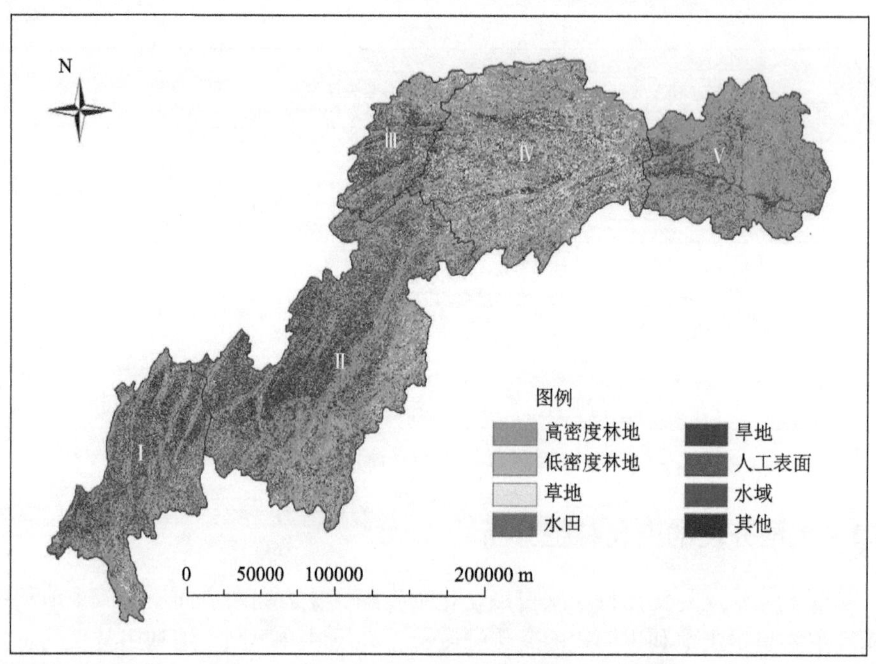

图 4-31　2000 年三峡库区土地利用分类专题图

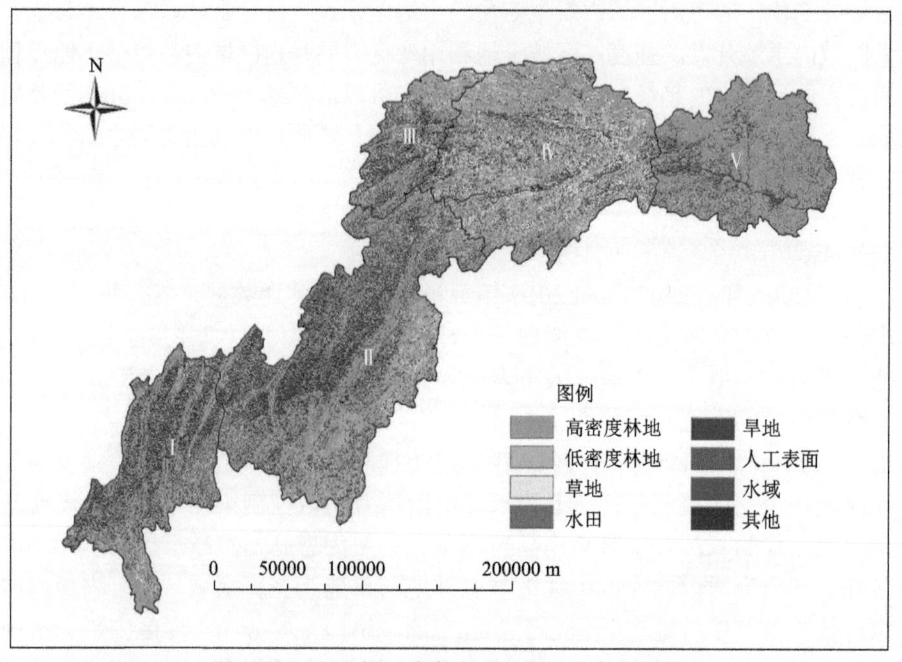

图 4-32　2005 年三峡库区土地利用分类专题图

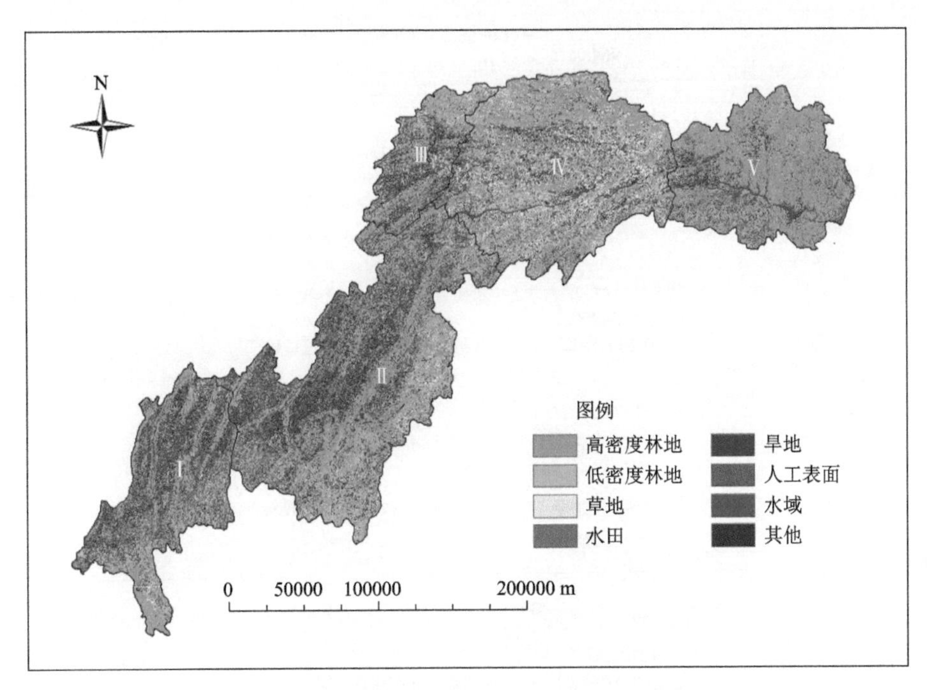

图 4-33 2010 年三峡库区土地利用分类专题图

对库区土地利用数据进行统计，发现研究时段内库区以林地和耕地为主要土地利用类型，各类型土地在库区中分布的总面积较稳定，数值变化不大。定量统计土地利用数据如图 4-34 所示，库区内人工表面与水域类型覆被在研究时段内迅速增加，但并没有因此影响库区内各类型面积总量的相对大小关系。至 2010 年库区内土地覆被仍以林地、草地为主体，耕地为辅，人工表面和水域面积相对较小。林地以高密度林地为主，耕地以旱地为主。

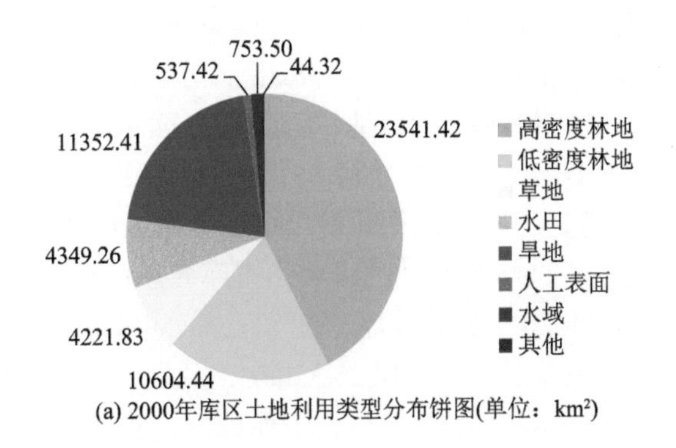

(a) 2000年库区土地利用类型分布饼图(单位：km²)

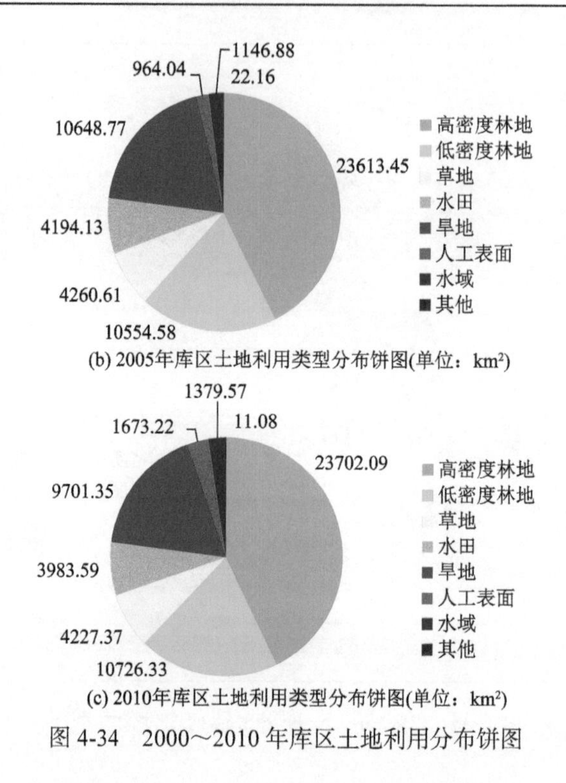

(b) 2005年库区土地利用类型分布饼图(单位：km²)

(c) 2010年库区土地利用类型分布饼图(单位：km²)

图 4-34　2000～2010 年库区土地利用分布饼图

2000 年库区内有 34145.86km^2 林地，占库区总面积的 61.63%。其中高密度林地为 23541.42km^2，低密度林地为 10604.44km^2，分别占库区总面积的 42.49%和 19.14%。库区内共有 15701.67km^2 耕地，占库区总面积的 28.34%。其中旱地为 11352.41 km^2，水田为 4349.26km^2，分别占库区总面积的 20.49%和 7.85%。库区内共有 4221.83km^2 草地，占库区总面积的 7.62%。库区内 0.97%的面积为人工表面，为 537.42km^2，还有 753.50km^2 的水域，占库区总面积的 1.36%。

2005 年库区内有 34168.03km^2 林地，占库区总面积的 61.67%。其中高密度林地为 23613.45km^2，低密度林地为 10554.58km^2，分别占库区总面积的 42.62%和 19.05%。库区内共有 14842.90km^2 耕地，占库区总面积的 26.79%。其中旱地为 10648.77km^2，水田为 4194.13km^2，分别占库区总面积的 19.22%和 7.57%。库区内共有 4260.61km^2 草地，占库区总面积的 7.69%。库区内 1.74%的面积为人工表面，为 964.04km^2。还有 1146.88km^2 的水域，占库区总面积的 2.07%。

2010 年库区内有 34428.42km^2 林地，占库区总面积的 62.14%。其中高密度林地为 23702.09km^2，低密度林地为 10726.33km^2，分别占库区总面积的 42.78%和 19.36%。库区内共有 13684.94km^2 耕地，占库区总面积的 24.70%。其中旱地为 9701.35km^2，水田为 3983.59km^2，分别占库区总面积的 17.51%和 7.19%。库区内共有 4227.37km^2 草地，占库区总面积的 7.63%。库区内 3.02%的面积为人工表面，为 1673.22km^2。还有 1379.57km^{2}的水域，占库区总面积的 2.49%。

为分析库区内各土地利用类型的空间分布特征，分别统计 2010 年各控制单元内土地覆被类型的面积，再与库区该类土地覆被总面积相比，得到 2010 年三峡库区控制单元土地覆被特征堆积图（图 4-35）。可以得出结论：2010 年三峡库区林地主要集中于长江涪陵区万州区控制单元，其中高密度林地在长江涪陵区万州区控制单元和恩施州宜昌市控制单元分布较多，分别占库区高密度林地总面积的 32.43%和 24.18%，低密度林地则主要分布于长江涪陵区万州区控制单元与长江云阳县巫山县控制单元，分别占库区低密度林地总面积的 35.29%和 32.34%；库区 68.87%的草地位于长江云阳县巫山县控制单元；库区内的耕地主要分布于长江涪陵区万州区控制单元与长江嘉陵江重庆市辖区控制单元，其中分别拥有库区 29.72%和 26.89%的水田、45.79%和 18.10%的旱地；库区的人工表面集中于长江嘉陵江重庆市辖区控制单元与长江涪陵区万州区控制单元，分别占库区人工表面总面积的 49.57%和 33.24%；水域在位于干流沿岸的四个控制单元内分布较平均，长江涪陵区万州区控制单元水域面积是库区总水域面积的 38.47%（图 4-35）。

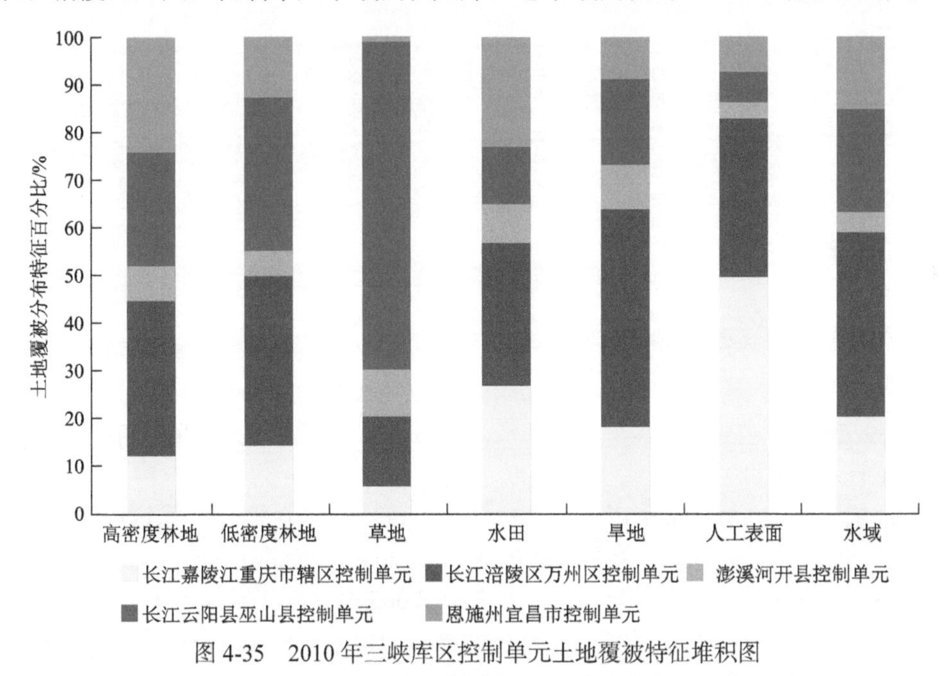

图 4-35 2010 年三峡库区控制单元土地覆被特征堆积图

从整体来看，长江嘉陵江重庆市辖区控制单元以大量的人工表面为显著特征；长江涪陵区万州区控制单元则具有较多人工表面，库区最多面积的耕地、林地；澎溪河开县控制单元面积相对其他控制单元要小，但单元内耕地面积相对林地面积的比例较大；长江云阳县巫山县控制单元则是库区主要的林地、草地分布区域；恩施州宜昌市控制单元林地中高密度林地的比例较其他库区要高，耕地以水田为主。

2. 土地覆被时间变化特征

1）变化幅度分析

对 2000 年、2005 年、2010 年三期土地三峡库区分类数据进行统计，得到各土地利用类型在 2000～2005 年、2005～2010 年两个时间段内发生变化的总面积，并结合空间叠加的方式得到该变化位于各控制单元的分布比例（图 4-36）。图中负值比例表示该控制单元该类土地利用类型面积增减与库区整体的变化趋势相反。

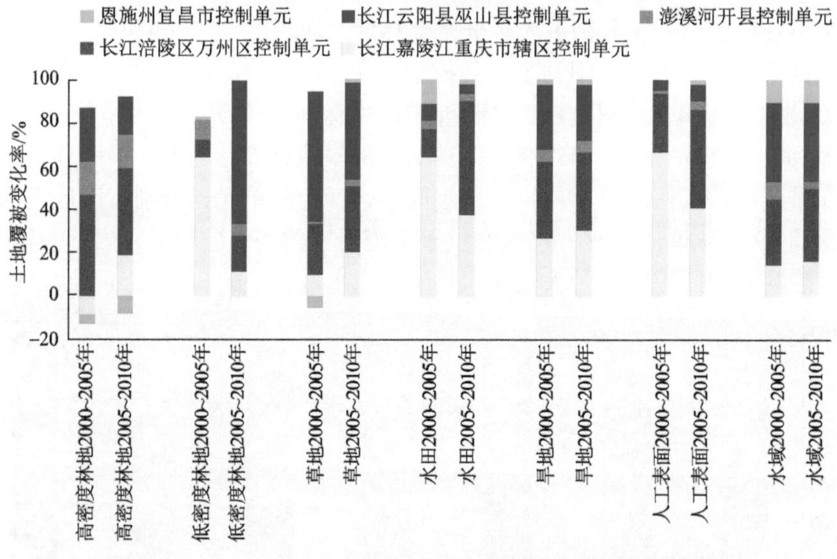

图 4-36　2000～2010 年库区区域土地覆被变化幅度示意图

从各土地利用类型的变化角度分析：2000 年库区共有高密度林地 23541.42 km^2，2000～2005 年增长了 0.31%，约增长 72.98 km^2，2005～2010 年增长了 0.38%，约增长 89.73km^2，主要变化区域位于长江涪陵区万州区控制单元。2000 年库区共有低密度林地 10604.44 km^2，2000～2005 年减少了 0.47%，约减少 49.84 km^2，主要减少区域为长江嘉陵江重庆市辖区控制单元，2005～2010 年增长了 171.75 km^2，主要新增区域位于长江云阳县巫山县控制单元。2000 年库区共有草地 4221.83 km^2，2000～2005 年增长了 38.78 km^2，约 0.92%，2005～2010 年减少了 33.24 km^2，约 0.78%，主要变化区域位于长江云阳县巫山县控制单元和长江涪陵区万州区控制单元。2000 年库区共有水田 4349.26 km^2，2000～2005 年减少了 155.13 km^2，约 3.57%，主要减少区域为长江嘉陵江重庆市辖区控制单元，2005～2010 年减少了 210.54 km^2，约 5.02%，主要减少区域为长江涪陵区万州区控制单元和长江嘉陵江重庆市辖区控制单元。2000 年库区共有旱地 11352.41 km^2，2000～2005 年库区共减少 703.64 km^2 旱地，约 6.20%，2005～2010 年库区共减少 947.42 km^2 旱地，约 8.90%，主要减少区域为长江涪陵区万州区控制单元、长江云阳县巫山县控制单元和长江嘉陵江重庆市辖区控制单元。2000 年库区共有 537.42 km^2 人工表面，2000～2005 年增长了 426.62 km^2，约 79.38%，2005～2010 年进一步增长了 709.18 km^2，约 73.56%，主要增长区域集中于长江嘉陵江重庆市辖区控制单元和长江涪陵区万州区控制单元。2000 年库区共有 753.5 km^2 水域，2000～2005 年增长了 393.38 km^2，约 52.21%，2005～2010 年增长了 232.69 km^2 水域，约 20.29%，主要新增区域位于长江云阳县巫山县控制单元和长江涪陵区万州区控制单元。

长江嘉陵江重庆市辖区控制单元的低密度林地、水田在 2000～2005 年迅速减少，人工表面大量扩张，这反映了该时段区域内城镇的迅速扩张。同时该特征在 2005～2010 年显著减小，这反映了当地政策对发展方式的有效调控。长江涪陵区万州区控制单元在研究时段内都是库区主要的新增高密度林地，旱地持续减少，水田在 2005～2010 年大量减少，伴随着人工表面的增多，这表明该区域在城镇扩张建设的同时有良好的护林措施。长江云阳县巫山县控制单元是 2005～2010 年研究时段内库区主要的新增低密度林地，同时也是库区内消失草地的主要集中区，这代表着当地将草地改为林地。

2）变化速度分析

区域土地利用变化速度能反映其土地开发的剧烈程度，变化速度越快，土地开发压力源的压力程度越不稳定，这可能会增加水体中生态灾害发生的风险。本小节选用可直观反映土地利用类型变化速度的土地利用动态度来衡量区域的变化速度，将不同时期土地利用数据在同一空间框架下叠加分析，计算得到各区域土地利用动态度，并进行分析。

a. 综合动态度分析

将三峡库区遥感影像解译为林地、草地、耕地、水域、人工表面和未利用地六种土地利用类型，对库区整体 2000～2005 年、2005～2010 年、2000～2010 年的综合土地利用动态度进行计算（表 4-11），结果显示，库区在 2000～2005 年和 2005～2010 年两个研究时段的综合动态度差别不大，2000～2010 年的综合动态度接近二者之和。这说明库区内土地的开发是有序而稳定地进行的，反映了良好的政策调控力度。

表 4-11　2000～2010 年三峡库区综合土地利用动态度

项目	2000～2005 年	2005～2010 年	2000～2010 年
综合土地利用动态度/%	0.24	0.27	0.507

库区各个控制区域 2000～2005 年、2005～2010 年、2000～2010 年的综合土地利用动态度计算结果如图 4-37 所示，表明库区土地利用变化的空间差异与动态变化非常显著。

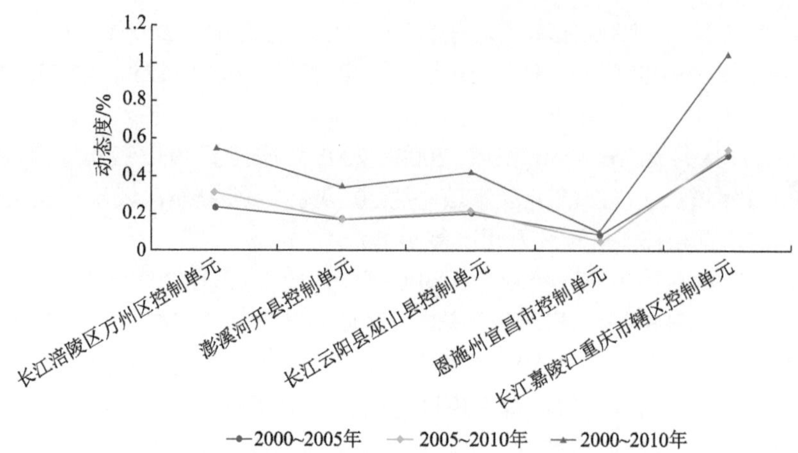

图 4-37　不同时段控制单元尺度的综合土地利用动态度对比

位于库区西南角的长江嘉陵江重庆市辖区控制单元，在所测时间段内土地利用动态度均较高，2000～2005 年与 2005～2010 年，其区域综合动态度分别为 0.516%与 0.539%，2000～2010 年的动态度更高达 1.053%，结合卫星影像的分类解译可知此控制单元内建筑用地与耕地面积的变化明显。

位于库区中部的长江涪陵区万州区控制单元与长江云阳县巫山县控制单元的土地利用动态度则保持在中等水平。前者在为期五年的研究时段内的动态度分别为 0.237%与 0.315%，2000～2010 年的综合动态度为 0.551%。后者在为期五年的研究时段内动态度分别为 0.207%与 0.217%，2000～2010 年的综合动态度为 0.423%。

恩施州宜昌市控制单元与澎溪河开县控制单元的动态度则较低，其中长江云阳县巫山县控制单元在研究时段内动态度均低于 0.1%，澎溪河开县控制单元的动态度在五年研究时段内分别为 0.174%与 0.168%，十年间综合动态度为 0.342%。这可能得益于当地良好的植被覆盖，以及发展过程中对植被的良好保护。

图 4-38 显示库区综合动态度在两个五年研究时段内在空间上的分布有所差异，但如图 4-39 所示，十年间库区发展仍以重庆主城区为中心。

b. 单一动态度分析

由前文分析可知，人工表面是库区内变化速度最快的土地利用类型，该类型土地覆被面源污染输出较多，同时其变化特征与人口迁移、社会经济、政策导向等因子结合紧密，社会发展因素又是库区土地开发的主要驱动力，所以本小节聚焦人工表面（主体为城镇用地）的单一动态度，以此反映区域之间土地开发强度的相对关系。

计算人工表面这一土地覆被类型于各区（县）在 2000～2005 年、2005～2010 年两个研究时段内的单一动态度。2000～2010 年、2000～2005 年与 2005～2010

年研究时段内，库区城镇扩张的重心有所不同：2000～2005 年研究时段内，库区人工表面变化最快的是渝北区、北碚区与大渡口区（图 4-40），单一动态度分别为 2.75、2.09 和 1.75；2005～2010 年研究时段内，库区人工表面变化较快的是长寿区、涪陵区、石柱土家族自治县和丰都县，单一动态度分别为 1.64、1.64、1.56 和 1.52（图 4-41）；2000～2010 年研究时段内，库区人工表面变化较快的是渝北区、长寿区，单一动态度分别为 5.85 和 5.49（图 4-42）。

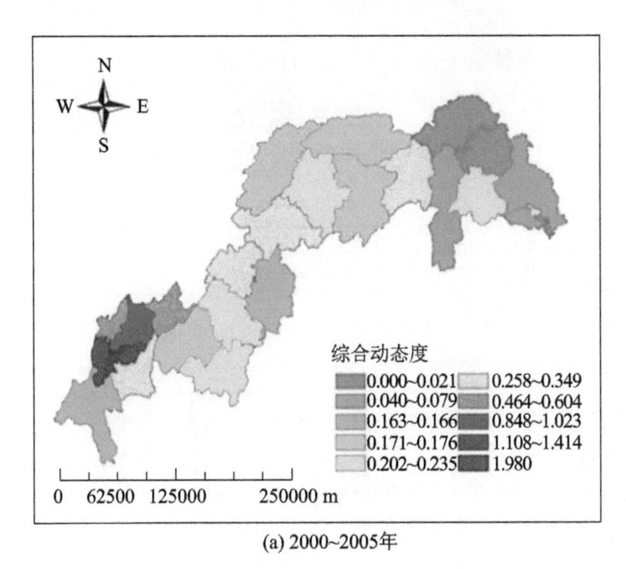

(a) 2000~2005年

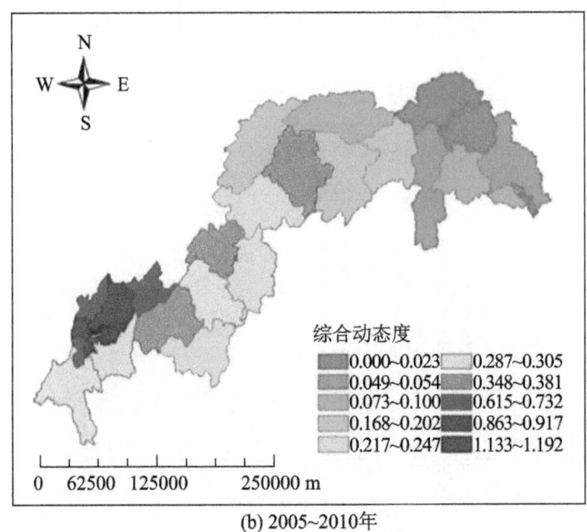

(b) 2005~2010年

图 4-38 2000～2005 年与 2005～2010 年库区区（县）尺度综合动态度

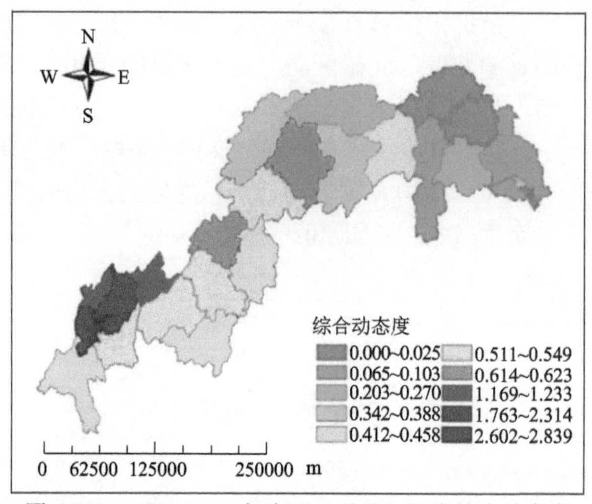

图 4-39 2000～2010 年库区区（县）尺度综合动态度

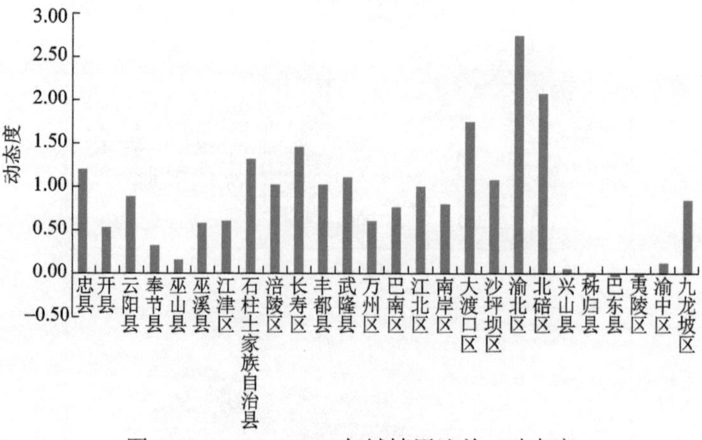

图 4-40 2000～2005 年城镇用地单一动态度

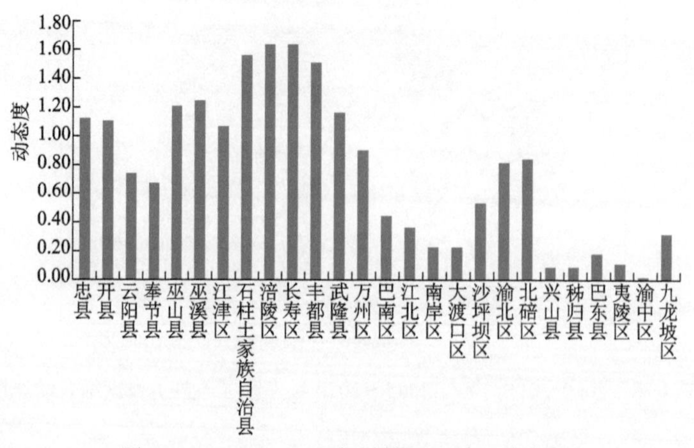

图 4-41 2005～2010 年城镇用地单一动态度

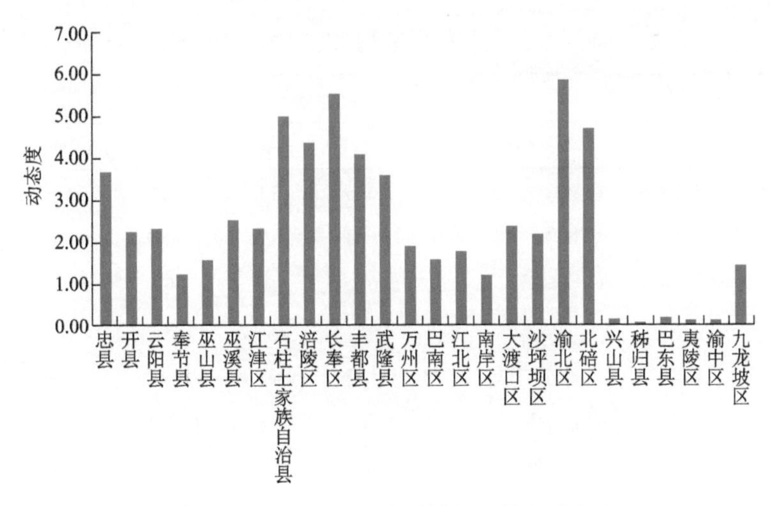

图 4-42 2000～2010 年城镇用地单一动态度

3. 土地覆被空间变化特征

在 ArcGIS 10.0 软件下，分别将 2000 年和 2005 年及 2005 年和 2010 年土地利用矢量图进行空间叠加，求出土地利用类型之间转换的面积，从而建立 2000～2005 年及 2005～2010 年土地利用类型转移面积与概率矩阵。

通过对各类土地转换分析可以看出，2000～2005 年，库区有 2.49%共计 1377.26 km^2 的土地发生了土地覆被变化，最显著的特征为耕地减少变化为新增的林地、人工表面和水域。从各土地利用类型的转移方向来分析，高密度林地主要向人工表面和水域转化，分别占原面积的 0.23%和 0.58%。低密度林地主要向人工表面、水域和高密度林地转化，分别占原面积的 1.19%、0.59%和 0.28%。草地的主要转化方向是水域，占原面积的 0.62%，共计 26.04 km^2。水田的主要转化方向是人工表面和水域，分别占原面积的 2.61%和 0.86%。旱地的主要转化方向是林地和人工表面，分别有 2.01%、1.47%、1.28%和 0.98%的旱地转变成了高密度林地、低密度林地、人工表面和水域。同时有 1.92%的人工表面被水淹没。从土地流转的结果来看，高密度林地与低密度林地分别新增了 268.61km^2 与 171.82km^2，基本来源于旱地的转移。草地新增了 68.21km^2，主要来源为旱地的转移。2010 年有 45.72%的人工表面是在过去五年间新建的，其中 15.02%来源于旱地，11.75%来源于水田，5.71%来源于高密度林地，13.07%来源于低密度林地。新增水域约占水域总面积的 35.43%，其中有 11.93%来源于高密度林地，5.42%来源于低密度林地，9.73%来源于旱地，3.26%来源于水田，2.27%来源于草地，0.90%来源于人工表面，详见表 4-12。

表 4-12 2000～2005 年三峡库区土地利用转移面积矩阵 （单位：km^2）

2000 年	2005 年							
	高密度林地	低密度林地	草地	水田	旱地	人工表面	水域	其他
高密度林地	23329.69	3.46	0.07	0.79	3.1	55.09	136.58	0.11
低密度林地	30.12	10379.32	0.16	0.11	1.32	126.09	62.06	0.03
草地	4.24	0.02	4190.5	0.07	0.11	1.62	26.04	0.04
水田	3.42	0.57	0.17	4187.79	2.84	113.3	37.32	0.82
旱地	228.63	167.07	67.43	1.02	10631.09	144.82	111.33	0.05
人工表面	1.21	0.33	0.23	0.02	0.2	523.01	10.28	0.17
水域	0.92	0.29	0.15	1.8	8.82	0.49	739.05	0.01
其他	0.07	0.08	0	0	0.17	0	22	23.32

2005～2010 年，库区有 2.71%共计 1500.85 km^2 的土地发生了土地覆被变化，最显著的特征为耕地减少变化为新增的林地、人工表面和水域。从各土地利用类型的转移方向的角度来分析，高密度林地主要向人工表面和水域转化，分别占原面积的 0.44%和 0.12%。低密度林地主要向人工表面和水域转化，分别占原面积的 0.81%和 0.39%。草地的主要转化方向是人工表面和水域，占原面积的 0.65%和 0.32%。水田的主要转化方向是人工表面，占原面积的 4.77%。旱地主要转化方向是林地和人工表面，分别有 2.13%、2.75%、2.98%和 1.02%的耕地转变成了高密度林地、低密度林地、人工表面和水域。同时有 1.61%的人工表面被水淹没。从土地流转的结果来看，高密度林地与低密度林地分别新增了 0.96%和 2.73%，基本来源于旱地。2010 年有 43.26%的人工表面是在过去五年间新建的，其中 19.00%来源于旱地，11.36%来源于水田，6.14%来源于高密度林地，5.04%来源于低密度林地，1.64%来源于草地，0.04%来源于水域，0.04%来源于其他类型土地。新增水域约占水域总面积的 17.39%，其中有 7.88%来源于旱地，1.66%来源于水田，2.08%来源于高密度林地，2.98%来源于低密度林地，1.12%来源于人工表面，0.97%来源于草地，0.7%来源于其他类型土地，详见表 4-13。

表 4-13 2005～2010 年三峡库区土地利用转移面积矩阵 （单位：km^2）

2005 年	2010 年							
	高密度林地	低密度林地	草地	水田	旱地	人工表面	水域	其他
高密度林地	23459.59	1	0.37	1.96	0.31	102.66	28.69	0.14
低密度林地	0.2	10423.33	0	0.17	0.3	84.24	41.11	0
草地	0.06	0.04	4217.53	0.02	0.02	27.4	13.42	0

续表

2005 年	2010 年							
	高密度林地	低密度林地	草地	水田	旱地	人工表面	水域	其他
水田	0.89	0.34	0.1	3976.93	0.07	189.84	22.96	0
旱地	227.09	293.14	4.98	1.74	9693.64	317.47	108.75	0.03
人工表面	0.38	0.12	0.01	0.04	0.21	948.15	15.5	0
水域	0.59	0.41	0.61	0.73	0.82	0.65	1140.8	0
其他	0.03	0.01	0	0.83	0.14	0.62	9.64	13.27

4.5.3 土地开发的压力评估

1. *研究方法*

土地开发压力源可被认为是流域水质安全预警领域的特有概念，是相对水体受体而言的一种常态、累积性风险压力来源。其压力来源于土壤中氮、磷等营养物质的水土流失，其压力大小与土地利用的结构和空间分布格局密切相关，其压力效果是导致水体产生不利于水质安全的一系列响应变化。土地开发压力源评估仍然以水体为评估和预警的受体、水环境质量为评估终点，但其对水质安全的风险通过土地开发带来的氮、磷污染负荷输出风险来衡量，避免与水质直接关联的复杂不确定性。相关研究表明流域氮磷物质的输出与土地利用状况及景观格局紧密相关（Cucker et al.，2009），土地利用状况主要指各类型土地覆被分布情况，景观格局则以景观破碎度等指数为主要指标。但景观格局指数与水质的相关性弱于土地利用结构（黄金良等，2011），因此研究以土地利用状况（尤其是土地利用结构）为影响流域氮磷物质输出风险的主要因素。氮磷负荷输出风险高，则土地开发压力源风险高，压力级别就高。考虑流域的空间异质性，可以分区或分单元实施评估。首先，基于实验或调研获取各类土地利用类型的污染压力参数。其次，根据该参数确定对水质受体而言敏感的土地利用类型（敏感土地类型），对水质安全不利的土地转移方向（不利转移方向）。然后，分析研究区各单元敏感土地类型规模、某时段内土地利用发生不利转移的面积，筛选污染现状压力最大、时段内压力增长最快的单元，确定其为敏感单元。最后，针对每一个单元或仅针对敏感单元，根据其具体特征确定评估指标，划分压力级别。

1）敏感土地类型和不利转移方向确定方法

参照国家通用的土地利用分类系统，根据土地的利用方式属性，将其分为耕地（水田和旱地）、林地、草地、水域、人工表面（城镇、农村居民点和交通、工矿用地）和未利用地六个一级用地类型。从逻辑角度考虑，污染物输出系数是单位时间内某种土地利用方式下输出的污染物总负荷的标准化估计，以污染压力最小的土地利用类型（如林地）的污染物输出系数为基准值，能分别突出不同土地覆被类型氮、磷污染输出压力的差异。兼顾库区平均情况求比值，可减弱氮、磷两种类型污染物输出系数特征差异对指数造成的影响，使指数着重于指示各类土地利用类型污染物输出压力的相对关系。将各土地覆盖类型的土地利用污染物输出系数，换算为指数 ω_{N_i} 与 ω_{P_i} 来衡量各土地利用类型污染物输出的综合压力［式（4-17）和式（4-18）］。从数值角度考虑，选用最小的系数值作为分母，各类型系数值作为分子，在保持各系数值相对大小关系不变的前提下，扩大数值差距，突出各类土地污染物输出参数的差异。再对其进行归一化，将结果转化为无量纲的表达式，成为和为 1 的标量，并作为综合考虑污染物氮与磷两个输出压力指数的基础。

$$\omega_{N_i} = \frac{TN_i / TN_0}{\sum_{i=1}^{s} (TN_i / TN_0)} \tag{4-17}$$

$$\omega_{P_i} = \frac{TP_i / TP_0}{\sum_{i=1}^{s} (TP_i / TP_0)} \tag{4-18}$$

式中，i 为土地利用类型；s 为土地利用类型总数；ω_{N_i}、ω_{P_i} 分别为污染物总氮与总磷的输出压力综合指数，其值越大，表示第 i 种土地利用类型氮、磷污染物输出越多，对水质安全造成的压力越大；TN_i 与 TP_i 分别为第 i 种土地利用类型 TN 与 TP 的污染物输出系数，t/（km^2 · a）；TN_0 与 TP_0 分别为污染压力最小的土地利用类型（如林地）TN 与 TP 污染物输出系数，t/（km^2 · a）。

当 $\omega_{N_i} > N$ 或 $\omega_{P_i} > N$ 时，认为该土地利用类型污染物输出压力大，即视其为敏感土地类型，N 一般可以取 0.2。若 $\left(\omega_{N_i} + \omega_{P_i}\right) < \left(\omega_{N_j} + \omega_{P_j}\right)$ 认为从第 i 种土地利用类型向第 j 种土地利用类型发生的转变是不利于水质安全的，即确定其为不利转移方向。由于不同研究区的污染物输出特征各异，具体的不利转移方向依据研究区实际确定。

2）敏感单元筛选方法

敏感单元是区域内土地开发情况对水质安全有较大威胁、需要重点关注的单元，其特征是确定评估指标的重要依据。从土地覆盖现状的角度考虑，区域内敏感土地类型（如耕地、人工用地）的面积比例可以代表该区域污染输出的现有压力。从土地覆盖变化的角度考虑，区域内发生不利转变的土地面积比例可以代表研究时段内该区域污染输出压力的增加幅度，并从一定程度上反映其变化趋势。采取兼顾状态、动态双重因素的原则来筛选敏感单元，即同时考虑敏感土地类型的面积与不利转移的面积两个因素，任一因素超过标准值的控制单元都将被视为敏感单元。如此提出式（4-19）和式（4-20）：

$$F_{1i} = \frac{a_i}{a_0} \tag{4-19}$$

$$F_{2i} = \frac{b_i}{b_0} \tag{4-20}$$

式中，i 为控制单元编号；F_{1i} 为土地利用状态评价指数，用来评价第 i 个控制单元内敏感土地类型的面积比例是否过大；a_i 为第 i 个控制单元内敏感土地类型面积占单元总面积的比例；a_0 为全流域敏感土地类型面积占流域总面积的比例；F_{2i} 为土地利用动态评价指数，用来评价第 i 个控制单元发生不利转移的土地面积所占比例是否过大；b_i 为第 i 个控制单元内发生不利转移的土地面积占单元总面积的比例；b_0 为全流域内发生不利转移的土地面积占总面积的比例。若 F_{1i} 或 F_{2i} 的值大于 1，即第 i 个控制单元内敏感土地面积或发生不利转移的土地面积超过了流域平均水平，则认定该控制单元是敏感单元。

3）评估指标的确定原则

考虑土地开发压力源评估是以水质安全预警为最终目标的评估，评估指标的选取除了考虑传统指标筛选中所提及的代表性、数据可得性等以外，仍需要注重以下原则：①状态与动态兼顾原则。此与敏感单元的筛选原则保持一致。评估指标集合的初步构建应能体现土地开发压力源的状态与动态，反映土地开发对水质安全所造成的固有压力和新增压力。②指标最少原则。预警重在快速判断并发出警示的信号，不要求对评估对象进行全面的评估。评估指标的最终确定，要秉承少而精准的原则，着重反映评估对象最敏感的状态和变化。

该研究中，初步构建的评估指标集合可以至少包含两个指标，即敏感土地类型的面积比例（a）、发生不利转移的土地面积比例（b）。前者反映固有压力，后者体现新增压力。由式（4-19）和式（4-20）可得如下确定方式：①若某单元 $F_1>F_2$，且 $F_2<1$，则该单元评估指标为 a；②若某单元 $F_2>F_1$，且 $F_1<1$，则该单元评估指标为 b；③若某单元 $F_1>1$，且 $F_2>1$，则该单元评估指标为 a 和 b。

4）级别划分方式

预警工作最早在洪水等灾害事件管理过程中予以开展。参照以英国为代表的按防灾过程划分预警级别的模式，本书采用蓝色代表安全状态，黄色代表警惕状态，橙色代表准备状态，红色代表行动状态。考虑评估指标性质的不同，将英国划分方法中的根据事件发生概率（概率 p=0.2/0.4/0.6）设置的阈值体系进行转化调整（指标 F=1/1.2/1.4），即以全流域平均情况作为评估的标准值，当单元内无评估指标值超过标准值时，其压力级别为一般；当单元内有评估指标值超过标准值 20%时，其压力级别为较大；当单元内有评估指标值超过标准值 40%时，其压力级别为重大；当单元内有评估指标值超过标准值 60%时，其压力级别为特大，参见表 4-14。

表 4-14　压力级别指标阈值及表征

项目	Ⅳ级（一般）	Ⅲ级（较大）	Ⅱ级（重大）	Ⅰ级（特大）
最大指标 F	$F\leqslant 1.2$	$1.2<F\leqslant 1.4$	$1.4<F\leqslant 1.6$	$F>1.6$
颜色表征				

2. 三峡水库案例分析

1）库区敏感土地类型和不利转移方向

根据课题组于库区典型试验区所布设的 36 个坡面径流小区监测结果，结合文献统计分析得到库区不同坡面径流小区土地利用污染物输出系数，对各土地利用方式下土地输出的污染物年度总负荷进行标准化估计，根据式（4-17）和式（4-18）计算各土地利用类型污染物输出的综合压力。

由表 4-15 可见，各土地利用类型对水质安全所造成的压力从大到小依次为人工表面、旱地、水田、草地、林地。以 $\omega_{\mathrm{N}_i}>0.2$ 或 $\omega_{\mathrm{P}_i}>0.2$ 判断，确定库区敏感土地利用类型为耕地（旱地、水田）与人工表面（城镇、农村居民点和交通、工矿用地）。

表 4-15　三峡库区不同土地利用类型污染物输出系数及压力综合指数

类别		林地	草地	耕地		人工表面
				水田	旱地	
污染物输出系数	TN/[t/(km^2 · a)]	0.104	0.282	0.54	0.628	0.603
	TP/[t/(km^2 · a)]	0.034	0.037	0.185	0.309	0.395
压力指数	TN 压力指数	0.048	0.131	0.250	0.291	0.280
	TP 压力指数	0.036	0.038	0.193	0.321	0.411
	压力综合指数	0.084	0.169	0.443	0.612	0.691

由低压力土地利用类型向高压力土地利用类型的转变是对水质安全不利的土地利用类型转移，以“i—j”表示某地块由第 i 种覆被类型向第 j 种覆被类型的转移，即林地—草地、林地—水田、林地—旱地、林地—人工表面、草地—水田、草地—旱地、草地—人工表面、水田—旱地、水田—人工表面、旱地—人工表面，共计 10 种转移变化是需要关注的不利转变类型。

本书所采用的各类型污染输出压力综合指数与吴东等（2016）在三峡库区退耕还林典型地的研究结果相符，而与宋立芳等（2014）在长沙小流域所得水田比旱地污染物输出压力更大的研究结论不符，这可能是由具体流域情况的差异造成的。王龙涛等（2015）对重庆市典型城镇区地表径流的研究表明，城镇地表径流污染比中心城区地表径流污染还要严重，因为库区人工表面绝大多数都是非中心城区，所以污染输出系数比黄金良等（2006）在澳门市区路面所研究的污染水平要高。本书对三峡库区5个控制单元采用同一套污染输出参数，可以从整体上揭示库区内不同单元的差异，为土地利用开发提供科学参考。但由于课题组现场监测的数据资料有限，未能更细致地考虑污染输出参数的空间差异、土地利用空间格局的影响；污染物输出参数的调查年份为2011年，与土地利用遥感影像解译年份不完全匹配，导致结果产生一定的偏差。

a. 库区敏感土地利用类型分布情况

从面积总量角度分析，2010年库区长江涪陵区万州区控制单元内敏感土地利用类型的总面积最大，为6151.86km^2，长江嘉陵江重庆市辖区控制单元与长江云阳县巫山县控制单元其次，分别为3635.54km^{2}和2317.3km^2。区（县）中以开县、涪陵区居首，江津区其次，分别为1291.06km^2、1239.89km^{2}和1155.66km^2。除九龙坡、沙坪坝、渝北等位于重庆市中心附近的区（县）以外，各区（县）敏感土地利用类型以耕地（旱地和水田）为主，大部分区域以旱地为主要的耕地类型（图4-43）。

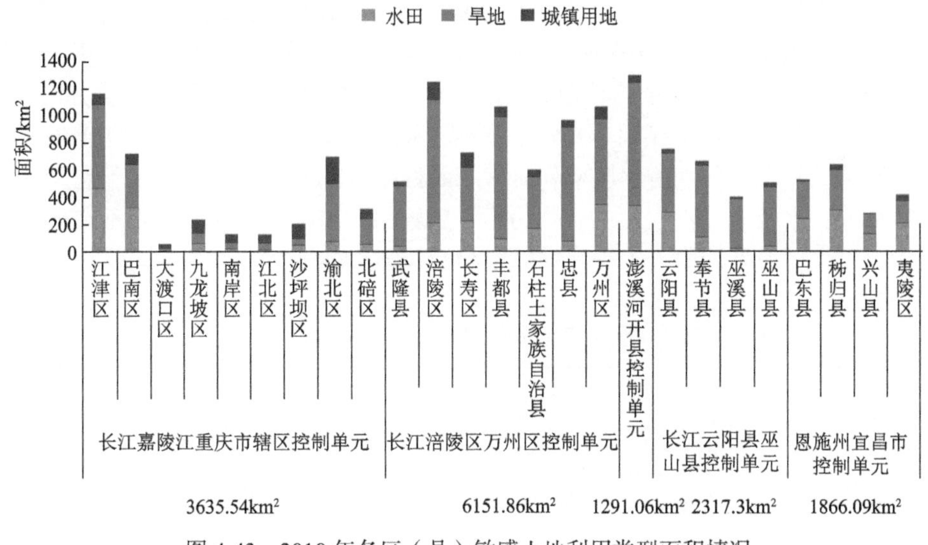

图4-43 2010年各区（县）敏感土地利用类型面积情况

从面积比例角度分析，2010年库区敏感土地利用类型面积占区域总面积比例最大的单元是长江嘉陵江重庆市辖区控制单元（42.14%），长江涪陵区万州区控制单元（32.90%）与澎溪河开县控制单元（32.32%）其次，其中前者的城镇用地所占比例较大，库区其他单元仍以耕地为主要敏感土地利用类型（图4-44）。

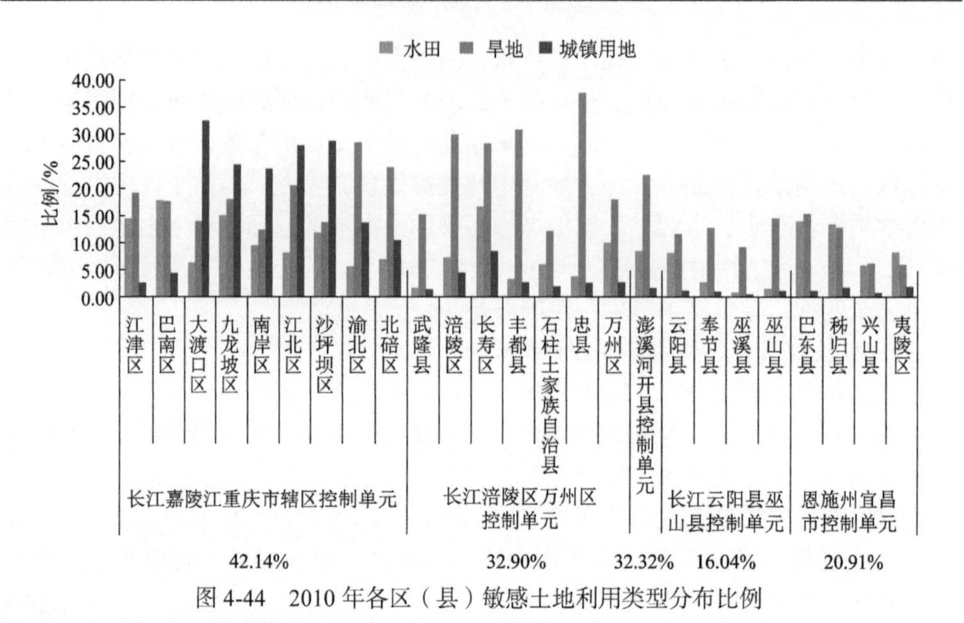

图 4-44　2010 年各区（县）敏感土地利用类型分布比例

b. 库区土地利用不利转移情况

从面积总量角度分析，得到各控制单元土地覆盖发生各类不利转变的面积。由表 4-16 可见，2005～2010 年，其他类型用地（尤其是旱地、林地和水田）向人工表面的演替以 99.61%的占比成为三峡库区土地覆盖的最主要不利转化方向。其中，长江涪陵区万州区控制单元发生不利转移的面积最大，长江嘉陵江重庆市辖区控制单元其次，分别占库区不利转移总面积的 45.11%和 41.08%，不利演替方向以林地、水田向人工表面的转化为主。恩施州宜昌市控制单元发生不利转移的面积并不大，但林地向人工表面的转变相对较突出。

表 4-16　三峡库区各控制单元土地利用类型不利转变情况　（单位：km^2）

类别	长江嘉陵江重庆市辖区控制单元	长江涪陵区万州区控制单元	澎溪河开县控制单元	长江云阳县巫山县控制单元	恩施州宜昌市控制单元
林地—草地	0.0135	0.0045	0	0.0018	0.0018
林地—水田	0	0.0081	0.0009	0.0063	2.1105
林地—旱地	0.0216	0.0693	0.0009	0.0036	0.513
林地—人工	79.1001	80.7516	3.5784	14.0778	9.4095
草地—水田	0	0	0	0.0018	0
草地—旱地	0	0.0117	0	0.0054	0
草地—人工	6.9012	7.9866	1.3158	11.1159	0.0036

续表

类别	长江嘉陵江重庆市辖区控制单元	长江涪陵区万州区控制单元	澎溪河开县控制单元	长江云阳县巫山县控制单元	恩施州宜昌市控制单元
水田—旱地	0.0171	0.027	0	0	0.0261
水田—人工	73.8405	100.5633	7.4223	5.8923	2.1231
旱地—人工	137.655	137.3643	16.4754	22.6089	3.3696
合计	297.5490	326.7864	28.7937	53.7138	17.5572

细化至区（县）尺度可见，库区各区（县）中渝北区、涪陵区与长寿区的不利转移面积较大，分别为 89.99km^2、84.51km^2 与 71.3km^2，以耕地、林地向人工表面的不利演替方向转换为主（图 4-45）。从面积比例角度分析，库区内发生不利演替所占比例较大的控制单元是长江嘉陵江重庆市辖区控制单元和长江涪陵区万州区控制单元，分别为 3.45%与 1.74%。发生不利演替面积比例较大的区（县）主要集中在长江嘉陵江重庆市辖区控制单元，尤其是重庆市中心北方的沙坪坝区、江北区、大渡口区（图 4-46）。

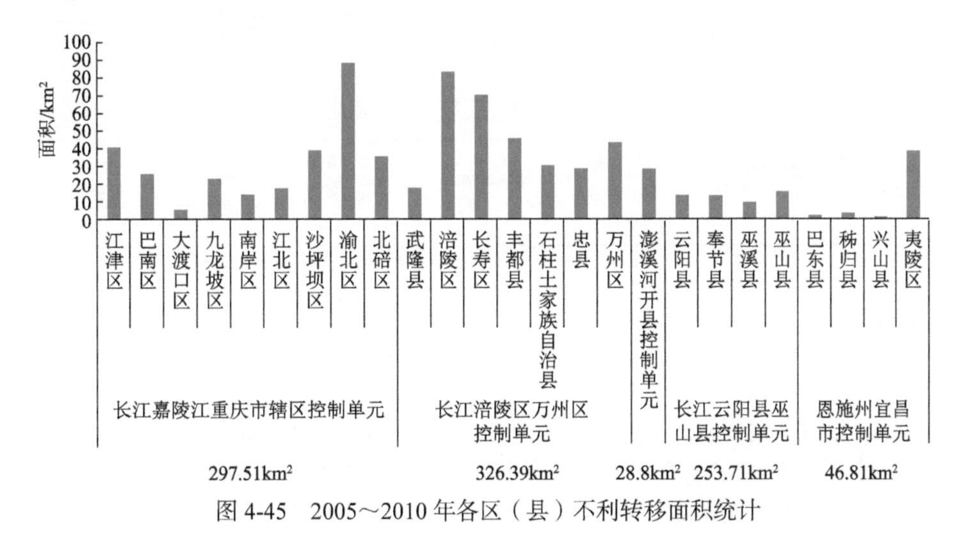

图 4-45 2005～2010 年各区（县）不利转移面积统计

2）库区敏感单元筛选

将 5 个控制单元及库区整体的土地覆盖数据代入式（4-19）和式（4-20）计算，结果见表 4-17。由计算结果可知：从压力状态来看，长江嘉陵江重庆市辖区控制单元 2010 年由于敏感土地类型面积过大而产生的污染压力居库区首位，压力指数达 1.52，长江涪陵区万州区控制单元、澎溪河开县控制单元其次。从压力变化来看，长江嘉陵江重庆市辖区控制单元 2005～2010 年土地开发所造成的新增污染压力在库区中所占比重最大，新增压力指数达到 2.63，长江涪陵区万州区控制单元其次。根据敏感单元的筛选原则，确定长江嘉陵江重庆市辖区控制单元、长江涪陵区万州区控制单元和澎溪河开县控制单元 3 个单元为库区的敏感单元，与邵田等（2008）的研究结果相符。

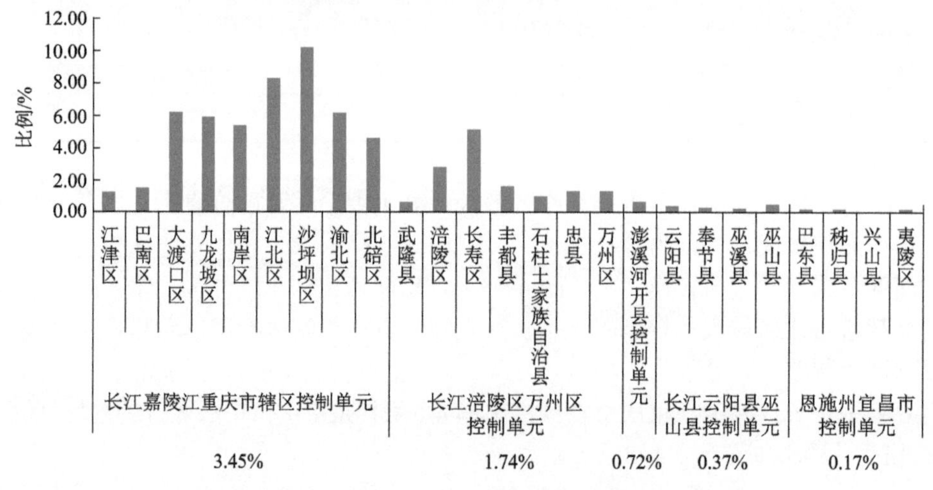

图 4-46　2005～2010 年各区（县）发生不利转移面积比例

表 4-17　三峡库区敏感单元筛选

指数类别	长江嘉陵江重庆市辖区控制单元	长江涪陵区万州区控制单元	澎溪河开县控制单元	长江云阳县巫山县控制单元	恩施州宜昌市控制单元	三峡库区
F_{1i}	1.52	1.20	1.19	0.57	0.75	1
F_{2i}	2.63	1.33	0.55	0.28	0.15	1

重庆市九龙坡区、江北区、沙坪坝区、长寿区和大渡口区是库区敏感土地类型面积过大而产生污染压力较大的区（县），最高现状压力指数达 2.07。从压力变化来看，2005～2010 年重庆市沙坪坝区、江北区土地开发所造成的新增污染压力在库区中所占比例最大，新增压力指数达到 7.83 和 6.36。

3）三峡库区土地开发压力源分区评估

根据指标确定原则，分别确定各控制单元的评估指标：①长江嘉陵江重庆市辖区控制单元 $F_1>1$ 且 $F_2>1$，以该单元敏感土地利用类型面积比例与土地覆盖发生不利转移的面积比例两个指标为评估指标。②长江涪陵区万州区控制单元 $F_1>1$ 且 $F_2>1$，以该单元敏感土地利用类型面积比例与土地覆盖发生不利转移的面积比例两个指标为评估指标。③澎溪河开县控制单元 $F_1>F_2$ 且 $F_2<1$，以该单元敏感土地利用类型面积比例为评估指标。④长江云阳县巫山县控制单元 $F_1>F_2$ 且 $F_2<1$，

以该单元敏感土地利用类型面积比例为评估指标。⑤恩施州宜昌市控制单元$F_1>F_2$且$F_2<1$，以该单元敏感土地利用类型面积比例为评估指标。

将相关数据进行分析，得到结果见表 4-18：长江嘉陵江重庆市辖区控制单元F_2指数值为基准值的 263%，属于压力特大状态；长江涪陵区万州区控制单元F_2指数值为基准值的 133%，属于压力重大状态；澎溪河开县控制单元F_1指数值为基准值的 119%，属于压力较大状态；长江云阳县巫山县控制单元与恩施州宜昌市无指数值超过基准值，属于压力一般状态。结果与李建国等（2010）三峡库区重庆段生态系统东段的健康程度总体上好于西段的研究结论相符。

表 4-18 三峡库区各控制单元压力级别及表征

类别	长江嘉陵江重庆市辖区控制单元	长江涪陵区万州区控制单元	澎溪河开县控制单元	长江云阳县巫山县控制单元	恩施州宜昌市控制单元
指数超标比例	263%	133%	119%	57%	75%
压力级别	特大	重大	较大	一般	一般
颜色表征					

4.6 小 结

借鉴国内外水库生态系统管理理念，在水库水质安全风险源识别基础上，以水库调度等累积性风险源为重点，剖析水库型流域主要风险源特征。基于风险源-受体作用关系概念模型研究，构建上游来水-产业化-城镇化-土地开发四大压力源水质安全风险评估指标体系以及面向水质安全的水库型流域压力源识别方法，开展典型水库型流域压力源识别。

1. 上游来水压力源识别

本书根据文献调研、资料调查等方法，构建了库区压力源-水质作用关系模型；采用数理统计方法，开展上游来水水质、通量等的压力源特征分析；基于贝叶斯层次模型和贝叶斯网络方法，构建上游来水压力源-受体响应关系模型和上游来水压力源评估方法，并开展三峡库区上游来水压力源评估。

三峡库区入库断面（压力源）选取长江朱沱断面、嘉陵江北温泉断面和乌江麻柳嘴/锣鹰断面。库区典型断面（受体）为寸滩、清溪场、晒网坝、培石。根据不同压力源对某受体断面污染物浓度的贡献程度，筛选确定水库调度运行背景下不同水期/水位条件的各受体断面的上游来水主要压力源，寸滩断面分析结果如下：其 TN 主要压力源为嘉陵江，TP 主要压力源为长江上游。当控制受体营养盐浓度在一定水平时，探究不同超标率下对应的主要压力源的最大污染物浓度，从而构建“主要压力源→受体”响应模型，将受体超过某一阈值的概率水平划分为4级，当压力源的浓度使得受体浓度超过阈值的概率小于等于60%定义为Ⅳ级；大于60%小于等于75%时，定义为Ⅲ级；以此类推。以2013年为基准年，寸滩断面上游来水压力源评估结果显示，1月、6月、7月TN上游压力源评估结果为压力重大，需重点关注。

2. 产业化压力源识别技术

本书基于调查收集的资料，开展长时间序列库区工业总产值、工业废水排放量、工业污染排放量和各工业行业排放特征分析；着眼于流域水质安全保障的需求，考虑压力源危险性和受体易损度，提出结构风险和布局风险，确定产业化压力源评估指标及分级方法，构建兼顾压力和受体的综合评估方法，反映和警示对水质安全不利的产业化状态和变化，并以三峡库区典型区段为例进行产业化发展压力评估研究。

评估结果显示，三峡库区产业化压力具有空间差异性：①产业化压力源综合评估为Ⅰ级（特大）的区域主要以重庆1h城市圈的区（县）为主，该区域人口密集、经济发达，产业化发展快，污水排放压力大，并且在布局上离敏感受体距离较近，其结构风险和布局风险均大。②Ⅱ级（重大）区域有6个区（县），该区域布局风险大，并有一定的压力源结构风险。③Ⅲ级（较大）区域包括渝东南、东北的4个区（县）和主城的两个区。④丰都县、奉节县、开县、云阳县和渝中区为Ⅳ级（一般）区域。其中，渝中区位于重庆主城区，其与目标断面距离较短，即污染物迁移距离较短，布局风险指数高。但其结构风险小，综合而言为压力一般状态。

3. 城镇化压力源识别技术

本书基于调查收集的资料，开展了长时间序列库区城镇人口时空分布特征、城镇生活污染排放特征和污水处理能力分析；着眼于流域水质安全保障的需求，考虑压力源危险性和受体易损度，提出结构风险和布局风险，确定城镇化压力源评估指标及分级方法，构建兼顾压力和受体的综合评估方法，反映和警示对于水质安全不利的产业化状态和变化，并以三峡库区典型区段为例进行城镇化发展压力评估研究。

结果显示，三峡库区城镇化压力具有空间差异性：①城镇化压力源综合评估为Ⅰ级（特大）的区域主要以重庆1h城市圈的区（县）为主，该区域人口密集、经济发达，城镇化发展快，污水排放压力大，并且在布局上离敏感受体距离较近，其结构风险和布局风险均大。②Ⅱ级（重大）区域主要为5个区（县），该区域布局风险大，并有一定的压力源结构风险。③Ⅲ级（较大）区域包含渝东南、东北的5个区（县）和大渡口区。由于评估方法遵循“排污总量与治污效率兼顾”

的原则，所选取的评估指标兼顾压力源的状态与动态，排污总量小的地区（如巫溪县），其治理能力明显滞后于城镇化发展的治污需求，因此也是压力源管理的重要警示对象。④忠县、长寿区、云阳县和渝中区为Ⅳ级（一般）。

4. 土地开发压力源识别技术

本书基于收集、调研资料，并结合野外实验，开展库区土地利用时空分布特征、土地利用动态变化特征及土地开发污染物输出特征分析；基于实验或调研获取各类土地利用类型的污染压力参数，确定对水质受体而言敏感的土地利用类型（敏感土地类型）、对水质安全不利的土地转移方向（不利转移方向）；分析研究区各单元敏感土地类型规模、某时段内土地利用发生不利转移的面积，筛选污染现状压力最大、时段内压力增长最快的单元，以确定敏感单元；针对每一个单元，根据其具体特征确定评估指标，划分压力级别，并以三峡库区为例进行示范。

研究结果显示，长江嘉陵江重庆市辖区控制单元、长江涪陵区万州区控制单元和澎溪河开县控制单元 3 个单元为库区的敏感单元，压力源评估结果分别为特大、重大和较大。

参考文献

方俊华. 2004. 重庆渝北区御临河流域水污染治理规划研究. 重庆: 重庆大学.

富国. 2003. 河流污染物通量估算方法分析(Ⅰ)流时段通量估算方法比较分析. 环境科学研究, 16(1): 1-4.

郭胜, 曾凡海, 李崇明, 等. 2011. 三峡库区澎溪河流域污染负荷估算及源分析. 三峡环境与生态, 33(3): 5-9.

胡锋平, 侯娟, 罗健文, 等. 2010. 赣江南昌段污染负荷及水环境容量分析. 环境科学与技术, 33(12): 192-195.

环境保护部华南环境科学研究所. 2010. 生活源产排污系数及使用说明.

黄金良, 杜鹏飞, 欧志丹, 等. 2006. 澳门城市路面地表径流特征分析. 中国环境科学, (4): 469-473.

黄金良, 李青生, 洪华生, 等. 2011. 九龙江流域土地利用/景观格局-水质的初步关联分析. 环境科学, (1): 64-72.

季浩宇. 2015. 浅析环境统计中工业源污染排放量核算方法. 四川环境, 34(1): 155-157.

蒋海兵, 徐建刚. 2013. 江苏淮河流域工业点源负荷空间分布特征研究. 长江流域资源与环境, 22(6): 742-749.

晋利, 魏梓桂. 2010. 渭河陕西段水质趋势分析. 水资源与水工程学报, 21(1): 141-144.

李建国, 刘金萍, 刘丽丽, 等. 2010. 基于灰色极大熵原理的三峡库区(重庆段)生态系统健康评价. 环境科学学报, 30(11): 2344-2352.

李响, 陆君, 钱敏蕾, 等. 2014. 流域污染负荷解析与环境容量研究——以安徽太平湖流域为例. 中国环境科学, 34(8): 2063-2070.

李艳华. 2006. 云南省境内怒江流域水质变化趋势分析. 云南环境科学, 25 (B06): 119-121.
刘爱萍, 刘晓文, 陈中颖, 等. 2011. 珠江三角洲地区城镇生活污染源调查及其排污总量核算. 中国环境科学, (31): 53-57.
刘微微, 宋汉周, 霍吉祥, 等. 2013. 基于季节 ARIMA 模型的紧水滩水库近坝区水质分析预测. 勘察科学技术, (4): 31-35.
刘秀花, 胡安焱. 2008. 汉江丹江口水库水质变化趋势研究. 人民长江, 39 (15): 36-38.
刘占良, 赫旭, 安文超,等. 2009.大沽河流域农田径流污染研究.中国海洋大学学报,39(6):1305-1310.
刘庄, 李维新, 张毅敏, 等. 2010. 太湖流域非点源污染负荷估算. 生态与农村环境学报, 26(增刊 1): 45-48.
马啸. 2012. 三峡库区湖北段污染负荷分析及时空分布研究. 武汉: 武汉理工大学.
乔飞, 孟伟, 郑丙辉, 等. 2013. 长江流域污染负荷核算及来源分析. 环境科学研究, 26(1): 80-87.
秦迪岚, 黄哲, 罗岳平, 等. 2011. 洞庭湖区污染控制区划与控制对策. 环境科学研究, 24(7): 748-755.
邵田, 张浩, 邬锦明, 等. 2008. 三峡库区(重庆段)生态系统健康评价. 环境科学研究, 21(2): 99-104.
宋立芳, 王毅, 吴金水, 等. 2014. 水稻种植对中亚热带红壤丘陵区小流域氮磷养分输出的影响. 环境科学, 35(1): 151-156.
王龙涛, 段丙政, 赵建伟, 等. 2015. 重庆市典型城镇区地表径流污染特征. 环境科学, 36(8): 2809-2816.
吴东, 黄志霖, 肖文发, 等. 2016. 三峡库区小流域土地利用结构变化及其氮素输出控制效应: 以兰陵溪小流域为例. 环境科学, 37(8): 2940-2946.
杨旭, 王晓丽. 2014. 基于 GM(1,1)模型的城镇生活污水排放量预测. 环境监控与预警, (5): 41-43.
张茹, 宓永宁, 郭海军. 2009. 柴河水库水质演变趋势分析. 人民黄河, (4): 67, 69.
张晓红. 1987. 滑动平均在环境污染趋势性判断分析中的应用. 环境科学情况, (6): 74-79.
张永良, 刘培哲. 1991. 水环境容量综合手册. 北京: 清华大学出版社: 574-575.
张智, 兰凯, 白占伟. 2005. 蓄水后三峡库区重庆段污染负荷与时空分布研究. 生态环境, 14(2): 185-189.
中国环境规划院. 2003. 全国水环境容量核定技术指南. 北京.
中国环境监测总站. 2007. 三峡库区及其上游污染物排放量核查及预测研究报告. 北京.
Cucker B, Boechat I C, Ciani A. 2009. Impacts of agricultural land use on ecosystem structure and whole-stream metabolism of tropical Cerrado streams. Freshwater Biology, 54(10): 2069-2085.
Heckerman D. 1997. Bayesian networks for data mining. Data Mining and Knowledge Discovery, 1(1): 79-119.
Lee H W, Bhang K J, Park S S. 2010. Effective visualization for the spatiotemporal trend analysis of the water quality in the Nakdong River of Korea. Ecological Informatics, 5(4): 281-292.
Meals D W, Dressing S A, Davenport T E. 2010. Lag time in water quality response to best management practices: a review. Journal of Environmental Quality, 39(1): 85-96.

5　水库型流域水质安全评估方法

5.1　技 术 思 路

本书旨在探索建立基于水库型流域特征的水质安全评估技术。考虑水质安全问题的动态性、系统性，本技术分为 3 个层面予以构建：①基于超标状态的水库水质安全评估技术。重点解决短时段内（年内、月内）水体本身的安全状况评估需求，侧重于状态评估，以水质超标特征来衡量水质是否安全。②耦合状态与趋势的水库水质安全评估技术。重点解决长时段内（年际）水体本身的安全状况评估需求，兼顾评估时段内的状态与趋势，以不利的变化幅度和不达标的当前状态来衡量水质是否安全。③兼顾压力-受体的水质安全评估技术。适用于长时期综合管理决策，避免“就水质论水质”的局限，综合考虑压力源和受体二者的状况，以压力源、受体的不利状态来共同警示水质的安全状况。

对应于 3 个层面的评估技术，根据不同的评估对象特征和评估需求，分别建立评估指标、评估标准、评估数学模式、级别划分及结果表征方式（图 5-1）。

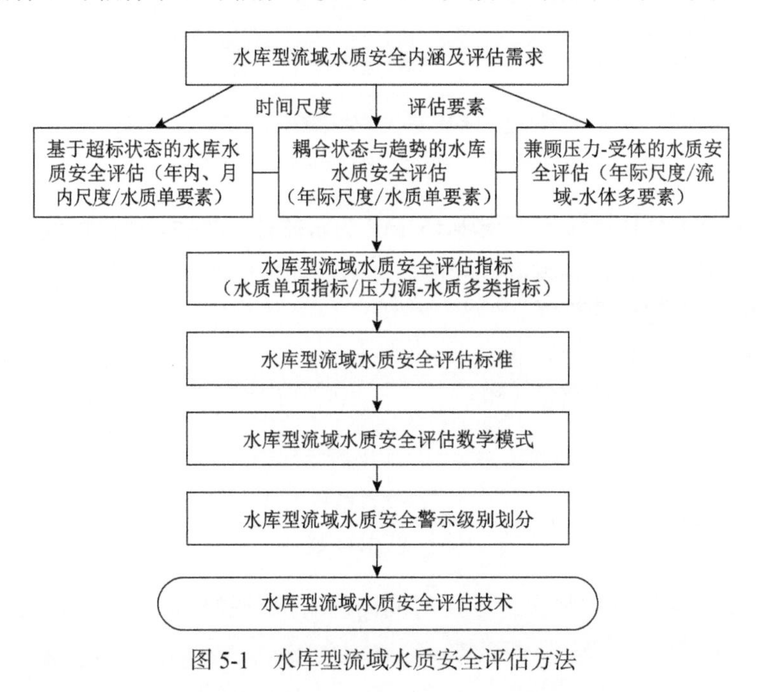

图 5-1　水库型流域水质安全评估方法

5.2　基于水质超标状况的水质安全评估技术

5.2.1　研究方法

水质安全评估是在获取各监测断面监测数据的基础上，对水体及人体健康、水生生态系统、水体可利用功能相关的物理、化学和生物性质进行衡量，确定水质状态，判断水质发展趋势，确定水质现状与可能发展趋势之间的联系，最终为环境管理部门决策提供信息支持。本书参考加拿大环境保护局制定的水质指数，结合中国《地表水环境质量标准》（GB 3838—2002）建立基于水质超标状况的水质安全评估体系。其技术框架如图 5-2 所示。

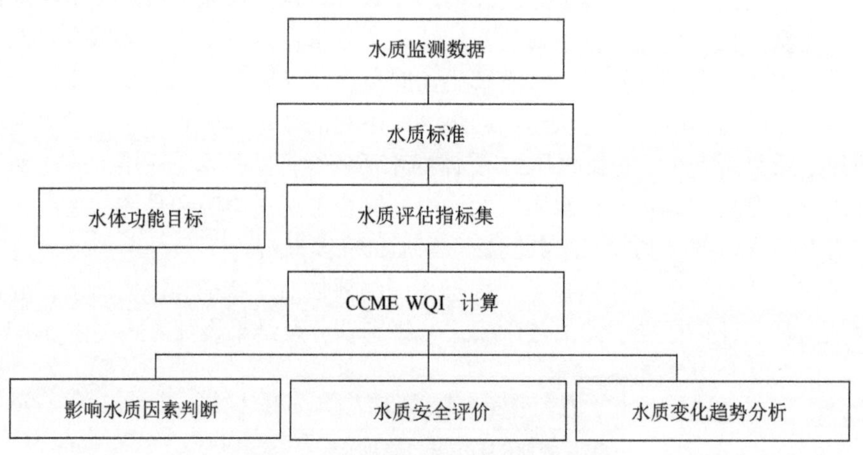

图 5-2　水质安全评估体系技术框架

CCME WQI 为加拿大环境保护局水质指数

水质安全评估体系技术框架中 CCME 为水质评价指数。评价指数主要综合三方面的信息对水质总体状况进行评价：①未达标指标的数量（范围）；②未达标指标的频次；③超标的幅度。

三个因子的计算过程如下。

（1）未达标指标的数量（范围）：一定时间内出现超标的指标数目与所有指标数目的百分比。

$$F_1=\left(\frac{\text{出现超标的指标数}}{\text{评价总指标数}}\right)\times 100$$

（2）未达标指标的频次：一定时间内所有因子的超标次数与总监测数的百分比。

$$F_2=\left(\frac{\text{总超标次数}}{\text{一定时间内总的监测数}}\right)\times 100$$

（3）超标的幅度：未达标指标的偏离水质目标的程度（幅度）。

计算指标超标值与评价标准的偏移（excursion），对指标越小越好的指标而言，偏移距离计算公式为

$$\text{excursion}_i=\left(\frac{\text{指标超标值}}{\text{指标评价标准}}\right)-1$$

对指标越大越好的指标（如DO）而言，偏移距离的计算公式为

$$\text{excursion}_i=\left(\frac{\text{指标评价标准}}{\text{未达标的指标值}}\right)-1$$

以总超标偏移与总监测数目比值作为标准化的指标偏移

$$\text{nse}=\left(\frac{\sum_{i=1}^{n}\text{excursion}_i}{\text{总监测数目}}\right)-1$$

采用渐近的方法将标准化的指标偏移转化，使其取值在0～100。

$$F_3=\left(\frac{\text{nse}}{0.01\times\text{nse}+0.01}\right)-1$$

三个指标计算完成后水质指数计算公式如下：

$$\text{WQI}=100-\left(\frac{\sqrt{F_1^2+F_2^2+F_3^2}}{1.732}\right)$$

WQI（water quality index，水质指数）介于0～100，指数越大表明水质状况越好。根据指数的大小将水环境质量分为优、良、中、及格、差几个级别。具体数值与分级见表5-1。

表5-1 WQI评价水质状况的分级

水质指数	水质等级	颜色表征	意义
95～100	优		水质基本未受污染
80～94	良		水质仅微退化，水质良好
65～79	中		水质偶尔超标，轻度污染

续表

水质指数	水质等级	颜色表征	意义
45～64	及格		水质退化比较严重，经常超标，中度污染
0～44	差		水质退化非常严重，几乎长期超标，重度污染

1. 水质综合评价指标的筛选

根据获取的三峡水库24个断面2010～2013年的监测数据，依据全面性、系统性、科学性的原则对水质指标进行筛选。为了尽可能地保留水环境信息，本书以《地表水环境质量标准》（GB 3838—2002）Ⅱ类水水质标准作为指标的筛选原则，筛除四年均未超过Ⅱ类水水质标准的指标，选择四年内至少一次超过Ⅱ类水水质标准的指标用于水质安全评价，最终确定用于水质综合评价的指标集包括：pH、DO、高锰酸盐指数、BOD_5、氨氮、挥发酚、汞、铅、COD、TN、TP和粪大肠杆菌。

2. 水质综合评价目标的选择

三峡水库是我国的特大型水库，本身具有防洪、发电、供水、养殖等功能，综合效益显著，且三峡水库事关长江中下游沿线几亿人的生产生活用水，是我国重要的战略备用水源地。而在我国《地表水环境质量标准》（GB 3838—2002）中Ⅲ类标准主要适用于集中式生活饮用水地表水源地二级保护区、鱼虾类越冬场、洄游通道、水产养殖区等渔业水域及游泳区，与三峡水库的定位比较吻合，因此，本书选择《地表水环境质量标准》（GB 3838—2002）中Ⅲ类水质标准（表5-2）作为评估的水质目标。

表5-2　水质评价标准

水质参数	水质目标（GB 3838—2002 Ⅲ类水）
pH	6～9
DO/（mg/L）	5.00
高锰酸盐指数/（mg/L）	6.00
BOD_5/（mg/L）	4.00
氨氮/（mg/L）	1.00
挥发酚/（mg/L）	0.005
汞/（mg/L）	0.0001
铅 /（mg/L）	0.05
COD /（mg/L）	20
TN /（mg/L）	1.00

续表

水质参数	水质目标（GB 3838—2002 Ⅲ类水）
TP/（mg/L）	0.20
粪大肠杆菌/（count/L）	10000

5.2.2 三峡水库案例分析

根据2010～2013年水质监测数据,超过地表水Ⅲ类水质标准的项目为TN、TP，以及部分断面的粪大肠杆菌。三峡水库各段面TN浓度普遍高于设置的水质目标（地表水质量标准Ⅲ类水限值）。以河流计算，三峡水库的长江干流断面TN浓度最低，且四年内均保持稳定。乌江和嘉陵江两条主要支流TN年平均浓度均高于长江干流浓度（$P<0.05$），且在2010～2013年呈现出逐渐上升的趋势。

三峡水库长江干流和嘉陵江主要断面TP浓度在2010～2013年保持稳定，且均低于选定的水质目标。但乌江各断面TP浓度均高于选定水质目标，个别断面在特定时间内浓度甚至高于选定水质目标数倍。

三峡水库长江干流和乌江各段面的粪大肠杆菌浓度相对较低，仅个别断面在有限时间内出现超过水质目标的现象。嘉陵江靠近重庆主城区的部分断面的粪大肠杆菌浓度颇高，显著高于选定的水质目标，导致嘉陵江的粪大肠杆菌浓度年均值显著高于长江干流和乌江断面（图5-3）。

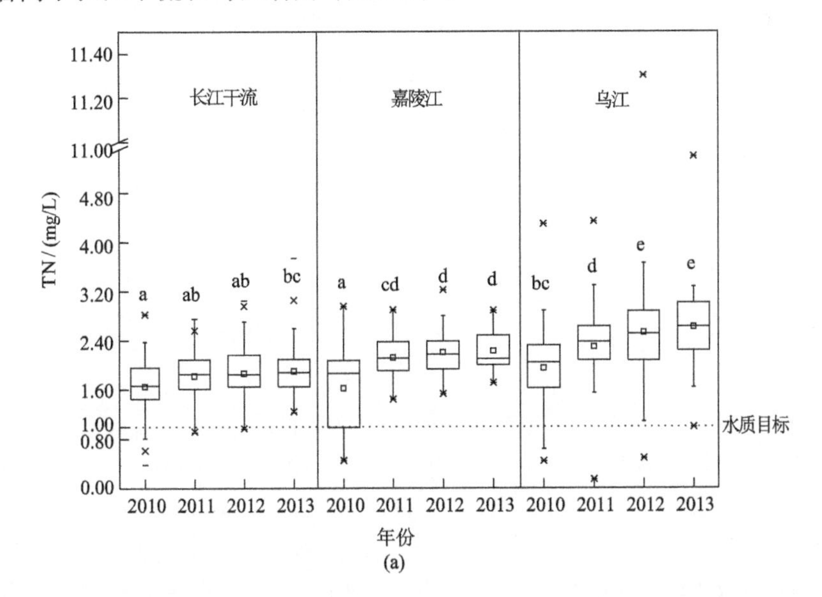

(a)

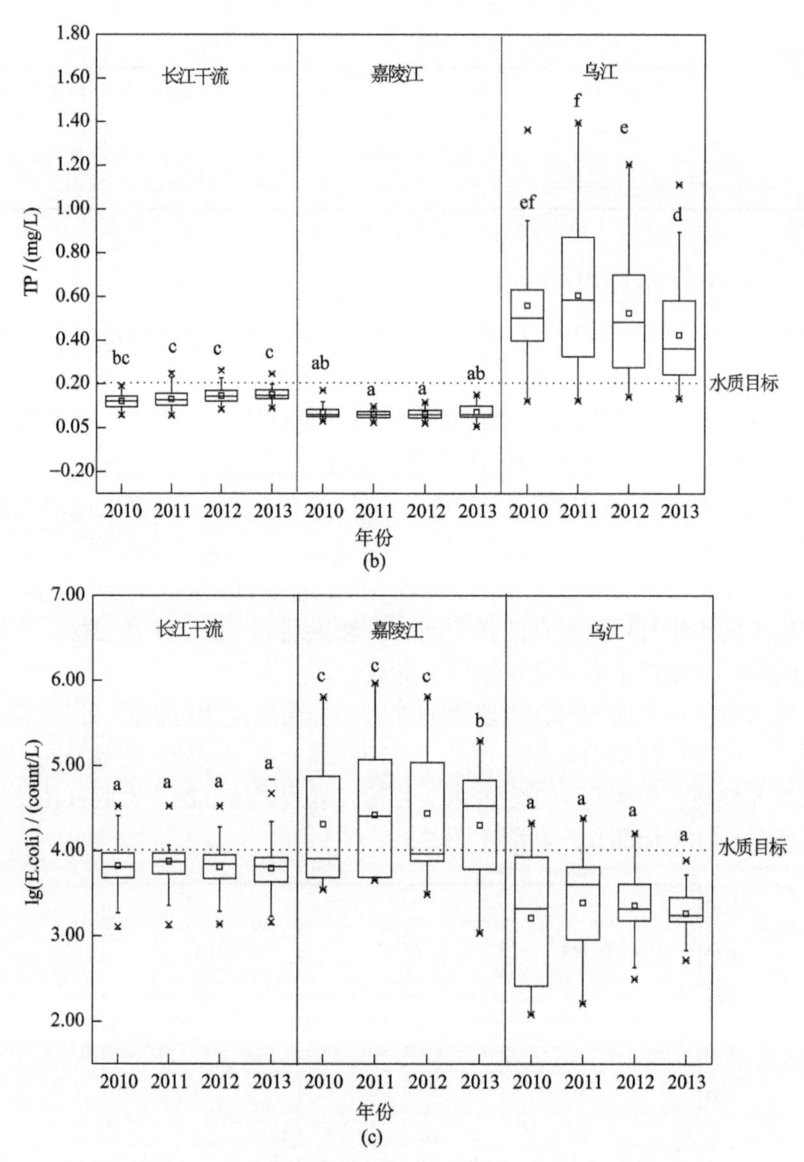

图 5-3　2010～2013 年三峡水库各断面 TN、TP 和粪大肠杆菌浓度

E.coli 表示粪大肠杆菌浓度；图中小写字母相同表示浓度均值不存在显著性差异（*P*>0.05）

根据 2010～2013 年三峡水库 12 个水质参数的数据对其水质状况进行评价，结果见表 5-3。以Ⅲ类水水质标准作为水质目标，2010～2013 年 CCME WQI 计算出的长江干流水质指数为 84.65～100，对应的水质级别为良～优；嘉陵江 CCME WQI 均值显著低于长江干流（*P*<0.05），大溪沟断面由于粪大肠杆菌指标超标严重，CCME WQI 值较低，2010～2012 年其水质级别均为及格水平，2013 年水质指数略微升高，但水质仍然较差，级别为中；乌江的 CCME WQI 均值显著低于长

江干流（$P<0.05$）（表 5-4）。

表 5-3 2010～2013 年三峡水库 CCME WQI（TP 河流标准，下同）

河流	站点	2010 年		2011 年		2012 年		2013 年	
		值	级别	值	级别	值	级别	值	级别
长江干流	朱沱	100	优	100	优	94.85	良	92.87	良
	江津大桥	92.44	良	91.9	良	91.83	良	92.15	良
	丰收坝	92.31	良	92.28	良	91.89	良	88.07	良
	黄桷渡	92.3	良						
	寸滩	92.71	良	92.08	良	91.86	良	91.92	良
	鱼嘴	84.94	良	84.69	良	92.09	良	95.06	优
	扇沱	84.94	良	84.69	良	84.65	良	85.18	良
	鸭嘴石	92.35	良	91.7	良	91.9	良	94.98	良
	清溪场	92.01	良	91.61	良	91.79	良	94.91	良
	大桥	94.02	良	92.51	良	88.17	良	87.96	良
	苏家	92.51	良	88.32	良	87.83	良	90.26	良
	晒网坝	92.29	良	88.29	良	88.01	良	91.92	良
	苦草沱	100	优	93.6	良	88.74	良	92.9	良
	白帝城	89.12	良	86.05	良	85.58	良	88.51	良
	培石	92.42	良	88.26	良	92.07	良	91.61	良
嘉陵江	利泽	100	优						
	北温泉	91.77	良	91.46	良	91.48	良	89.35	良
	高家花园	79.98	中	86.97	良	90.07	良		
	大溪沟	57.38	及格	59.52	及格	60.57	及格	73.3	中
乌江	万木	84.73	良	80.91	良	80.81	良	86.06	良
	鹿角	81.3	良	81.75	良	80.28	良	81.5	良
	锣鹰	81.35	良	81.18	良	81.45	良	83.17	良
	白马			81.8	良	82.66	良	83.73	良
	麻柳嘴	83.05	良	82.66	良	83.03	良	88.78	良
三峡水库	断面平均	88.87	良	86.92	良	86.90	良	88.77	良

表 5-4 2010～2013 年三峡水库三条入库河流的 CCME WQI

河流	2010 年	2011 年	2012 年	2013 年
长江干流	92.29^{Aa}	90.43^{Aa}	90.09^{Aa}	91.31^{Aa}
嘉陵江	82.28^{Aab}	79.32^{Ab}	80.71^{Ab}	81.33^{Ab}
乌江	82.61^{ABa}	81.66^{Bb}	81.65^{Bb}	84.65^{Ab}

注：表中同行大写字母相同表示同一条河流不同年际 CCME WQI 之间没有显著性差异（P>0.05）；表中同列小写字母相同表示同一年三条河流 CCME WQI 之间没有显著性差异（P>0.05）。

5.3 耦合水质状态与趋势的水质安全评估技术

5.3.1 研究方法

水库水质安全作为水库生态系统安全的核心部分，其具有如下特性：①动态性，即在时间上是变化发展的；②相对性，其是相对特定的受体（水体）而言的，且某个地域某个时间段不存在绝对的安全（王丽婧和郑丙辉，2010）。据此，为诊断水体自身的安全状况，本书研发耦合水质状态与趋势的水质安全评估技术。

该方法主要针对受体（水库水体）自身开展评估；强调和突出水质安全在时间上的动态性和相对性；评估方法的设计需要兼顾当前状态风险和趋势变化风险；通过评估，不论是不利的状态还是变化态势，均需要发出相应级别的警示，从而实现风险管理的目的。

该方法面向耦合状态和趋势预警的目标需求而设计；需要根据管理目标，确定受体的目标状态，评价受体的当前状态和变化趋势幅度；可以根据需求对空间上不同断面的水质进行评估分析和展示。

该方法相对书中其他水质安全评估方法（如基于水质超标状况、兼顾压力源-受体的评估方法）而言，重点用于解决较长时段内（年际）水体本身的安全状况评估，衡量评估时段内水质状态和趋势变化是否安全。

1. 评估指标

评估指标的选择原则包括：①选择反映和代表水库常态累积性风险压力下的水体水质指标。高危行业突发性事故条件下排放的特征污染物指标不在评估考虑范围内。②选择定期开展监测，数据信息较为完整，能较好地反映时段变化的指标。③选择与国家标准、技术规范有较好的衔接的指标，如《地表水环境质量标准》（GB 3838—2002）中的常规指标、《地表水环境质量评价方法（试行）》中的推荐指标。④年内出现超标的常规水质指标必须包含在内。⑤水库水体作为河-湖过渡型水体，河流、湖泊的代表性指标均应兼顾。尤其，考虑支流富营养化敏感性强，而水库干-支流物质交换频繁，TN、TP 必须包括在内。

2. 评估时段

评估应确定评估基准年，即现状年份，或需要重点考量状态的年份。评估还需要确定对比年份，从而衡量变化趋势。考虑年际变化数据的波动性，相邻的单个年份相比意义有限，本书以 5 年时间作为一个对比时段。评估时段的设计，既可以是当前状态及历史趋势，又可以是预测年份状态和预测时段趋势。

例如，为了衡量当前的水质安全状况，设定三峡水库评估基准年为 2013 年，对比年份为 2008 年。为了衡量预测年份的水质安全状况，结合预测预警模型的模拟结果，设定三峡水库评估基准年为 2020 年，对比年份为 2015 年。

3. 评估标准

对状态评估而言，需要确定某单项水质指标是否超标。评估标准以《地表水环境质量标准》（GB 3838—2002）及地方政府的水环境功能区水质目标来确定。例如，某评估基准年，三峡水库澎溪河支流高阳渡口断面的水质目标为Ⅲ类，各指标（如 TP）超标标准则为Ⅲ类标准。

4. 警示级别划分与结果表征

对状态评估而言，以某单项指标浓度的超标百分比来考虑评估级别的划分。若在评估基准年，该指标年均值小于标准值，则指标状态定义为安全；若超出标准值，则指标状态根据超标的程度来划分。考虑统计学层面的数据意义，超标 10%以内则为一般，超标 50%以内为不安全，超标 50%以上为很不安全。

对趋势评估而言，以某时段单项指标的年均变幅来考量评估级别，如三峡水库某断面 TP 在 2008～2013 年年均变幅。结合统计学上的划分方式，推荐以 5%的变幅作为显著变化的阈值。对越小越好型指标而言，小于 5%的变幅则为安全，大于 5%的变幅则为不安全，需要给予重视。对于越大越好型指标，反之亦然。

耦合趋势及状态预警的水库水质安全单项评估级别划分见表 5-5。

表 5-5　耦合趋势及状态预警的水库水质安全单项评估级别划分

类别	安全	一般	不安全	很不安全
状态评估（分类）	≤标准值	超标 10%以内	超标 50%以内	超标 50%以上
状态评估（符号）	○	⊙	◎	●
趋势评估（分类）	年均变幅<5%		年均变幅≥5%	
趋势评估（符号）	↔		↕	

5.3.2 三峡水库案例分析

1. 三峡水库干流评估

以 2013 年为评估基准年，对三峡水库干流主要断面朱沱、寸滩、清溪场、晒网坝、培石、银杏沱水质安全状况进行评估。根据 2008～2013 年水质监测资料分析，库区各断面水质目前均满足地表水环境质量Ⅲ类标准。结合实际，选择 COD_{Mn}、氨氮、TP 分别开展评估。

三峡水库干流断面水质指标评估数据见表 5-6，评估结果见表 5-7。根据库区干流水质安全评估结果可知，COD_{Mn}和氨氮在三峡干流各断面均为安全。TP 在寸滩和培石断面为一般，其余断面为安全。几个指标均未超标，但按 $(b/a)^{1/5}-1$ 的公式算年均增长率则超过要求。

表 5-6　三峡水库干流断面水质指标评估数据

断面	类别	COD_{Mn}/（mg/L）	氨氮/（mg/L）	TP/（mg/L）
	标准值（Ⅲ类）	6	1	0.2
朱沱	2013 年	1.60	0.202	0.148
	2008 年	3.44	0.402	0.121
寸滩	2013 年	2.44	0.148	0.128
	2008 年	2.78	0.217	0.072
清溪场	2013 年	2.02	0.318	0.160
	2008 年	2.45	0.368	0.133
晒网坝	2013 年	1.72	0.130	0.144
	2008 年	1.63	0.136	0.125
培石	2013 年	1.80	0.132	0.175
	2008 年	2.21	0.104	0.084
银杏沱	2013 年	1.81	0.294	0.075
	2008 年	2.01	0.232	0.067

表 5-7　三峡库区干流水质安全评估结果

断面	COD_{Mn}/（mg/L）	氨氮/（mg/L）	TP/（mg/L）
朱沱	○ ↔	○ ↔	○ ↔
寸滩	○ ↔	○ ↔	○ ↕
清溪场	○ ↔	○ ↔	○ ↔
晒网坝	○ ↔	○ ↔	○ ↔
培石	○ ↔	○ ↔	○ ↕
银杏沱	○ ↔	○ ↔	○ ↔

2. 三峡水库支流评估

以 2013 年为评估基准年，对三峡水库大宁河、澎溪河回水区代表性断面水质安全状况进行评估。由于水库支流为过渡-湖泊型水体，按照地表水Ⅲ类水水质目标，对 2008～2013 年水质监测资料进行分析。结果显示，TN、TP 为主要超标指标。结合实际以 COD_{Mn}、TN、TP 作为评估指标。

三峡水库大宁河、澎溪河典型断面水质指标评估数据见表 5-8，评估结果见表 5-9。根据库区支流水质安全评估结果可知，COD_{Mn} 在大宁河为安全，澎溪河为一般。TN 在大宁河、澎溪河均为不安全。TP 在大宁河大昌断面为安全，双龙断面为一般，在澎溪河为安全。总体上，支流回水区下游河段的警示级别要高于回水区上游河段。

表 5-8　三峡水库大宁河、澎溪河典型断面水质指标评估数据

支流名称	断面	类别	COD_{Mn}/（mg/L）	TN/（mg/L）	TP/（mg/L）
		标准值（Ⅲ类）	6	1	0.2
大宁河	大昌	2013 年	1.59	1.289	0.041
		2008 年	1.65	1.156	0.037
	双龙	2013 年	1.7	1.395	0.069
		2008 年	2.04	1.307	0.041
澎溪河	木桥	2013 年	3.86	1.174	0.058
		2008 年	2.79	0.977	0.048
	高阳渡口	2013 年	3.44	1.163	0.098
		2008 年	2.75	1.259	0.082

表 5-9　三峡水库大宁河、澎溪河典型断面水质安全评估结果

支流名称	断面	COD_{Mn}/（mg/L）	TN/（mg/L）	TP/（mg/L）
大宁河	大昌	○ ↔	◎ ↔	○ ↔
	双龙	○ ↔	◎ ↔	○ ↕
澎溪河	木桥	○ ↕	◎ ↔	○ ↔
	高阳渡口	○ ↔	◎ ↔	○ ↔

5.4 三峡库区水质安全综合评估技术

5.4.1 研究方法

水环境安全是水生态系统相对于“生态威胁”“生态风险”的一种功能状态，在不同的研究目标中，水环境安全有不同的定义。人们对水环境安全的评价目前尚处于探索阶段，还未形成系统的评价体系和评价方法。水环境安全评价是水环境保护与治理的基础，水环境安全与否不仅影响着现阶段人类的生产生活，也决定着人类未来的发展。研究流域水环境评估模型不仅便于政府强化对水环境安全水平的预警预测，也有助于人类和环境之间的和谐发展。随着水环境安全研究的不断深入，其评价方法也由最初简单定性描述发展为现今综合定量评估。在吸纳相关学科及领域研究成果的基础上，运用各种评价体系去描述和刻画复杂的水环境安全系统已成为一种趋势。

1. 评估概念模型构建

1）相关模型框架

目前国内外常用的生态评估体系框架模型主要有：20 世纪 80 年代末国际经济合作与发展组织（Organization for Economic Co-operation and Development，OECD）提出的压力-状态-响应（pressure-state-response，PSR）模型（图 5-4）；在 PSR 模型基础上联合国提出的驱动力-状态-响应（driver-status-response，DSR）模型；1999 年欧洲环境局（European Environment Agency，EEA）吸取 PSR 模型和 DSR 模型的优点，针对某些特别的生态问题，提出的驱动力-压力-状态-影响-响应（driver-pressure-state-impact-response，DPSIR）模型。

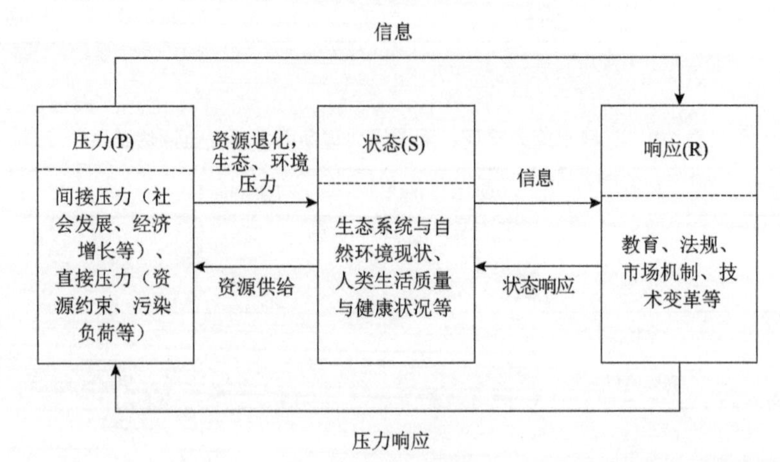

图 5-4 PSR 模型

PSR 模型因较好地反映了生态系统中各个因子之间的关系而被广泛认可，常被国内外研究学者及相关管理机构用于生态安全评估/风险评估等研究（解雪峰等，2014；张军以等，2011；魏兴萍，2010；颜利等，2008）。该模型建立在因果关系的基础上，以人类与环境系统的相互作用和影响为出发点，具有 3 个既相互联系又相互区别的指标，即人类的生产生活对环境施加一定的压力；在这种压力的作用下，环境通过改变其原有的性质或自然资源的数量来适应这样的压力，并呈现出相应的情况（状态）；当资源环境所处的状况超过系统本身所能承受的压力范围，产生不利于人类生存和发展的状况时，人类将通过环境、经济和管理策略等对这些变化做出响应，以恢复环境质量或防止环境退化。PSR 模型在资源、环境和社会经济的基础上，以压力、状态和响应为表征，指标体系较完整，可以更清晰地表达出资源、环境、经济社会的相关关系，近年来得到了广泛的应用和拓展。

有学者采用风险源（R）-生境（E）-风险受体（S）（RES）结构模型开展流域生态风险评估（许妍等，2013，2012），该模型强调把生境与风险受体分开，系统内的各要素具有同等重要性。其中，风险源是风险产生的充分条件，受体是放大或缩小风险的必要条件，生境是影响风险源和受体的背景条件。从原理和结构上来看，该模型是将风险相关概念和过程引入 PSR 模型的改进模型。

2）水质安全综合评估概念模型

水库水质安全从广义的概念内涵来讲，具有系统性。相关学者在文献（郑丙辉等，2014）中指出，湖库生态系统是一个综合性复杂的巨系统，以水体为中心，涵盖流域内诸多要素，并由此决定了湖库生态安全管理的综合性，需要遵循从流域到水体、源头—途径—汇的原则，避免“就湖库论湖库”。否则，其管理目标将难以实现。

从该角度而言，水质安全评估应是一种综合性的分析和判定工作。本书第 4 章分别对不同压力源提出了评估方法，为了更好地支撑综合性的水质安全评估，在上述方法的基础上，本书参考 PSR 模型和 RES 模型，着眼于水环境安全，提出兼顾压力源-受体的水质安全综合评估方法，即压力源-受体模型（压力-状态模型）。

该评估方法可为长时期综合管理决策提供支撑，避免“就水质论水质”的局限，综合考虑压力源和受体两者的状况，以压力源、受体的不利状态来共同警示水质的安全状况。具体压力源-受体的含义和关注要点见图 5-5。

压力源被定义为推动水质安全状态变化的指标，指社会、经济、人口发展及相应的人类生活方式和消费、生产形式的改变对资源可持续发展和利用产生影响的指标。主要包括城镇化、工业化发展和土地开发利用等社会经济发展带来的压力、上游流域带来的压力和大型工程建设等其他方面的压力。本节汇总压力源是水质安全状态的驱动因素。

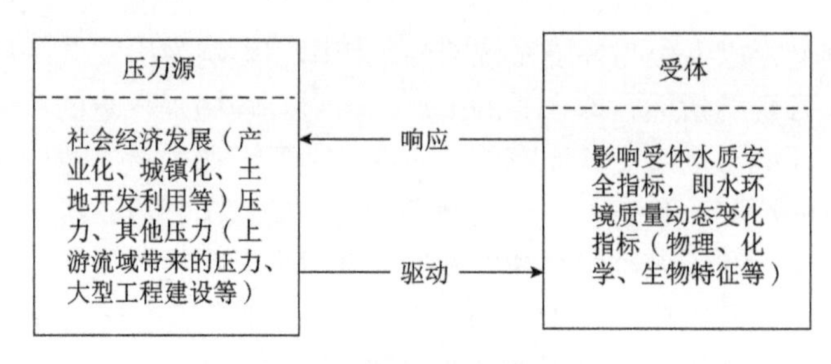

图 5-5　压力源-受体模型

流域水质安全压力影响下的水体的状态，用水环境质量动态变化的因子表达，主要包括特定区域、特定时间内水环境质量的物理、化学、生物特征等。

2. 评估指标构建方法

基于研究区水环境特征分析及水质安全压力源识别研究，本书甄别和确定了三峡水库水质安全评估优先关注上游来水、城镇化产业化发展和土地开发利用方面的压力源，受体主要考虑水环境质量方面。本小节在指标调研分析的基础上，着眼压力源和受体开展指标调研备选库构建、指标优选分析等，最后构建水库水质安全综合评估指标体系。

1）指标调研分析

根据文献、资料调查，国内外有关学者围绕水环境安全，从不同角度、不同尺度开展了水环境安全评估/评价研究，提出了一系列评估指标。此外，“全国湖泊水库水环境安全调查及评估”等国家级研究项目，针对湖库型水体水环境安全开展了相关研究，从生态健康、生态服务功能、流域活动影响、生态灾变、总体水环境安全等角度提出的评估指标是本书中水库水环境安全评估指标的重要参考。本小节梳理了相关的水环境安全评估指标体系的典型研究，将其作为流域水质安全评估备选指标的参考和借鉴，具体详见表 5-10。

表 5-10　不同研究对象的水环境安全评估指标体系

研究对象	研究学者	指标体系	研究内容
水环境	周劲松等，2007	清洁饮水指数、水体生态干扰指数、水资源紧缺指数、水环境质量指数、水污染纠纷指数、社会用水指数、经济用水指数、节水指数、水污染治理指数、水环境管理指数	国家水环境安全评估

续表

研究对象	研究学者	指标体系	研究内容
水库水环境安全	郭树宏等，2008	水土流失面积比、人均耕地、人均活立木蓄积量、人均水资源量、化肥施用量、农药使用量、农药残留量、人口密度、人均财政收入、森林覆盖率、工业用水量、农业用水量、生活用水量、BOD_5、COD_{Mn}、TP、TN、文盲和半文盲人数比、农民人均纯收入、经济密度、受保护土地比例、科教投入占 GDP 比例、人均固定资产投资、第三产业比例、人均 GDP	福建山仔水库水环境安全评估
流域水环境安全	张向晖等，2008	人口数量、经济发展、社会进步、温度变化、降水变化、人-地结构安全、地-地结构安全、土地生产功能、水资源供给功能、环境承载功能、环境调节功能、生物多样性保护功能、人口发展响应、经济发展响应、社会进步响应、结构安全响应、功能安全响应	云南纵向岭谷区流域水环境安全评估
河流流域	王根绪等，2001	水环境、土壤环境、植被生态、社会经济环境	黑河流域区域生态环境评估
水资源	何焰，2004	状态系统指标（地表水资源供水量、地下水开采淡水资源量等）、压力系统指标（年末人口、耕地面积、总用水量、工业废水排放量、生活污水排放量、人均年用水量等）、响应系统指标（用于基本建设的固定资产投资、环保投资占国内生产总值比例、工业废水排放达标率等）	上海市水环境安全预警评估与分析
土地资源	刘勇等，2004	土地自然水环境安全系统（土地自然资源数量、质量）、土地经济水环境安全系统（土地经济投入数量、土地经济产出质量）、土地社会水环境安全系统（人口数量承载指数、土地整治能力指数）	区域土地资源水环境安全评估（浙江嘉兴市）
城市水环境安全	谢花林和李波，2004	资源环境压力（人口压力、土地压力、水资源压力、社会经济发展压力）、资源环境状态（资源质量、环境质量）、人文环境响应（治理能力、投入能力）	城市水环境安全评估指标体系与评估方法研究
绿洲水环境安全	杜巧玲等，2004	水安全（水量安全、水质安全、潜水位安全）、土地安全（耕地安全、草地安全、林地安全、绿洲稳定性）、经济社会安全（经济安全、社会安全）	黑河中下游绿洲水环境安全评估
农业	吴国庆，2001	资源生态环境压力（人口压力、土地压力、水资源压力、污染物负荷）、资源生态环境质量（资源质量、生态环境质量）、资源生态环境保护整治及建设能力（投入能力、科技能力）	区域农业可持续发展的水环境安全及其评估
湿地	张峥等，1999	多样性、代表性、稀有性、自然性、稳定性和人类威胁	湿地水环境安全评估
旅游地	董雪旺，2004	生态环境压力（人口压力、土地压力、水资源压力、污染物负荷、旅游资源压力）、生态环境质量（旅游环境质量、旅游生态质量）、生态环境保护整治及建设能力（投入能力、科技能力）	镜泊湖风景名胜区水环境安全评估研究
荒漠化地区	周金星等，2003	土壤养分（有机质含量）、植被状况（林地覆盖率、草地覆盖率）、水分条件（降水量）、地表抗蚀性（土壤黏粒、黏沙比）	荒漠化地区水环境安全评估

续表

研究对象	研究学者	指标体系	研究内容
生态脆弱区	杨冬梅等，2008	自然环境状态（年降水量、年均风速、林地所占比例、牧草地所占比例、沙地所占比例）、人文环境状态（人口自然增长率、人均 GDP、恩格尔系数、财政收入）、环境污染压力（年末存栏牲畜数、环境污染压力、化肥（物理）体积、农用薄膜、农药、工业废水排放量、工业废气排放量、工业固体废物排放量）、环境保护及建设能力（农村劳动力受教育程度、废弃地利用面积、退耕还林还草面积、工业废水达标量、当年造林面积、工业固体废物处置量）	生态脆弱区（榆林市）的水环境安全评估体系研究
湖泊生态健康	中国科学院水生生物研究所	透明度（SD）、溶解氧（DO）、生化需氧量、化学需氧量、总氮、氨氮和总磷等指标构成物理化学指标体系；浮游植物数量、浮游动物生物量、底栖动物数量、浮游植物物种多样性、浮游植物叶绿素 a、细菌总数等指标	湖泊生态安全评估研究
湖泊生态服务功能	上海交通大学	①饮用水源地服务功能：颜色、挥发酚（以苯酚计）、铅、氨氮（以 N 计）、耗氧量（$KMnO_4$）、溶解氧、BOD_5、总磷（以 P 计）、总氮（以 N 计）、汞、氰化物、硫化物、粪大肠菌群（个/L）、异味物质、藻毒素。②水产品供给服务功能：单位渔产量、异味物质、藻毒素、水产品质量（色、香、味）。③鱼类栖息地服务功能：鱼类种类数、水产品尺寸（个体质量）变化、候鸟种类变化、候鸟种群数量变化。④游泳与休闲娱乐服务功能：景观服务功能、休闲娱乐服务功能。⑤湖滨带净化服务功能：30 年来湖滨带截流与净化量的损失率、湖滨带最优植被损失率、自然湖滨带受破坏情况	湖泊生态安全评估研究
流域社会经济影响	环境保护部南京环境科学研究所	①社会经济压力指标：人均 GDP、人口密度、环保投入指数、水利影响指数、城镇用地比例、耕地比例、水面比例、围垦指数。②水体污染负荷指标：单位面积面源 COD 负荷量、单位面积面源 TN 负荷量、单位面积面源 TP 负荷量、单位面积点源 COD 负荷、单位面积点源 TN 负荷、单位面积点源 TP 负荷。③水体环境状态指标：主要入湖河流 COD 浓度、主要入湖河流 TN 浓度、主要入湖河流 TP 浓度、单位入湖河流水量、流域水体 COD 浓度、流域水体 TN 浓度、流域水体 TP 浓度	重点湖库生态安全评估研究
湖泊水华灾变	中国科学院南京地理与湖泊研究所	Chla 浓度、发生范围占评估区面积、受影响人口、水质等级、发生频率、直接经济损失、鱼类死亡状况、水生高等植物死亡率、救灾投入资金	湖泊生态安全评估研究
湖泊水环境安全	北京大学、中国环境科学研究院	流域人口对数、入湖 TN 总量、入湖 TP 总量、建成区面积、流域人均水资源量、湖体 TP 浓度或湖体 TN 浓度、湖体 Chla 浓度、天然湖滨带长度、生物栖息地面积、大小鱼比例、饮用水源地水质达标率、水华影响指数	湖泊生态安全评估研究

2）指标优选分析

本书中评估指标的筛选主要遵循指标指示性、数据可得性、指标可比性、指标独立性的原则，同时兼顾优先关注问题对指标优选的要求、数学评估方法对指标优选的要求。

a. 指标指示性

指标的指示性要求该指标本身对评估目标层、方案层、因素层能够给予准确的表征和指示，对评估目标方案的核心改善需求给予有效的反映，并能够有效体现和结合流域评估对象的实际特征与问题。

指标的指示性是选择指标并将其纳入指标体系的基本要求。以压力源（上游来水、城镇化、产业化、土地开发利用等）、受体方面问题分析为依据，以调研指标作参考，结合专家咨询判断，对指标的指示性进行评分和比选，结果如表 5-11 所示。

表 5-11　水库水质安全综合评估备选指标一次比选

评估目标方案	序号	备选指标	指标指示性/分			综合评价/分
			能够较准确表征评估方案相关问题	能够有效反映评估方案核心改善需求	能够有效体现三峡水库的特征问题	
上游来水	1	最枯月水位	3	2	3	8
	2	最枯月入库流量	3	2	3	8
	3	入库径流量	3	2	2	7
	4	年径流偏差比率	3	2	1	6
	5	上游来水含沙量/输沙量	3	1	1	5
	6	上游来水来水量保证率	3	2	3	8
	7	入库水质类别	3	3	3	9
	8	入库水质达标率	3	3	3	9
	9	入库水质指标浓度水平（24 项常规指标，以 COD_{Mn}、氨氮、TN、TP 为重点关注对象）	3	2	3	8
	10	入库主要污染物通量（COD_{Mn}、氨氮、TN、TP）	3	2	3	8
城镇化	11	人口密度	3	3	2	8
	12	人均水资源量	3	2	1	6
	13	城镇化率	3	2	2	7
	14	恩格尔系数	3	1	2	6
	15	文盲率	3	2	2	7
	16	平均期望寿命	3	2	1	6

续表

评估目标方案	序号	备选指标	指标指示性/分			综合评价/分
			能够较准确表征评估方案相关问题	能够有效反映评估方案核心改善需求	能够有效体现三峡水库的特征问题	
城镇化	17	承载力超载率	3	3	3	9
	18	城镇居民人均污染物排放水平（COD、氨氮、TN、TP 为重点关注对象）	3	3	3	9
产业化	19	人均 GDP	3	2	3	8
	20	第三产业比重	3	2	2	7
	21	单位产值工业点源污染物排放水平（排放强度，COD、氨氮、TN、TP 为重点关注对象）	3	3	3	9
土地开发利用	22	人均耕地面积	3	2	3	8
	23	单位流域面积/水体体积的污染物（COD、TN、TP）入库负荷	3	3	3	9
	24	农村化肥施用强度	3	2	2	7
	25	化肥农药流失率	3	2	2	7
	26	泥沙输移比	3	1	2	6
	27	畜禽养殖污染排泄系数	3	2	2	7
	28	港口吞吐量及单位污染物排放水平	3	2	3	8
	29	森林覆盖率	3	3	2	8
	30	土壤侵蚀模数	3	2	3	8
	31	≥25°坡耕地比例	3	2	3	8
	32	物种入侵程度	3	2	1	6
	33	土地利用开发动态度	3	3	3	9
	34	敏感土地类型的面积比例	3	3	3	9
	35	发生不利转移的土地面积比例	3	3	3	9
	36	消落带开发强度/开发利用比例	3	3	3	9
受体水环境质量	37	水力停留时间	3	2	3	8
	38	水质指标浓度水平（24 项常规指标）	3	3	3	9

续表

评估目标方案	序号	备选指标	指标指示性/分			综合评价/分
			能够较准确表征评估方案相关问题	能够有效反映评估方案核心改善需求	能够有效体现三峡水库的特征问题	
受体水环境质量	39	水质变幅（COD、氨氮、TN、TP 为重点关注对象）	3	3	3	9
	40	水质指数	3	3	3	9
	41	断面水质达标率	3	3	3	9
	42	底质污染状况	3	2	1	6
	43	有毒有机污染状况	3	2	1	6
	44	水体透明度	3	3	3	9
	45	叶绿素 a 浓度	3	3	3	9
	46	营养状态指数	3	3	3	9
	47	水生生物群落构成（浮游生物/底栖动物/沉水挺水植物/数量、种类组成、生物量、密度）	3	3	3	9
	48	细菌总数	2	2	1	5
	49	生物多样性指数	3	3	3	9
	50	生态健康综合指数	3	3	3	9
	51	饮用水源地水质达标率（常规指标、特征指标或 109 项全指标）	3	3	3	9
	52	水华发生情况（发生次数、持续时间、面积、Chla 最大浓度）	3	3	3	9

注：评分值中 3 分为较好，2 分为中等，1 分为较差。

根据比选结果，作者认为综合评分值为 9 分的备选指标对表格中列出的 3 类关注要点均能有效予以指示，将其作为进一步开展指标数据可得性分析、数据可比性分析的推荐指标。

b. 数据可得性

数据可得性要求该指标的数据信息能够获得，指标值可以确定。一般研究数据主要来自相关项目开展的水环境现场调查、资料收集。除调查数据外，部分资料和信息可以由公开出版物、发表文献获得，部分不足的监测数据由相关环境质量公报等补充。

c. 指标可比性

指标可比性要求该指标有明确的内涵和可度量性，具有空间区域上和时间上的可比性。指标具有较为明确的内涵，可以计算度量，并能够在空间上、时间上进行对比。

d. 数学评估方法对指标的优选

本书的评估模型主要采用压力源-受体模型推荐的加权算术平均值法、加权几何平均值法。在该类评估模型计算过程中，需要确定各个指标的评估标准和标准的级别划分，进而进行指标的归一化计算。据此，数学方法对评估指标的优选分析，主要考虑是否能够较好地获取该指标的评估标准，以及较好地完成指标的定量化和归一化计算。

e. 优先关注问题对指标的优选

优先关注问题对指标的优选示例见表 5-12。与指标指示性、数据可得性、数据可比性、数学方法适应性的筛选淘汰性质不同，优先关注问题的优选指标需要尽可能地被纳入指标体系，但指标体系可以涵盖和多于优先关注问题优选指标。

表 5-12　水库水质安全综合评估备选指标二次比选

评估目标方案	序号	备选指标	指标指示性/分			综合评价/分
			能够较准确表征评估方案相关问题	能够有效反映评估方案核心改善需求	能够有效体现三峡水库的特征问题	
上游来水	1	入库水质类别	3	3	3	9
城镇化	2	城镇居民人均污染物排放水平（COD、氨氮、TN、TP 为重点关注对象）	3	3	3	9
产业化	3	单位产值工业点源污染物排放水平（排放强度，COD、氨氮、TN、TP 为重点关注对象）	3	3	3	9
土地开发利用	4	土地利用开发动态度	3	3	3	9
	5	敏感土地类型的面积比例	3	3	3	9
	6	发生不利转移的土地面积比例	3	3	3	9
受体水环境质量	7	水质指标浓度水平（24 项常规指标）	3	3	3	9
	8	水质变幅（COD、氨氮、TN、TP 为重点关注对象）	3	3	3	9
	9	水体透明度	3	3	3	9
	10	叶绿素 a 浓度	3	3	3	9
	11	营养状态指数	3	3	3	9
	12	水质指数	3	3	3	9

f. 指标独立性

根据备选指标二次比选结果，得到新一轮筛选的备选指标，将其作为指标独立性分析的基础指标库。

指标独立性要求各评估指标应相互独立、相关性小。独立性分析目前较多采用数理统计学上的相关性分析法，即基于各指标所获取的大量数据来进行相关系数计算，识别相关性。

考虑上述数理统计方法仅反映数字本身的相关性，并非反映数据因果关系原理的相关性。本轮筛选的备选指标已然较为精简，大量指标数据的计算获取较为复杂且难以较好匹配，据此，可主要采用指标内涵所反映的因果关系进行独立性分析。

着眼于独立性分析的水环境安全备选指标三次比选示例见表5-13。

表5-13　水库水质安全综合评估备选指标三次比选

评估目标方案	序号	备选指标	独立性分析
上游来水	1	入库水质类别	独立
城镇化	2	城镇居民人均污染物排放水平（COD、氨氮、TN、TP为重点关注对象）	独立
产业化	3	单位产值工业点源污染物排放水平（排放强度，COD、氨氮、TN、TP为重点关注对象）	独立
土地开发利用	4	土地利用开发动态度	4、5、6号指标相互有关联性，保留5、6号
	5	敏感土地类型的面积比例	
	6	发生不利转移的土地面积比例	
受体水环境质量	7	水质变幅（COD、氨氮、TN、TP为重点关注对象）	独立
	8	水质指标浓度水平（24项常规）	8、9、10、11、12号相互有关联性，保留12号
	9	水体透明度	
	10	叶绿素a浓度	
	11	营养状态指数	
	12	水质指数	

3）水库水质安全综合评估指标体系构建

本书所指的压力源主要包括上游来水、产业化、城镇化、土地开发利用4类压力，受体为水库水体。

指标体系按照目标层（A层）、方案层（B层）、因素层（C层）、指标层（D层）设置，其中，方案层、因素层是指标体系概念框架的核心；考虑库区流域与水库水体的高度关联性，从上游来水、产业化发展、城镇化发展和土地开发利用等压力源角度分析库区流域对库区受体的影响，从水质状态和趋势角度分析水库水质安全（表 5-14）。

表 5-14 基于压力源-受体状态水库生态安全评估指标体系

<table>
<tr><th>目标层</th><th>方案层</th><th>因素层</th><th>指标层</th></tr>
<tr><td rowspan="9">流域控制单元水质安全</td><td rowspan="7">库区压力源安全（SS）</td><td>上游来水压力</td><td>TP 浓度</td></tr>
<tr><td rowspan="2">产业化发展压力</td><td>工业 COD 排放强度</td></tr>
<tr><td>工业氨氮排放强度</td></tr>
<tr><td rowspan="2">城镇化发展压力</td><td>人均生活 COD 排放量</td></tr>
<tr><td>人均生活氨氮排放量</td></tr>
<tr><td rowspan="2">土地开发利用压力</td><td>敏感土地类型的面积比例</td></tr>
<tr><td>发生不利转移的土地面积比例</td></tr>
<tr><td rowspan="2">水体水质安全（RS）</td><td>状态安全</td><td>基准年水质指数</td></tr>
<tr><td>趋势安全</td><td>过去 5 年各水质指标年均变幅均值</td></tr>
</table>

考虑产业化发展压力和城镇化发展压力的指标相对较多，且几项指标间有关联，故简化两类压力源指标，选取直接与水环境相关的工业排放强度和城镇生活污水处理能力来代表产业化和城镇化发展压力。

3. 评估标准及级别划分

1）评估标准

水质指标评估标准采用国家相关水质标准《地表水环境质量标准》（GB 3838—2002），其他指标评估标准沿用本书第 4 章、第 5 章中压力源、耦合水质状态与趋势的水质安全评估方法的判定标准，其中土地开发压力指标根据库区尺度的判定标准进行评估。水库水质安全综合评估标准采用资料调研法，详见表 5-15。

表 5-15 水库水质安全综合评估标准

评估级别	内涵释义
100 分	水库上游来水稳定良好；库区流域产业化、城镇化、土地开发、水库调度压力小；库区水质状态较好、趋势稳定；总体上，水库水质安全状况较好
80 分	水库上游来水基本稳定良好；库区流域产业化、城镇化、土地开发、水库调度压力对水库水体产生直接干扰，但属于可接受范围；库区水质状态一般、趋势基本稳定；总体上，水库水质安全状况一般

续表

评估级别	内涵释义
60 分	水库上游来水水量不稳定或出现水质超标；库区流域产业化、城镇化、土地开发、水库调度压力对水库水体干扰较大；库区水质状况较差或有显著恶化趋势；总体上，水库水质不安全
40 分	水库上游来水水量锐减或出现水质严重超标；库区流域产业化、城镇化、土地开发、水库调度压力严重威胁水库水体；库区水质状况很差或有显著恶化趋势；总体上，水库水质很不安全

2）评估数学模式

经比较，本书采用较为成熟的层次分析法（analytic hierarchy process，AHP）进行评估。首先，对 D 层各指标按照评估标准进行评分。其次，采用层次分析法进行权重赋值，通过邀请专家两两比较构造判断矩阵，经相关数学公式处理计算，得到 C 层各评估因素相对于 A 层的权重。借鉴前述研究（第 4 章、第 5 章）中 C 层计算结果（包括一致性检验等），参考综合评估级别的划分进行赋分。最后，依据各因素分值、指标权重，计算水库水质安全综合指数（reservoir water quality security index，RWQI）（王丽婧，2011）。RWQI 的数学计算模式构建如下：

$$\text{RWQI} = \sum_{i=1}^{n} W_i \cdot F_i$$

式中，W_i 为第 i 个指标/因素相对于 A 层的权重；F_i 为第 i 个指标/因素的评分值。

3）级别划分

参考相关文献，作者提出压力源评估级别划分方法及各警示级别的含义。为便于综合性评估指数的计算，书中综合评估级别划分与前述单项评估一致，划分为 4 级，按照安全、一般、不安全、很不安全的类别予以设置，其内涵见表 5-16。

表 5-16　水库水质安全综合评估级别划分与内涵释义

安全状态	颜色表征	内涵释义
安全	蓝色	水库上游来水稳定良好；库区流域产业化、城镇化、土地开发压力小；库区水质状态较好、趋势稳定；总体上，水库水质安全状况较好
一般	黄色	水库上游来水基本稳定良好；库区流域产业化、城镇化、土地开发压力对水库水体产生直接干扰，但属于可接受范围；库区水质状态一般、趋势基本稳定；总体上，水库水质安全状况一般
不安全	橙色	水库上游来水水量不稳定或出现水质超标；库区流域产业化、城镇化、土地开发压力对水库水体干扰较大；库区水质状况较差或有显著恶化趋势；总体上，水库水质不安全
很不安全	红色	水库上游来水水量锐减或出现水质严重超标；库区流域产业化、城镇化、土地开发压力严重威胁水库水体；库区水质状况很差或有显著恶化趋势；总体上，水库水质很不安全

5.4.2　三峡水库案例分析

为支撑库区水环境管理，库区分为长江嘉陵江重庆市辖区控制单元、长江涪陵区万州区控制单元、长江云阳县巫山县控制单元、澎溪河开县控制单元及恩施州宜昌市控制单元 5 个控制单元。本书综合考虑库区控制单元及国控断面，以重庆辖区控制单元典型国控断面为代表，具体以寸滩、清溪场、晒网坝、培石为对象，开展三峡库区水质安全综合评估。其中，寸滩代表长江嘉陵江重庆市辖区控制单元，清溪场和晒网坝代表长江涪陵区万州区控制单元，培石代表长江云阳县巫山县控制单元，因澎溪河开县控制单元未在长江干流沿线，该控制单元未设典型断面。

1. 上游来水压力源

根据 4.2 节上游来水压力响应关系分析及预警评估研究，得到上游来水乌江、嘉陵江、长江干流上游对库区国控敏感目标断面的压力预警评估结果，见表 5-17。

表 5-17　上游来水 TP 压力评估结果

月份	乌江	长江干流上游	嘉陵江	寸滩	清溪场	晒网坝	培石
1 月	0.663	0.127	0.039	Ⅳ	Ⅱ		
2 月	0.739	0.147	0.04	Ⅲ	Ⅱ		
3 月	0.651	0.147	0.048	Ⅲ	Ⅱ		
4 月	0.704	0.147	0.036	Ⅲ	Ⅱ		
5 月	0.21	0.133	0.057	Ⅲ	Ⅳ	Ⅳ	
6 月	0.312	0.113	0.111	Ⅳ	Ⅳ	Ⅳ	—
7 月	0.367	0.12	0.148	Ⅳ	Ⅳ	Ⅳ	
8 月	0.329	0.123	0.121	Ⅳ	Ⅳ	Ⅳ	
9 月	0.268	0.133	0.107	Ⅲ	Ⅳ	Ⅳ	
10 月	0.155	0.133	0.108	Ⅲ	Ⅳ	Ⅳ	
11 月	0.158	0.15	0.103	Ⅲ	Ⅳ		
12 月	0.158	0.147	0.096	Ⅲ	Ⅳ		
年度				Ⅲ	Ⅱ	Ⅳ	

据上游来水对库区的响应关系分析得知，上游三江河流对库区的影响与上游压力源的波动性和压力源对受体影响的有效性相关。库区干流培石断面位于库尾

部分，距上游压力源100余公里，从压力影响有效性角度来看，上游压力源对该断面影响甚微，故不针对该断面做预警评估。另外，上游来水压力源对库区的影响与水库调度引起的水动力变化有密切的关系，故而评估标准设立高水位、低水位不同时段的标准，最后以“最严”标准，选择评估级别最高的视作年度预警评估结果。

根据上述评估结果可知，基准年上游来水TP对寸滩断面的压力为Ⅲ级，对清溪场断面的压力为Ⅱ级，对晒网坝断面的压力为Ⅳ级。

2. 产业化压力源

根据统计年鉴等相关资料得到库区各区（县）的工业总产值和工业废水排放量，从而得到产业化压力源指标信息。以寸滩（江北）、清溪场（涪陵）、晒网坝（万州）、培石（巫山）等断面所在区（县）为界，进行分区段统计，结果如表5-18所示。

表5-18 产业化压力评估指标情况

指标	寸滩	清溪场	晒网坝	培石
COD排放强度/（t/万元）	2.36	12.76	14.26	11.87
氨氮排放强度/（t/万元）	0.17	0.69	1.55	0.32

3. 城镇化压力源

根据统计年鉴等相关资料得到库区各区（县）的城镇人口、城镇生活污水排放量，从而获取人均生活污水排放量。以寸滩（江北）、清溪场（涪陵）、晒网坝（万州）、培石（巫山）等断面所在区（县）为界，进行分区段统计，结果如表5-19所示。

表5-19 城镇化压力评估指标情况

指标	寸滩	清溪场	晒网坝	培石
COD人均生活污水排放量/（kg/人）	7.28	12.86	16.02	7.28
氨氮人均生活污水排放量/（kg/人）	0.02	0.02	0.01	0.02

4. 土地开发压力综合评估结果

利用ArcToolbox中水文分析工具，经过填洼、河网链接分级等步骤，将库区划分为足够数量的集水区。再结合数字高程模型（digital elevation model，DEM）

地形信息和筛选出的主要河流分布，将所得的细密集水区融合为库区河段进行分区，分为寸滩段、清溪场段、晒网坝段和培石段。

根据 5.5 节分析，库区敏感土地利用类型为耕地（旱地、水田）与人工表面（城镇、农村居民点和交通、工矿用地），不利转移方向仍为林地—草地、林地—水田、林地—旱地、林地—人工表面、草地—水田、草地—旱地、草地—人工表面、水田—旱地、水田—人工表面、旱地—人工表面，共计 10 种转移类型。分析结果如表 5-20 所示。

表 5-20　土地开发压力评估指标情况

指标	寸滩	清溪场	晒网坝	培石
敏感土地类型的面积比例/%	42.01	35.41	34.32	20.25
发生不利转移的土地面积比例/%	3.63	2.53	1.53	0.49

从敏感土地利用类型面积比例角度分析，2010 年库区敏感土地利用类型面积占区域总面积比例最大的单元是寸滩段（42.01%），清溪场段（35.41%）与晒网坝段（34.32%）其次，培石段（20.25%）最小。

从土地覆盖发生各类不利转变总面积的角度分析，清溪场段（233.09km^2）发生不利转移的面积最多，寸滩段（222.44 km^2）其次，分别占库区不利转移总面积的 3.63%和 2.53%。

5. 耦合水质状态与趋势压力评估结果

根据 5.2 节和 5.3 节研究分析结果，得到基准年 CCME WQI 和各断面 5 年内水质变化幅度，如表 5-21 所示。

表 5-21　耦合水质状态与趋势压力评估指标情况

指标	寸滩	清溪场	晒网坝	培石
CCME WQI	91.92	94.91	91.92	91.61
5 年内变化幅度/%	−0.85	3.15	−0.40	−0.88

从结果可知，清溪场基准年水质指数最高（94.91），但 5 年变化幅度也最大（3.15%），水质有恶化态势。其他断面水质指数均在 91 左右，变化幅度均为负数，表明水质呈逐渐好转态势。

6. 综合评估权重

三峡库区水质安全预警评估指标权重赋值结果及水质安全综合评估结果见

表 5-22 及表 5-23。根据评估结果可知，三峡库区寸滩断面 RWQI 为 81.8，清溪场断面 RWQI 为 76.2，晒网坝断面 RWQI 为 83.6，培石断面 RWQI 为 89.6，除清溪场断面水质安全综合评估结果为一般外，其他断面水质安全状态均为安全，导致其状态为一般的主要因素为上游来水压力和该段多年平均水质波动较大。

表 5-22　三峡库区水质安全预警评估指标权重赋值结果

目标层	方案层	因素层	指标层	权重
水质安全	压力源安全	上游来水压力	TP 浓度	0.125
		产业化发展压力	工业 COD 排放强度	0.0625
			工业氨氮排放强度	0.0625
		城镇化发展压力	人均生活 COD 排放量	0.0625
			人均生活氨氮排放量	0.0625
		土地开发利用压力	敏感土地类型的面积比例	0.0625
			发生不利转移的土地面积比例	0.0625
	受体水质安全	状态安全	基准年 CCME WQI	0.25
		趋势安全	过去 5 年各水质指标年均变幅均值	0.25

表 5-23　三峡库区水质安全综合评估结果

断面名称	项目	安全（100）	一般（80）	不安全（60）	很不安全（40）
寸滩	RWQI	81.8			
	颜色表征	蓝色			
清溪场	RWQI		76.2		
	颜色表征		黄色		
晒网坝	RWQI	83.6			
	颜色表征	蓝色			
培石	RWQI	89.6			
	颜色表征	蓝色			

5.5　小　结

本章基于文献资料、调研数据分析，采用数学模型、数理统计方法等方式，从三峡水库水质安全出发，以水质“状态”和“趋势变化”为关注点，探索水库型流域基于水质超标状态的水质安全评估技术、耦合水质状态与趋势的水质安全评估技术，以及以年为时间尺度、控制单元为空间尺度的三峡库区水质安全综合评估技术，为三峡库区水环境管理提供支撑。

1. 基于水质超标状况的水质安全评估技术

参考加拿大环境保护局制定的水质指数，结合中国《地表水环境质量标准》（GB 3838—2002）建立基于水质超标状况的水质安全评估体系，综合未达标指标的数量（范围）、未达标指标的频次和超标的幅度 3 方面，提出 CCME WQI 框架，并提出评估等级和标准。

三峡库区多年水质监测数据的计算评估结果表明，2010～2013 年三峡水库三条入库河流及三峡库区平均水质处于良好级别。其中，2013 年库区市控断面鱼嘴断面评估结果为优，嘉陵江大溪沟断面评估结果为中，其他断面均为良。

2. 耦合水质状态与趋势的水质安全评估技术

该方法强调和突出水质安全在时间上的动态性和相对性；兼顾当前状态风险和趋势变化风险；通过评估对不利的状态或变化态势发出相应级别的警示，从而实现风险管理的目的。

该方法以耦合状态和趋势预警为目标，根据管理目标，确定受体的目标状态，评估受体的当前状态及受体的变化趋势幅度；根据需求对空间上不同断面的水质进行评估分析和展示。

本章基于基准年及多年水质数据，以 COD、氨氮和 TP 为关键指标进行库区干流水质状态和趋势变化评估，结果显示：库区干流断面水质状态均为安全；寸滩、培石断面 TP 浓度趋势变化为一般；培石和银杏坨断面氨氮浓度趋势变化状态为一般。总体来看，保持良好水质状态即良好水质的稳定性是水质安全的重要保障。以 COD_{Mn}、TN 和 TP 为关键指标对库区支流大宁河和澎溪河入河口及上游断面进行评估，COD_{Mn} 趋势变化在澎溪河木桥断面为一般，TP 浓度趋势变化在大宁河双龙断面为一般，大宁河、澎溪河 TN 浓度状态均为不安全。

3. 三峡库区水质安全综合评估技术

在第 4 章压力源评估技术的基础上，本书提出兼顾压力源-受体的水质安全综合评估方法。该技术可为长时期综合管理决策提供支撑，避免“就水质论水质”的局限，综合考虑压力源和受体两者的状况，以压力源、受体的不利状态来共同警示水质的安全状况。

该方法的压力源主要包括本书中所提及的上游来水、产业化、城镇化、土地开发利用 4 类，受体为水库水体。

以 2013 年为基准年的评估结果显示，寸滩断面、晒网坝断面和培石断面综合水质均为安全状态。清溪场断面属于一般状态，主要是因为上游来水压力和该段多年平均水质波动较大。

参 考 文 献

董雪旺. 2004. 镜泊湖风景名胜区生态安全评价研究. 国土与自然资源研究, 3(2): 74-76.
杜巧玲, 许学工, 刘文政. 2004. 黑河中下游绿洲生态安全评价. 生态学报, 24(9): 1915-1923.
郭树宏, 王菲凤, 张江山, 等. 2008. 基于 PSR 模型的福建山仔水库生态安全评价. 湖泊科学, 20(6): 814-818.
国家环境保护总局. 2002. 地表水环境质量标准(GB 3838—2002). 北京: 中国环境科学出版社.
何焰. 2004. 上海市水环境生态安全与评价研究. 上海: 华东师范大学.
刘勇, 刘友兆, 徐萍. 2004. 区域土地资源生态安全评价——以浙江嘉兴市为例. 资源科学, 26(3): 69-75.
王根绪, 钱鞠, 程国栋. 2001. 区域生态环境评价(REA)的方法与应用——以黑河流域为例. 兰州大学学报, 37(2): 131-140.
王丽婧. 2011. 三峡水库水生态安全评估研究. 北京: 北京师范大学.
王丽婧, 郑丙辉. 2010. 水库生态安全评估方法(I), IROW 框架. 湖泊科学, 22(2): 169-175.
魏兴萍. 2010. 基于 PSR 模型的三峡库区重庆段生态安全动态评价. 地理科学进展, 29(9): 1095-1099.
吴国庆. 2001. 区域农业可持续发展的生态安全及其评价研究. 自然资源学报, 16(3): 227-233.
谢花林, 李波. 2004. 城市生态安全评价指标体系与评价方法研究. 北京师范大学学报, 40(5): 705-710.
解雪峰, 吴涛, 肖翠, 等. 2014. 基于 PSR 模型的东阳江流域生态安全评价. 资源科学, 36(8): 1702-1711.
许妍, 高俊峰, 郭建科. 2013. 太湖流域生态风险评价. 生态学报, 33(9): 2896-2906.
许妍, 马明辉, 高俊峰. 2012. 流域生态风险评估方法研究——以太湖流域为例. 中国环境科学, 32(9): 1693-1701.
颜利, 王金坑, 黄浩, 等. 2008. 基于 PSR 框架模型的东溪流域生态系统健康评价. 资源科学, 30(1): 107-113.
杨冬梅, 任志远, 赵昕, 等. 2008. 生态脆弱区的生态安全评价——以榆林市为例. 干旱地区农业研究, 26(3): 226-231.
张军以, 苏维词, 张凤太. 2011. 基于 PSR 模型的三峡库区生态经济区土地生态安全评价. 中国环境科学, 31(6)：1039-1044.
张向晖, 高吉喜, 董伟, 等. 2008. 云南纵向岭谷区生态安全评价及影响因素分析. 北京科技大学学报, 30(1): 1-6.
张峥, 张建文, 李寅年, 等. 1999. 湿地生态评价指标体系. 农业环境保护, 18(6): 283-285.
郑丙辉, 王丽婧, 李虹, 等. 2014. 湖库生态安全调控技术框架研究. 湖泊科学, 26(2): 169-176.
周金星, 陈浩, 张怀清, 等. 2003. 首都圈多伦地区荒漠化生态安全评价. 中国水土保持科学, 1(1): 80-84.
周劲松, 吴顺泽, 逮元堂, 等. 2007. 水环境安全评估体系研究. 中国环境科学学会学术年会优秀论文集.

European Environment Agency. 1998. Europe’s Environment: The Second Assessment. Oxford: Elsevier Science Ltd.

Michel M, Laurence L, Philippe B, et al. 2007. Historical perspective of heavy metals contamination (Cd, Cr, Cu, Hg, Pb, Zn) in the Seine River basin(France) following a DPSIR approach (1950—2005). Science of the Total Environment, (375): 204-231.

OECD.2003. Environmental Indicators:Development Measurement and Use. Paris: OECD Publication.

Stephen C M, Callum M R, Lynda R D. 2007. Reef fisheries management in kenya: preliminary approach using the driver-pressure-state-impacts-response (DPSIR) scheme of indicators. Ocean and Coastal Management, (50): 463-480.

USEPA. 1998. Guidelines for Ecological Risk Assessment. Washington D C: USEPA.

USEPA. 1998. National Strategy for the Development of Regional Nutrient Criteria. Washington D C: USEPA.

USEPA. 2000. Nutrient Criteria Technical Guidance Manual : Lakes and Reservoirs. Washington D C: USEPA.

USEPA. 2001. Nutrient Criteria Technical Guidence Manual Esturaine and Coastal Marine Waters. Washington D C: USEPA.

6　水库型流域水质安全预警技术

6.1　技 术 思 路

本书旨在探索建立基于水库型流域特征的水质安全预警技术，以累积性水环境风险为关注对象，以模型为主要手段，研究面向不同预警需求的水库型流域水质安全预警技术。据此，本技术考虑分两个层面进行构建：①着眼于长时间尺度的水质退化风险宏观管理决策需求，建立基于压力-驱动效应的流域水质安全趋势预警技术方法；②着眼于短时间尺度的水质异常波动风险快速应对需求，建立基于受体敏感特征的流域水质安全状态响应预警技术。

对应于两个层面的预警技术，研发面向不同需求的预警模型、模拟变量设置、预警结果判定、预警指标识别与预警信号发出等技术（图 6-1）。

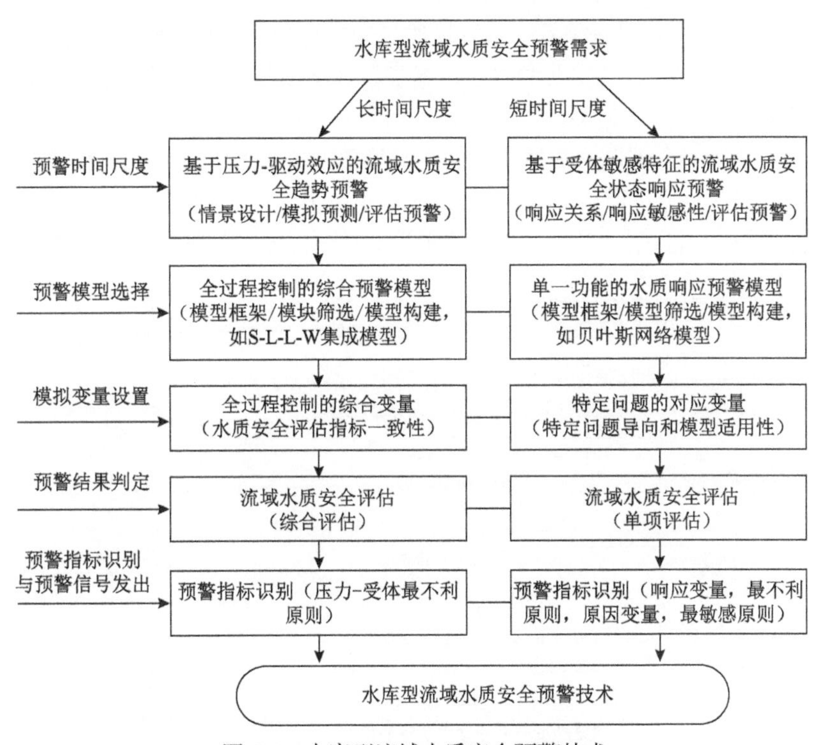

图 6-1　水库型流域水质安全预警技术

（1）针对长时间尺度预警需求的预警技术，强调长期趋势性预警，涉及多种组合压力源与受体之间的复杂作用关系，主要考虑用正向情景模拟预测预警方式来实现，一般需要建立基于全过程的预警综合模型。例如，采用“十一五”水专项研究期间提出的基于 SLLW（详见下节介绍）的水环境预警模型框架，遵循从流域到水体、源头—途径—汇的“过程预警”原则，对作用过程中的上述要素在模型中尽可能予以考虑，通过对各个关键要素的模拟，在集成的基础上建立流域-水体的响应关系，进而提供流域-水体的预测预警信息。

（2）针对短时间尺度预警需求的预警技术，强调短期响应预警，重点考虑单一或特定压力源与受体之间的作用关系，主要考虑反向响应敏感特征识别的短期预警，一般需要建立功能相对单一、计算快捷的预警模型，以便保证短期预警的目的实现。本章采用 BN 和多层感知机（muti-layer perception，MLP）两种神经网络方法，分别开展对水质和水华的水质安全响应预警研究。

6.2　基于压力驱动效应的流域水质安全趋势预警

6.2.1　综合预警模型框架

从流域-水体作用过程来看，水环境质量变化直接受点源、面源污染负荷排放的压力影响。点源污染负荷主要源自人口增长及经济增长双重驱动；非点源污染负荷与地表下垫面条件密切相关，主要受自然演变和流域城镇化、工业化驱动下的土地利用格局变化影响。据此，流域水质安全趋势预警模型需要至少涵盖 SLLW 的 4 个主要模块，即社会经济模块（social-economics part）、土地利用模块（land use part）、负荷排放模块（load part）及水动力水质模块（water quality part），模型框架见图 6-2。

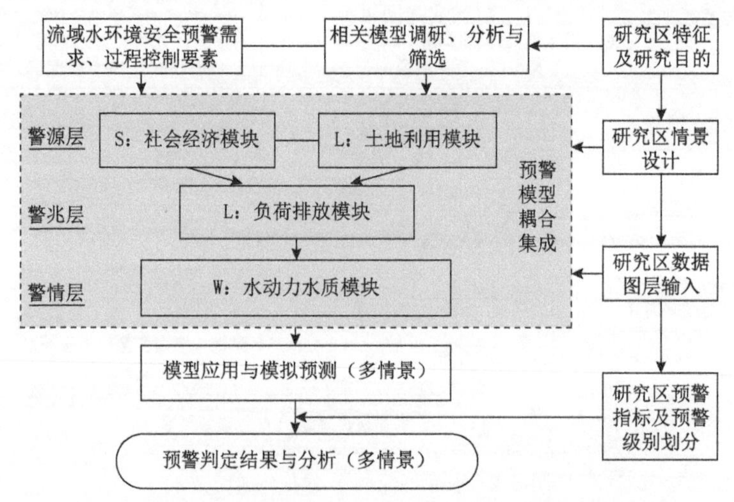

图 6-2　基于压力驱动效应的流域水质安全预警模型框架

模型框架的实施步骤如下：①根据模型适用范围、模拟优势、复杂程度、数据要求、应用成熟度与广泛度等关注要素，结合研究区实际需求，进行相关模型的调研、分析与筛选。②根据集成模型框架、单个模型模块功能定位、模型模块之间的数据信息对接和耦合关注要素进行模型的集成。③采用研究区环境基础数据，运用集成的模型对水环境进行模拟，并针对不同情景条件对未来各关键要素变化进行预测，支撑水环境过程预警。④确定研究区预警指标和预警级别划分，结合模拟预测结果，形成不同情景的预警判断，并提供警示信息。

1. 社会经济模块（S）

国内外社会经济模拟相关模型主要包括投入产出模型、多目标规划模型、灰色系统预测模型和系统动力学（system dynamics，SD）仿真模型。在综合分析、筛选的基础上，本书采用系统动力学仿真模型对流域社会经济情况进行模拟。其主要特点如下。

（1）可在宏观与微观层次上对复杂、多层次、多部门的大系统进行综合研究，研究对象主要是开放系统。

（2）是一种定性和定量相结合的仿真技术。

（3）在总体上是规范的，便于人们清晰地沟通思想，进行对存在问题的剖析与对政策实验的假设。

（4）便于实现建模人员、决策者和专家群众的三结合，便于汲取其他学科的精髓，从而为选择最优或满意的决策提供有力的依据。

SD 仿真模型的基本框架如图 6-3 所示。

构建 SD 仿真模型，首先要通过系统动力学的理论、原理和方法对研究对象进行分析。其次，对系统的结构进行分析，划分系统层次与子块，确定总体的与局部的反馈机制。然后，设计系统流程图，建立模型并进行模型的验证。最后，进行情景设计并通过对模拟仿真结果的对比选出最优方案。

SD 仿真模型动态模拟系统的内在结构可通过系统动力学建模软件——Vensim PLE（Ventana Simulation Environment Personal Learning Edition）来实现。系统动力学创建伊始，美国麻省理工学院的普夫依据系统动力学无限分割、以不变代变和递推的思想，设计了系统动力学专业仿真语言。最初的软件命名为 DYNAMOI。经过不断的发展、改进，到 20 世纪 80 年代有 Micro DYNAMO 和 PDPLUS。到 90 年代，随着 Windows 操作系统的普及，美国 Ventana 公司推出了在 Windows 操作平台下运行的系统动力学专业软件包 Vensim 软件。Vensim 软件是一个可视化的建模工具，使用该软件通常可以对系统动力学模型进行构思、模拟、分析和优化，并能够以文档和图表的形式输出。

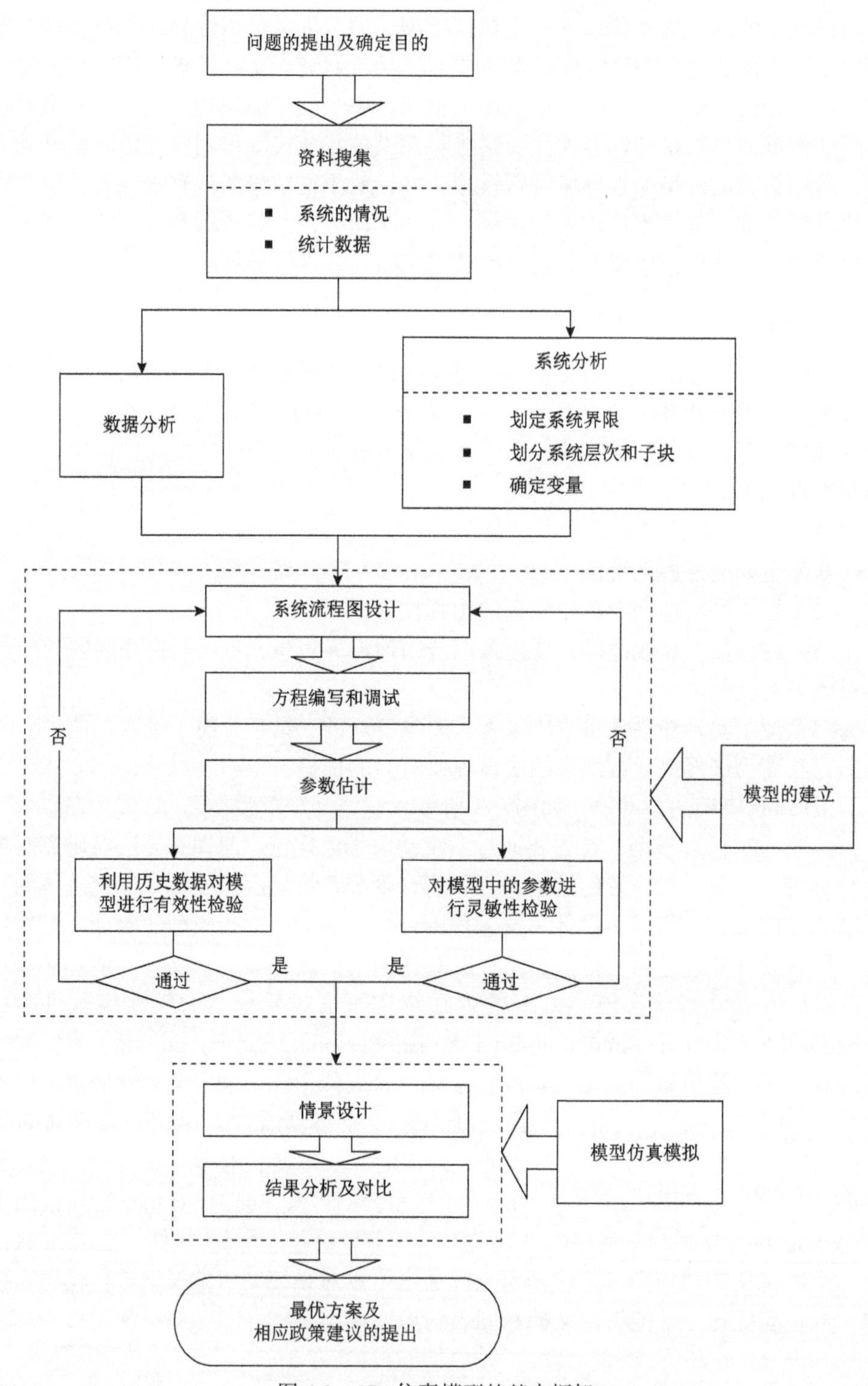

图 6-3 SD 仿真模型的基本框架

Vensim PLE 即 Vensim 系统动力学模拟环境个人学习版提供了用因果关系、流位、流率图建立仿真模型的简便方法，并建立了非常友好的操作界面。Vensim PLE 软件具有以下特点。

（1）该软件利用图示化编程建立模型，只需在模型建立窗口画出流图，再通过公式编辑器输入方程和参数，便可完成模型，模型建立和模拟极其快捷简便。其对于建立好的模型可以进行结构分析，包含两种形式，即任一变量的原因树的分析、结果树分析和反馈列表。对于建立好的模型，该软件可以对它进行原因图分析，得到所有作用于该变量的其他变量；还可以进行结果图分析，得到该变量作用的其他变量。该软件还可以进行反馈回路的分析，提供的反馈列表界面可以表明回路的个数和回路的因果链。

（2）提供数据集成分析功能。该软件可直接对模型进行编辑、编译、数据输入和数据集分析，仿真结果可以以数据和图形两种形式输出，提供丰富的输出信息和灵活的输出方式，输出信息均可共享。输出信息可以是流图、模型方程文档，运行结果和运行结果数据变量之间的关系能与 Office 等编辑文件兼容。

（3）提供真实性功能。可以在模型建立后，对于所研究的系统，依据常识和一些基本原则，提出对其正确性的基本要求，并作为真实性约束加到建好的模型中，模型在运行时可对这些约束的遵守情况自动记录和判别。由此可以判断模型的合理性和真实性，从而调整模型结构或者参数。

（4）变量可以在中文 Windows 下或中文之星下实现完全的模型汉化，模型流图、运行结果、分析结果均由中文表达。

2. 土地利用模块（L）

应用遥感技术对土地利用变化进行监测，并通过 GIS 技术和模型方法分析土地利用变化的格局与过程特征，以及对其未来发展态势进行多情景分析和模拟预测，以更好地理解土地利用变化的演变过程，并为水环境管理提供依据。目前已有多种土地利用变化预测和模拟模型得到发展与应用，如回归模型（Dionysios and Polyzos，2010）、马尔可夫（Markov）模型（López et al.，2001）、系统动力学模型（何春阳等，2005）、人工神经网络（artificial neural network，ANN）模型（Tayyebi et al.，2010； Mas et al.，2004；Pijanowski et al.，2002 ）、元胞自动机（cellular automata，CA）模型（Khalid et al.，2009）、多智能体模型等。美国克拉克大学（Clark University）在其开发的 IDRISI 软件中构建了 CA-Markov 模型，该模型综合了 CA 模型模拟复杂系统空间变化的能力和 Markov 模型长期预测的优势，既提高了土地利用类型转化的预测精度，又可以有效地模拟土地利用格局的空间变化，因而被广泛应用于土地利用变化研究中（胡雪丽等，2013；杨国清等，2007）。在综合分析、筛选的基础上，本书主要基于遥感（remote sensing，RS）和 GIS 技术进行历史时期土地利用变化过程的监测和分析，进而以 IDRISI

为主要软件平台，构建 MCE［多标准评价（multi-criteria evaluation，MCE）］-CA-Markov 复合模型对流域土地利用格局进行多情景分析和模拟。

其主要特点如下。

（1）CA-Markov 复合模型与 Markov 模型均可模拟土地利用变化，但 Markov 模型仅适合土地利用数量结构特征的预测，而 CA-Markov 复合模型则能够在预测的基础上对土地利用变化的格局与过程特征进行模拟。

（2）CA-Markov 复合模型主要通过修正简单多数模型的转化规则参数而获得，能够模拟复杂适应系统（complex adaptive systems），而简单多数模型则不能够模拟复杂适应系统。

（3）CA-Markov 复合模型的演化规则能够有效地模拟土地利用系统的演化过程，可反映土地利用类型元胞之间的自组织性，用相对简单的规则即可获得较为复杂的演化结果。

（4）CA-Markov 复合模型模拟土地利用空间变化，模拟结果中建筑用地相比其他土地利用类型，更具有明显的空间聚集效应，这与现实中的城市空间扩展相吻合。

（5）MCE-CA-Markov 复合模型通过 MCE 方法建立更加合理的土地类型转化适宜性图像集，从而显著优化和提升 CA-Markov 复合模型的空间模拟效果。MCE-CA-Markov 复合模型的基本框架如图 6-4 所示。

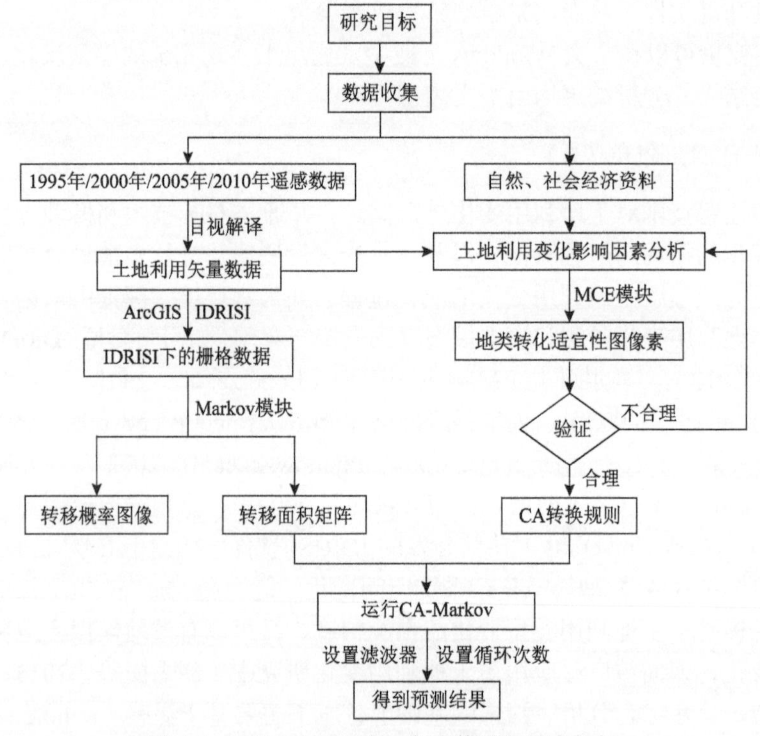

图 6-4　MCE-CA-Markov 复合模型的基本框架

1）土地利用分类系统

建立土地利用分类系统是开展土地利用变化研究的前提和基础。我国的土地利用分类系统最早出现在 20 世纪 70 年代，中国科学院按照中国土地利用类型的形成和发展的特点，将中国土地利用分为 10 个一级类型、42 个二级类型和 35 个三级类型，制成了 1∶100 万中国土地利用图。在此基础上，中国科学院提出了“中国土地利用遥感监测分类系统”，并建立了多时相的 1∶10 万国家基本资源与环境本底和动态遥感调查数据库（刘纪远，2005；刘纪远等，2003）。“中国土地利用遥感监测分类系统”将中国土地利用/土地覆盖划分为 6 个一级类型和 25 个二级类型（表 6-1），其优点是考虑了遥感信息获取土地利用/土地覆盖信息的特点，分类系统简单，符合国家对土地资源基本数据及动态监测的需求，并按照土地资源的性质与特点进行分类。参照“中国土地利用遥感监测分类系统”，结合澎溪河流域实际情况，本书制定了一个由 7 个一级类型和 15 个二级类型组成的土地利用分类系统，见表 6-1。

表 6-1 土地利用遥感监测分类系统

一级类型		二级类型		合并后类型（本书的一级类）	
编号	名称	编号	名称	编号	名称
1	耕地	11	水田	1	水田
		12	旱地	2	旱地
2	林地	21	有林地	3	林地
		22	灌木林		
		23	疏林地		
		24	其他林地		
3	草地	31	高覆盖度草地	4	草地
		32	中覆盖度草地		
		33	低覆盖度草地		
4	水域	41	河渠	5	水域
		43	水库、坑塘		
		46	滩地		
5	城乡、工矿、居民用地	51	城镇用地	6	建设用地
		52	农村居民用地		
6	未利用土地	66	裸岩、石砾地	7	未利用地

2）土地利用变化遥感监测

基于上述由 7 个一级类型组成的土地利用遥感分类系统，将 Landsat、SPOT 等卫星影像数据相结合，并参照 DEM 等数据资源，对多源、多时相卫星影像进行几何精纠正、假彩色合成等处理，进而在 ArcGIS 软件中通过目视解译的技术途径及变化区域图斑动态更新的方法，获得示范区 1995 年、2000 年、2005 年和 2010 年共 4 个年份的土地利用分布图。在此基础上，进行土地利用变化特征分析及未来时期变化态势多情景分析、预测及模拟研究。

3）指数模型方法

土地利用动态度可用来表示研究区某一特定时间范围内土地利用的数量变化情况，包括单一土地利用动态度和综合土地利用动态度，其公式如下（朱会义和李秀彬，2003；王思远，2002）：

$$K=\frac{U_b-U_a}{U_a}\times\frac{1}{T}\times100\% \tag{6-1}$$

$$\mathrm{LC}=\left(\sum_{i=1}^{n}\Delta\mathrm{LU}_{i-j}/2\sum_{i=1}^{n}\mathrm{LU}_i\right)\cdot\frac{1}{T}\times100\% \tag{6-2}$$

式中，U_a 和 U_b 分别为土地利用类型初期和末期的面积；LU_i 为初期 i 类土地利用类型的面积；$\Delta\mathrm{LU}_{i-j}$ 为时段内 i 类土地利用类型变为非 i 类（j 类，j=1，2，…，n）土地利用类型的面积；T 为研究时段长；K 为研究时段内某单一土地利用类型的动态度；LC 为综合土地利用动态度。

4）马尔可夫模型

马尔可夫模型是基于马尔可夫过程理论而形成的预测事件发生概率的一种方法（杨国清等，2007）。马尔可夫过程是一个具有“无后效性”的特殊的随机过程，这个随机过程的最大特点是：系统在 t+1 时刻的状态只与 t 时刻的状态有关，而与以前的状态无关。这一特点决定了其非常适用于土地利用变化的分析和预测。首先，土地现在的利用方式只与它上一时刻的利用方式有关，由上一时刻变化转移过来。其次，土地利用方式确定后在一定时期内是相对稳定的。

在土地利用变化研究中，土地利用类型对应马尔可夫过程中的“可能状态”，而土地利用类型之间相互转换的面积数量比例即状态转移概率，对土地利用变化进行预测的公式为

$$S_{t+1}=\boldsymbol{P}\cdot S_t \tag{6-3}$$

式中，S_t、S_{t+1} 分别为 t、t+1 时刻的系统状态；$\boldsymbol{P}$ 为状态转移概率矩阵，可由下式表示：

$$\boldsymbol{P}=\begin{pmatrix} P_{11} & P_{12} & \cdots & P_{1j} \\ P_{21} & P_{22} & \cdots & P_{2j} \\ \vdots & \vdots & & \vdots \\ P_{i1} & P_{i2} & \cdots & P_{ij} \end{pmatrix} \quad 0\leqslant P_{ij}\leqslant 1 \text{且} \sum_{j=1}^{n} P_{ij}=1 \quad (i,j=1,2,3,\cdots,n) \tag{6-4}$$

式中，n 为土地利用类型数目；P_{ij} 为预测对象由第 t 时刻状态 i 转向第 t+1 时刻状态 j 的转移概率。

5）CA 模型

CA 模型是具有时空计算特征的动力学模型，其特点是时间、空间、状态都离散，每个变量都只有有限多个状态，而且状态改变的规则在时间和空间上均表现为局部特征。CA 模型最基本的组成是元胞、元胞空间、邻居及规则四部分。简单地讲，可以视 CA 模型由一个元胞空间和定义于该空间的变换函数所组成，可用如下模型表示（黎夏和叶嘉安，2005）：

$$S_{t+1}=f(S_t,N) \tag{6-5}$$

式中，S 为元胞有限、离散的状态集合；N 为元胞的邻域；t、t+1 为不同的时刻；f 为局部空间元胞状态的转化规则。

6）多标准评价方法

MCE 是评价与集中许多标准的通用方法，其主要目的是在众多标准或相互矛盾的客观实际选择中确定一种折中方案（王库等，2009）。布尔方法、非布尔标准化方法和顺序加权平均方法是三种较常用的 MCE 方法，其中，非布尔标准化方法将因子标准化为 0（最不适宜）～255（最适宜）的连续适宜性拉伸值，并采用加权线性合并（weighted linear combination）的方法合并各因子。该方法不仅可以保持连续因子的可变性，还可以用一个因子替代其他因子，各个因子之间如何替代或弥补是由一系列的因子权重决定的，因子权重显示每个因子的相对重要性。

7）MCE-CA-Markov 耦合模型

Markov 模型与 CA 模型均为时间离散、状态离散的动力学模型。Markov 模型支持土地利用变化的数量预测，而无空间特征；CA 模型则具有较强的空间概念和模拟复杂空间系统时空动态演变的能力。MCE 方法可用来完成 CA 转换规则的定义。本书利用 IDRISI 软件中的 MCE 模块和 CA-Markov 模块，形成 MCE-CA-Markov 耦合模型，进行土地利用情景模拟，具体过程如下。

（1）转移概率矩阵和转移面积矩阵。转移概率矩阵反映各土地利用类型转化为其他类型的概率；转移面积矩阵反映在下一个时期，各土地利用类型转化为其他土地利用类型的预期栅格单元数目。基于 Markov 模型，叠加 2005 年和 2010 年的土地利用图得到两个矩阵。

（2）CA 转换规则，即每一元胞各种可能状态发生变化的难易程度，是 CA 模型的核心。对任意土地单元而言，不同土地利用类型之间的转化方向和数量与地理位置、自然条件及交通状况等因素有关，其相关程度决定了内在适宜性的大小。可通过 MCE 模块创建土地转变适宜性图像集作为 CA 转换规则，定义元胞状态变化的能力。

（3）CA 滤波器。CA 滤波器用于创建具有显著空间意义的权重因子。元胞的状态改变由该权重因子以及相邻的栅格单元确定。本书将每个元胞周围 5×5 的元胞矩阵作为其邻域元胞，构成 5×5 的滤波器。

（4）模拟运算。以某一年份（如 2010 年）土地利用分布图作为预测和模拟的起始年，CA 迭代次数分别设置为 5、10，经过模拟得到 2015 年和 2020 年两个目标预测年份的土地利用空间格局数据。

3. 负荷排放模块（L）

目前，面源污染相关模型主要包括 SWMM 模型、STORM 模型、CREAMS 模型、GLEAMS 模型、HSPF 模型、ANSWERS 模型、AGNPS 模型、AnnAGNPS 模型及 SWAT（soil and water assessment tool）模型等。

在综合分析筛选的基础上，本书推荐采用 SWAT 模型对流域面源污染情况进行模拟，其主要特点如下。

（1）考虑了汇流汇沙过程，并结合 GIS 开发水土保持模块，使应用更加便利。

（2）其自带的天气发生器可用于解决部分数据的缺失问题。

（3）其划分水文响应单元（HRUs）的方法比较科学，模拟值与实测值拟合效果好。

（4）模型源代码公开且能够免费下载，便于推广和改进，是目前应用较为广泛的非点源模型之一，被并入 BASINS 系统。

（5）不适用于单一事件的洪水过程模拟，在应用时需要对模型数据库部分进行修改。

SWAT 模型的主要步骤包括以下四部分，技术路线如图 6-5 所示。

（1）SWAT 模型数据库的建立。模型需要的基础数据包括数字高程图、土地利用图、土壤图、土壤属性数据、气象数据、径流数据和相关自然地理资料。根据模型的要求，应用 ArcGIS、SPAW、Excel 等软件进行模型数据生成、数据格式转换（.DBF）及模型参数生成。

（2）SWAT 模型数据处理。数据处理主要分为地形数据处理、土地利用对应分类、土地类型对应分类、气象数据处理及农业管理数据处理五方面内容。

（3）水量模拟计算。水量模拟计算主要应用美国农业部水土保持局（Soil Conservation Service，SCS）在 1954 年开发的 SCS 径流曲线方程及通用土壤流失方程（universal soil loss equation，USLE）。

（4）水质模拟计算。在SWAT模型中，采用QUAL-II模型对氮磷循环进行分析求解。

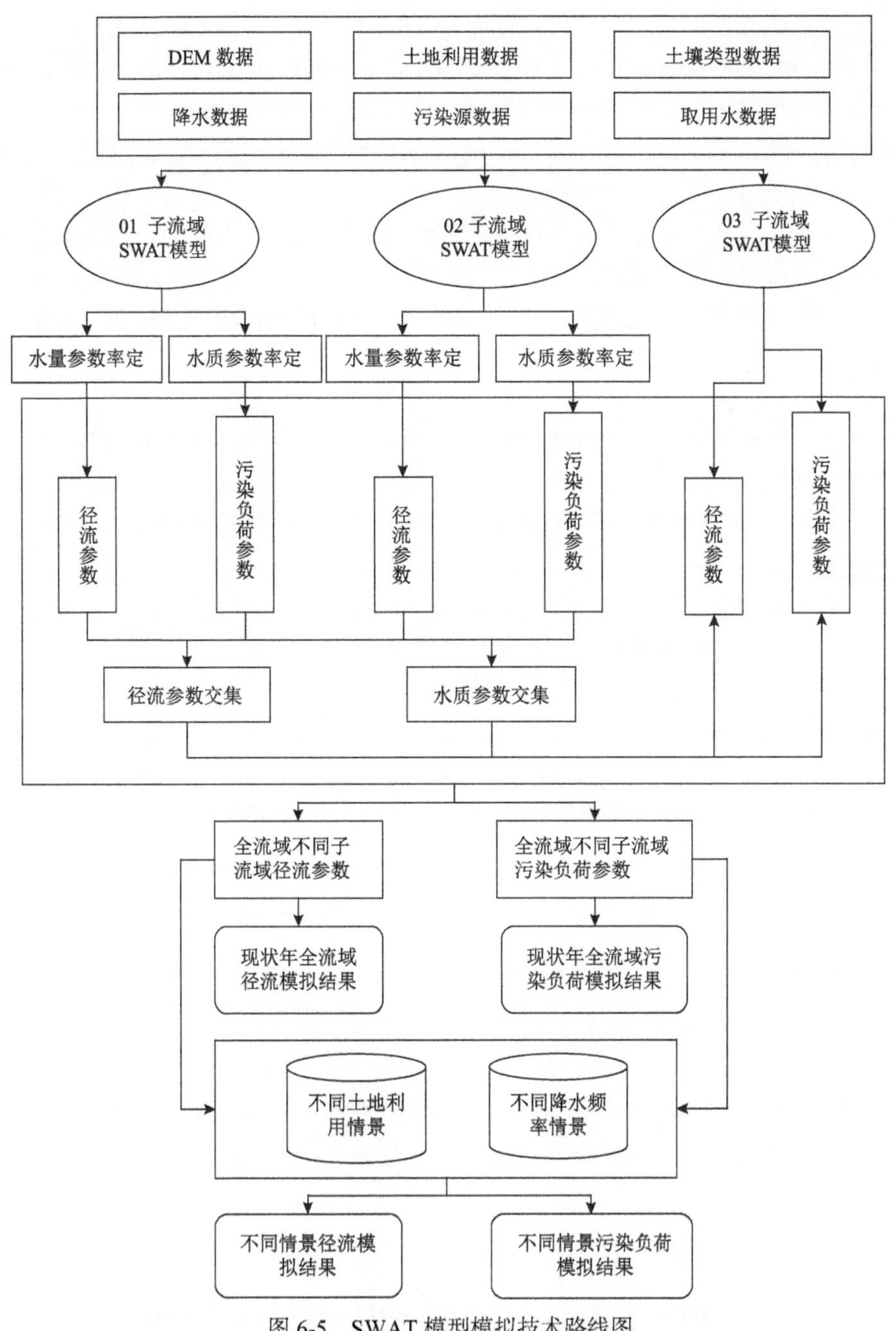

图 6-5 SWAT 模型模拟技术路线图

4. 水动力水质模块（W）

1）模型选择

目前，国外水动力水质模型主要包括 QUAL2K 模型、EFDC（environmental fluid dynamics computer code）模型、WASP（water quality analysis simulation program）模型、DHI-MIKE 系列模拟平台、GenScn（generation and analysis of model simulation scenarios）平台、MMS（modular modeling system）平台及 BASINS（better assessment science integrating point and non-point sources）平台等。在对多种模型进行综合对比分析的基础上，为实现对流域及河道水动力水质的模拟，本书最终采用 EFDC 模型，其主要特点如下。

（1）EFDC模型具有极强的问题适应能力，根据需要可以用于一维、二维和三维水环境问题的模拟。

（2）EFDC 模型源代码完全公开，适合进行二次开发，水动力和沉积物模块的技术成熟，并且内嵌了 WASP 等知名水质模型，可实现对水质中多达 21 个状态变量开展模拟。

（3）EFDC模型的程序语言为Fortran，运算效率高，计算速度较快，程序容错能力较强。

（4）基于EFDC模型开发的Explorer用户界面友好，操作简单，可实现对输出数据的动态展示、断面数据提取及统计分析等功能。

2）模型基本原理

a. 水动力模型控制方程

水动力学方程采用垂向静压假定，在水平方向上采用曲线正交坐标系，垂直方向上采用 σ 坐标变换，沿重力方向分层，求解三维紊动黏性方程、水平边界拟合正交曲线坐标系和垂向 σ 坐标系下控制方程。

动量方程：

$$\begin{aligned}&\partial_t(mHu)+\partial_x(m_yHuu)+\partial_y(m_xHvu)+\partial_z(mwu)-(mf+v\partial_x m_y-u\partial_y m_x)Hv\\&=-m_yH\partial_x(g\delta+p)-m_y(\partial_x h-z\partial_x H)\partial_z p+\partial_z(mH^{-1}A_v\partial_x u)+Q_u\end{aligned}\tag{6-6}$$

$$\begin{aligned}&\partial_t(mHv)+\partial_x(m_yHuv)+\partial_y(m_xHvv)+\partial_z(mwv)+(mf+v\partial_x m_y-u\partial_y m_x)Hu\\&=-m_xH\partial_x(g\delta+p)-m_x(\partial_y h-z\partial_y H)\partial_z p+\partial_z(mH^{-1}A_v\partial_z v)+Q_v\end{aligned}\tag{6-7}$$

连续性方程：

$$\partial_t(m\delta)+\partial_x\left(m_yH\int_0^1 u\mathrm{d}z\right)+\partial_y\left(m_xH\int_0^1 v\mathrm{d}z\right)+\partial_z(mw)=0\tag{6-8}$$

压强、密度、温盐状态方程：

$$\partial_z p=-gH(\rho-\rho_0)\rho_0^{-1}=-gHb \tag{6-9}$$

$$\rho=\rho(p,S,T) \tag{6-10}$$

$$(mHS)+\partial_x(m_y HuS)+\partial_y(m_x HvS)+\partial_z(mwS)=\partial_z(mH^{-1}A_b\partial_z S)+Q_S \tag{6-11}$$

$$\partial_t(mHT)+\partial_x(m_y HuT)+\partial_y(m_x HvT)+\partial_z(mwT)=\partial_z(mH^{-1}A_b\partial_z T)+Q_T \tag{6-12}$$

物质输运方程：

$$\partial_t C+\partial_x(uC)+\partial_y(vC)+\partial_z(wC)=\partial_x(K_x\partial_x C)+\partial_y(K_y\partial_y C)+\partial_z(K_z\partial_z C)+S_C \tag{6-13}$$

上述式（6-6）～式（6-13）中，t 为时间；x、y 为正交曲线坐标；u、v、w 分别为 x、y、z 三个方向的流速；m_x、m_y 为坐标变化张量（分别为度量张量对角元素的平方根）；m 为度量张量行列式的平方根，$m=m_x m_y$；f 为科氏系数；δ 为水位；h 为河床高程；H 为水深，且 $H=h+\delta$；ρ 为密度；S 为盐度；T 为水温；p 为压力；A_v 和 A_b 分别为垂向紊动黏性系数和扩散系数；Q_u 和 Q_v 为动量方程的源汇项（包括水平扩散项等）；Q_S 和 Q_T 项分别为盐度和水温的外部源汇项；b 为参考密度的偏移值；C 为污染物浓度；K_x、K_y、K_z 分别为 x、y、z 方向的紊动扩散系数；S_C 为源汇项；g 为重力加速度。联立式（6-6）～式（6-13），可以解出 u、v、w、p、S、T 和 δ 等变量。

b. 水质过程的控制方程

$$\begin{aligned}&\partial_t(m_x m_y HC)+\partial_x(m_y HuC)+\partial_y(m_x HvC)+\partial z(m_x m_y wC)\\&=\partial_x\left(\frac{m_y}{m_x}HK_H\partial_x C\right)+\partial_y\left(\frac{m_x}{m_y}HK_H\partial_y C\right)+\partial z\left(m_x m_y\frac{K_V}{H}\partial zC\right)+S_c\end{aligned} \tag{6-14}$$

式中，C为水质状态变量浓度；u、v、w分别为x、y、z方向的速度分量；K_V和K_H分别为垂向和水平的紊动扩散系数；S_c为每单元梯级内部与外部的源和汇；H、m_x、m_y含义同上。

3）EFDC 模型构建的技术路线及基本步骤

EFDC 模型的构建及应用技术路线主要包含模型前处理、模型率定验证、水动力水质模拟预测三部分。其中，前处理主要是在确定研究范围的基础上，基于 DEM 数据及地形三点数据等，开展河道内的基本网格划分和地形生成等工作。模型的率定验证主要是利用已有的污染负荷数据、水文水质数据，对模型参数进行率定，并对模型的精度进行验证，保证模型具有一定的可靠性。根据不同情景下的水动力情况和污染负荷水平，模拟得出对应的水动力水质结果。相关技术路线见图 6-6。

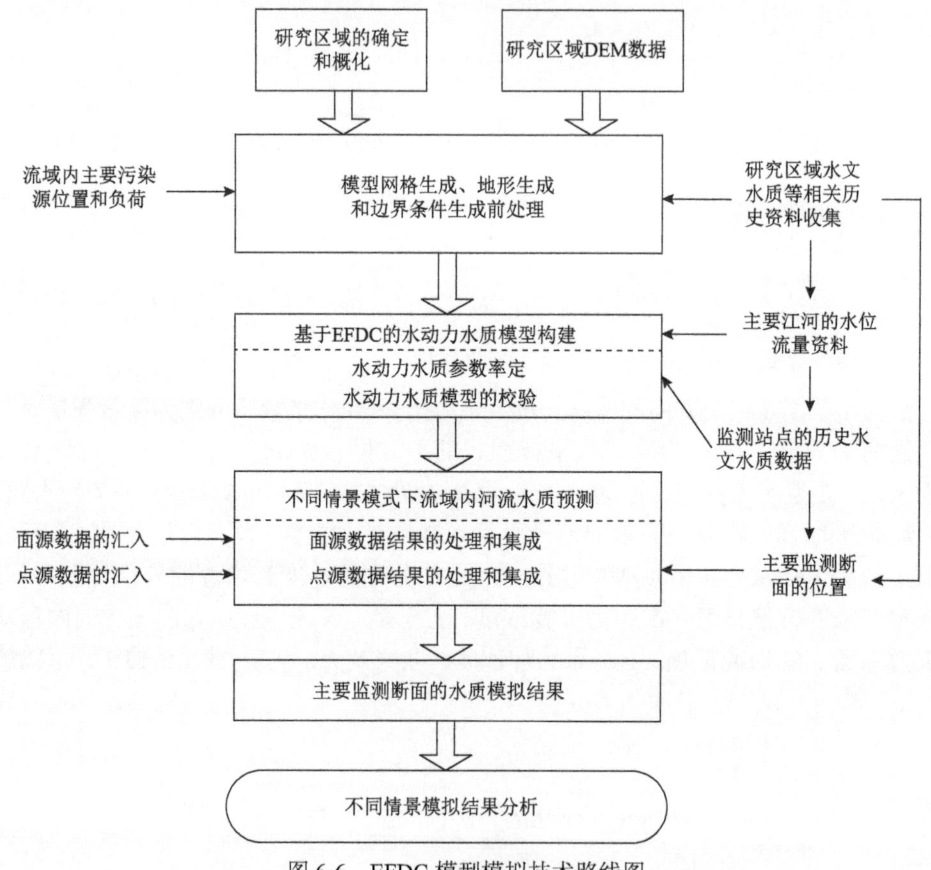

图 6-6　EFDC 模型模拟技术路线图

按照以上技术路线，基于 EFDC-Explorer 简要介绍其实现的具体步骤。

a. 网格划分和导入

EFDC 模型在垂向采用 σ 坐标系或者广义垂直坐标系（generalized vertical coordinate，GVC）。在水平方向剖分模拟区域计算网格时，可以用正方形或矩形网格，但对岸线复杂的水域最好用曲线正交网格，如图 6-7 所示。剖分网格的工具可以用 GEFDC，也可以用如 DELFT3D、SeaGrid 等其他第三方软件辅助生成网格，其中，用 DELFT3D 作的曲线正交网格比较简单，网格质量也较好。

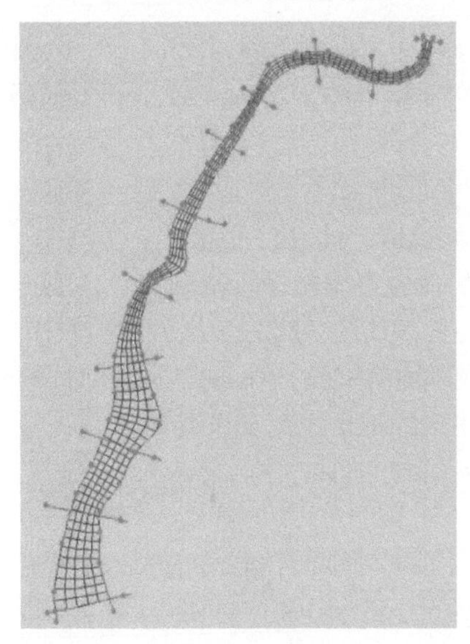

图 6-7　采用 DELFT3D 生成的正交网格

EFDC 模型开发了类似 Windows 界面的良好前后处理软件 EFDC_ Explorer（EE）。EE 是基于 Windows™的预处理程序和后处理程序开发的三维环境流体动力学程序（EFDC），最初由 John Hamrick 设计形成。

在 DELFT3D 中将生成的网格保存为*. GRD 网格文件。通过 EFDC_Explorer 的生成模型工具，在 Import Gird 选项中选择 Delft RGFGrid，导入生成网格文件，同时导入一个参数设置文件 efdc.inp，如图 6-8 所示，按下 Generate 按钮进行 EFDC 模型可用网格文件和参数文件的生成。

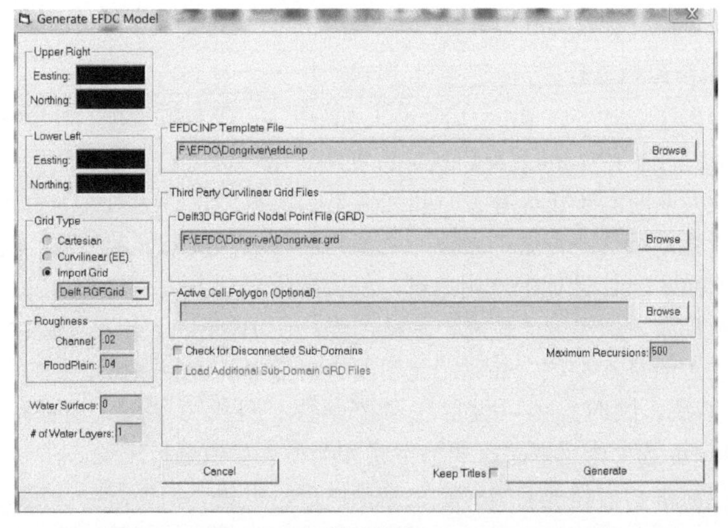

图 6-8　DELFT3D 生成网格导入 EFDC_Explorer 中

导入过程完成之后，保存文件到某目录下，在该目录下将生成 cell.inp、lxly.inp 和 dxdy.inp 等一系列后缀为 inp 的输入文件，其中网格单元的信息主要保存在 lxly.inp 和 dxdy.inp 中。

b. 地形生成

首先，将已有的地形数据文件进行处理，生成只含 x、y、z 坐标值的文件。然后，通过采用 ArcGIS 或者自编程序，根据 lxly 文件中网格单元的位置，插值得出网格单元处的水深值。最后，修改 dxdy.inp 文件中的属性数据。将修改完的 lxly.inp 和 dxdy.inp 替换以前的文件，在 EE （EFDC_Explorer）中重新导入，点击 View Grid 按钮，新生成的地形结果如图 6-9 所示。

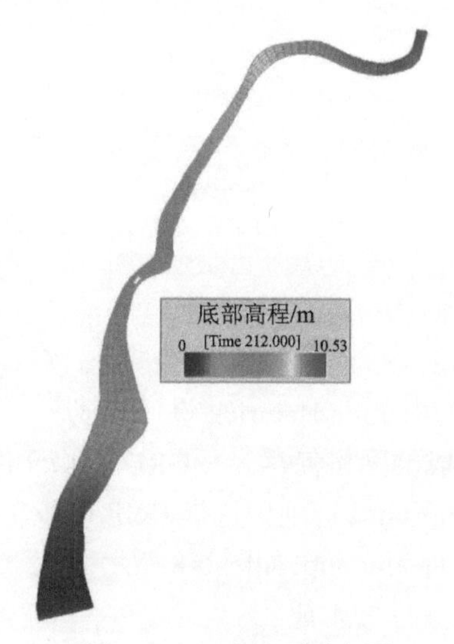

图 6-9　EE 中地形示意图

c. 模型构建和参数设置

网格地形生成并导入 EE 之后，进入 EE 中各子菜单和选项，对模型进行进一步的确认和修改。在 Timing & Labels 选项中，用户可以设置输出路径，如该模型的运行时间及其时间步长等有关时间和输出的参数。在 Grid & General 选项中，用户可以设置水域分层方法和数目、干湿判断参数、屏幕显示参数、底部地形参数等。在 Comp Opts 选项中，用户可以设置数值求解方法和精度，以及需要启动的其他水质模型，如温度、盐度、示踪剂等。在 Hydrodynamics 选项中，用户可以设置水动力的基本参数，并对湍流模型进行选择，确定涡黏系数的计算方法及设定相关参数，同时，还可设置底摩擦参数、科氏力参数、植被信息等。在 Sed/Tox/Others 选项中可以对沉积物传输和类型等参数进行设置。在 Boundary 选项中，可以对水动力和基本的水质边界条件进行设置，如果需要设定模型的计算边界水位，则根据原始的 pser.inp 样本文件，修改其中的相关选项，形成模型计算所需采用的水位（潮位）边界文件 pser.inp。如果需要设定模型的流入流量，则根据原始的 qser.inp 样本文件，修改其中的相关选项，形成模型计算所需采用的流量边界文件 qser.inp。在 Initial 选项中，可以对研究区域的水文水质参数（如水位、温度、沉积物等）进行初始化。同时，也可以进行续算参数和文件输出设置等。其他选项为更为详尽的水质参数设置，这个版本的 EFDC_Explorer 暂不开放设置，但不影响水质模型的计算，如图 6-10 所示。

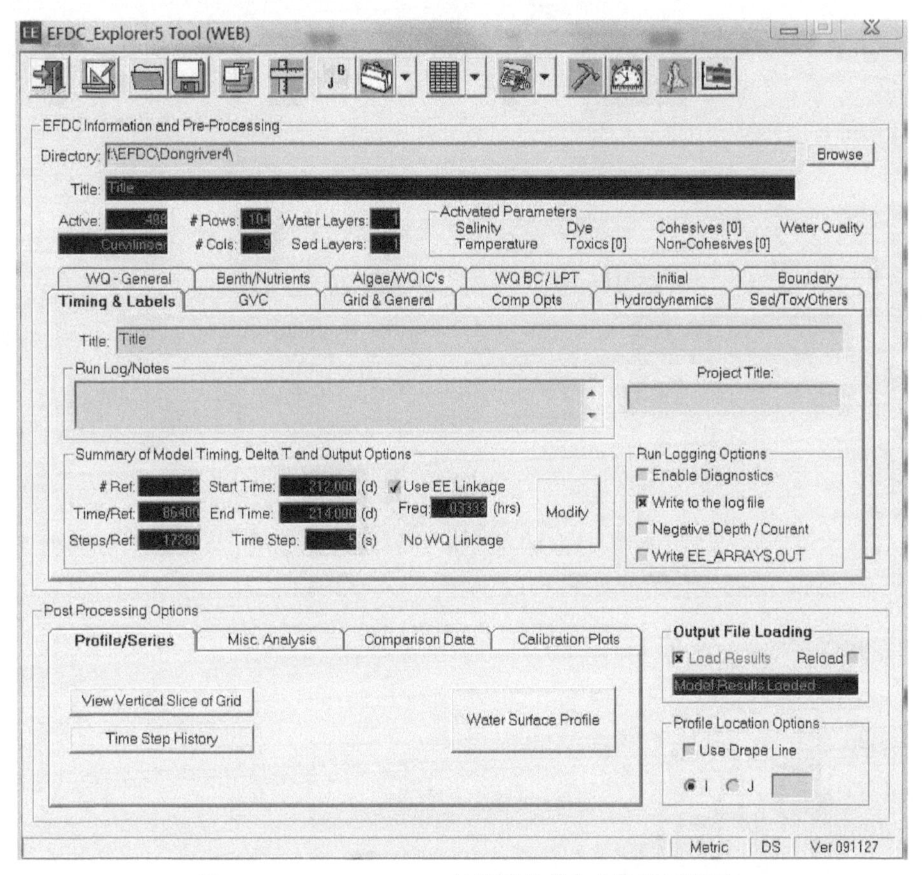

图 6-10　EFDC_Explorer 的前后处理和参数设置界面

d. 模型结果输出

EFDC 模型计算后，EE 会根据设置生成相应的输出文件，如 EE_VEL.OUT 为输出的流速文件，EE_WC.OUT 为输出的水质文件，EE_WS.OUT 为输出的水位文件等，它们可以用来进行水位、流速的验证。同时，EFDC_Explorer 提供了强大的后处理功能，可以将大量结果显示到屏幕上，如绘制流场矢量图、生成流场动画 AVI 文件，以及生成污染物浓度场分布图等。同时，它也可以向商业程序包 Tecplot 输出结果，见图 6-11。

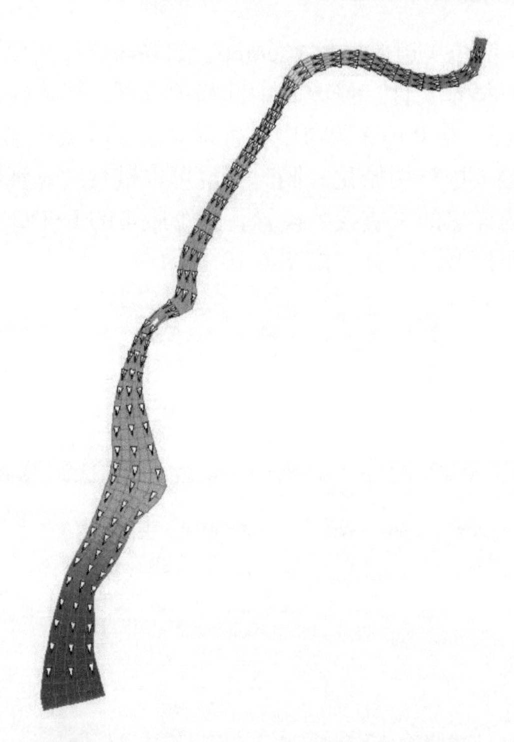

图 6-11　EFDC_Explorer 中绘制的速度场

EE 也可以输出某单元节点上的各变量的时间序列数据，某一单元点的流速大小和方向随时间的变化情况如图 6-12 所示。

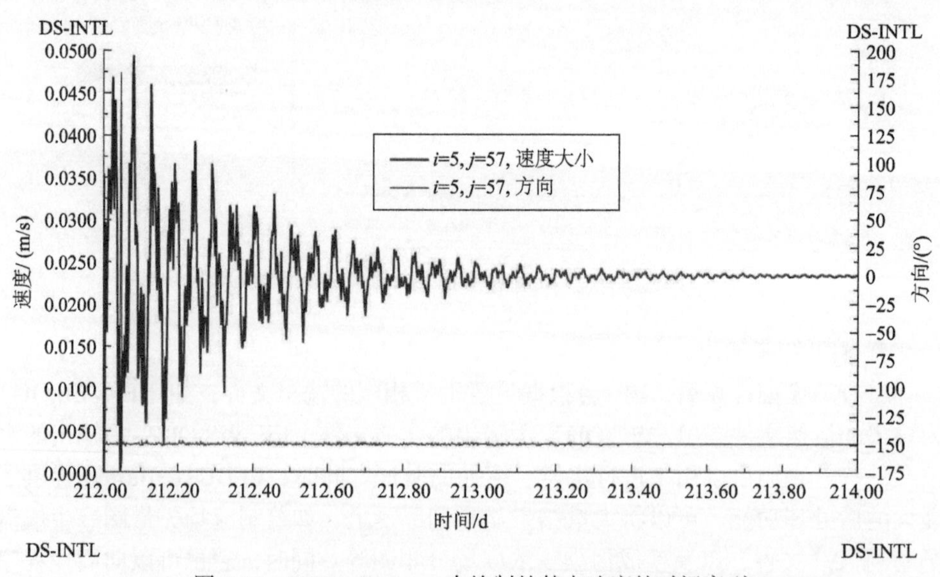

图 6-12　EFDC_Explorer 中绘制的某点速度的时间序列

同时，时间序列数据也可以输出为*.dat 或者*.txt 文件，输出数据可由第三方软件进行处理。

e. SWAT 面源模型与河道模型的耦合

根据流域面源模型的水文响应单元划分情况，结合流域水系分布情况和汇流情况，构建面源模型中水文单元与东江全流域河道模型概化点源的连接，将径流、面源污染负荷分配至计算河道。面源模型与河流水动力水质模型的耦合思路如下。

（1）根据面源模型的汇流点分布特征，以及支流的汇入口分布特征，在河道模型中设定一定数量的概化点，并尽量将概化点设定在未纳入河道模型范围内的支流汇入口处。另外，设定部分概化点，以考虑沿河而建的较大城区面源汇入。

（2）根据概化点和汇流点的分布，按照每个汇流点汇水趋势，建立概化点和汇流点的对应关系，即概化点中每个汇流点在其中对应贡献的水量和污染负荷比例。

（3）根据面源模拟结果，以及步骤（2）的对应关系，得出每个概化点的日平均流量和污染负荷。

（4）将概化点的相关流量和负荷结果输入已经构建的 EFDC 模型中，通过 wq3dwc.inp 和 wqpsl.inp，分别输入对应的面源概化点位置和负荷量。

5. 模型耦合集成设计

SD 模型：根据不同情景对模型中所有变量进行初始化之后，最终可以输出流域内所有社会经济关键指标（如总人口、GDP）和主要污染物（如 COD_{Cr}、总氮）点源污染负荷的年度预测值，以 txt 或 Excel 文件格式保存。与水动力水质模型耦合时，参考流域内现有的点源排污结构，将年度总负荷分配到各个污染源作为点源污染负荷输入。以人口发展规模和城镇化水平、各类产业增长速度及产业结构的变化为表征参数。

CA-Markov 模型：模型中转换规则通过用户指定的土地转换适宜性图集来演化，基于模型模拟得出不同情景各年份的土地利用情况。模型结果以 shp 文件格式保存，预测年份结果可以直接作为 SWAT 模型面源污染负荷预测的重要输入文件。

SWAT 模型：模型模拟的非点源污染物通量结果在子流域汇流点逐日输出，以 Excel 文件格式保存，包含汇流点空间位置、流量及污染物浓度数据。与水动力水质模型耦合时，直接在模型中将汇流点对应位置的网格点设置为点源，并将该点的流量和污染物浓度时间序列拷贝到模型中对应的流量点源文件和污染物点源文件中，纳入模型整体的水动力水质计算。

EFDC 模型：将 SD 模型在预测年份的点源污染负荷结果和 SWAT 模型在预

测年份的面源污染负荷预测结果转化为 EFDC 模型所需的流量和点源输入条件，综合上下游的流量和水质监测数据、已有的水下地形数据和区域内断面的水文水质数据等，在利用部分数据对模型进行率定验证的基础上，进一步模拟得出流域内主要断面的水动力水质变化趋势。全部结果均以.out 二进制格式输出，关注点或断面的时间序列等其他数据，通过 EE 处理后给出。

6.2.2 澎溪河流域案例研究

1. *澎溪河流域概况*

澎溪河（即小江）是长江三峡水库上游区左岸的一条支流，地处四川盆地东部边缘、大巴山南麓，流域面积 5172.5km^2，主要分布在开州区、云阳县两地境内。澎溪河流域位于三峡库区腹心地带，距库首约 208 km，距库尾约 379 km。流域总人口 196 万，主河长 182.4km，多年平均径流量 34.1×10^8m^3。三峡成库后澎溪河淹没的土地面积 92km^2，移民人口 22.15 万人，消落带面积 65km^2，是三峡库区淹没面积最大、移民数量最多、消落区面积最广的支流。澎溪河支流众多，流域面积在 1000km^2 以上的主要支流有南河、东河和浦里河三条。

澎溪河流域为叶形丘陵山地，按地貌和地质构造，大致可分为南北两部分，温泉以北属大巴山南坡，地势高峻，海拔 200～2000m，最高点为大垭口，高程为 2626m，多为石灰岩山地，岩溶地形发育，山岭之间河谷深切，相对高差 1000m 以上，地下水沿暗河集中出流。温泉以南是川东平行岭谷的低山丘陵，低山走向东北，海拔 1000～1400m；丘陵分布于低山之间，海拔 200～500m，平坝集中于沿河两岸，以河流冲淤阶地较多，海拔 150～250m。

澎溪河流域属暖湿亚热带季风气候，北部属大巴山暴雨区，由北向南降水量略减，气温递增，年平均气温 10.8～18.5℃，月平均最低温度在 1 月，最高温度在 8 月。

伴随着三峡工程的建设运行，干支流物质交换加剧、支流水动力条件明显变差，以三峡库区澎溪河为代表的一级支流水质恶化及富营养化问题突出，总磷、总氮为水体主要污染因子。澎溪河流域水系及其水质监测断面分布示意图见图 6-13，水质监测断面主要包括津关、巫山、乌杨大坝、木桥、渠口、渠马渡口、高阳渡口和苦草沱等。

2. *澎溪河流域社会经济模拟预测*

1）澎溪河流域模型构建

a. 模型边界及模拟阶段

模型空间边界确定为澎溪河流域，流域面积 5172.5km^2。时间边界为 2005～

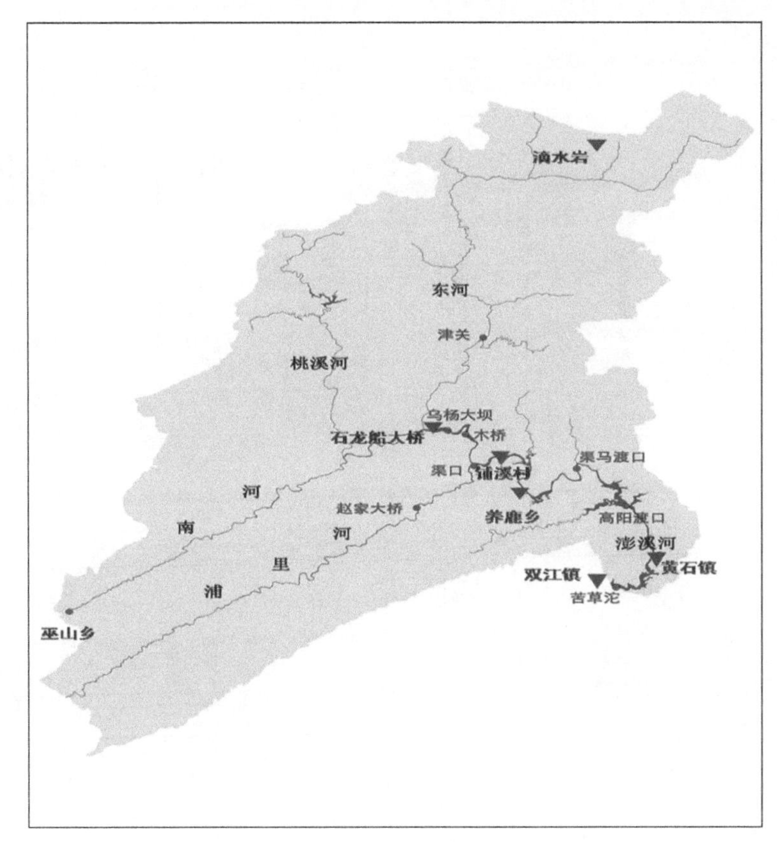

图 6-13 澎溪河流域水系及其水质监测断面分布示意图

2025 年，仿真步长为 1 年。其中，2005～2009 年为历史检验年份，2009 年为预测基准年，2010～2025 为预测年限。主要数据来源于重庆统计年鉴和开县统计年鉴。

b. 子系统划分及分析

根据澎溪河流域环境、社会经济系统特点及研究目的，将系统划分为 3 个子系统，分别为人口子系统、经济子系统和污染子系统。各子系统通过物质、信息的输入输出关系构成模型的反馈结构。

c. 系统流程图设计

利用 Vensim PLE 软件，设计系统流程图及各子系统流程图，如图 6-14 所示，可以看出，模型采用的系统动力学方程包含 90 个变量。

d. 历史检验

模型在使用前要进行有效性检验，通过比较模拟结果与历史值来判断模型模拟的可靠性和准确性。模型选用 2005～2009 年数据中的总人口、第一产业 GDP、第二产业 GDP 及第三产业 GDP 四个参数进行模拟比较验证。2005～2009 年澎溪

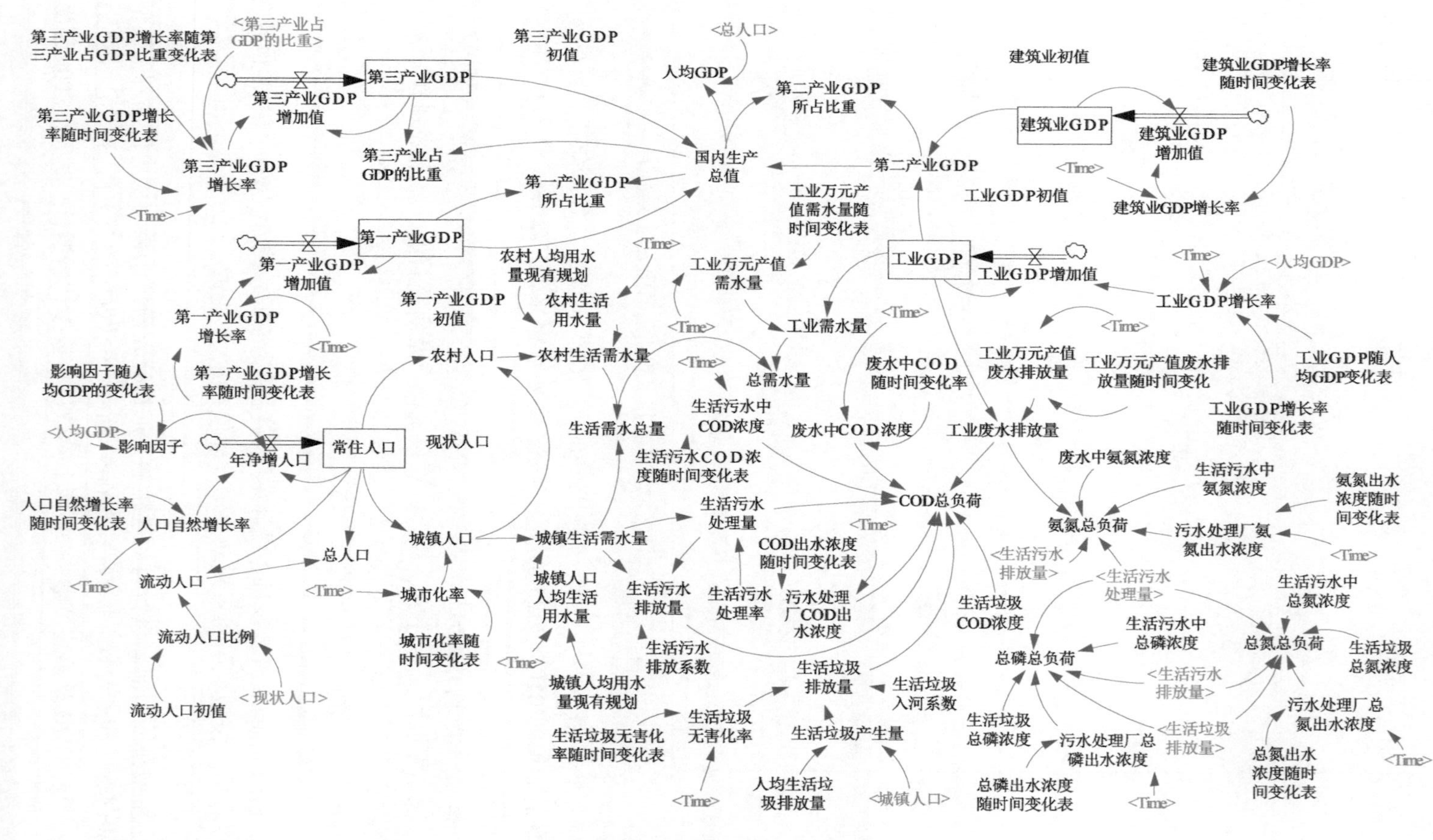

图 6-14　流域环境经济系统流程图

河流域模型模拟值和系统的历史值比较结果显示，二者吻合很好，绝大部分模拟值误差低于 5%，最大误差不超过 10%，其他变量的历史检验也与此相似，模型历史值与仿真值的相对误差在合理范围内，故确定本书所构建的 SD 模型是合理且有效的。

e. 灵敏度分析

灵敏度分析是通过改变模型中的参数、结构，运行模型并比较模型的输出，进而确定其影响程度。该模型选取影响因子、人口自然增长率、工业 GDP 初值、建筑 GDP 增长率随时间变化等四个参数及总人口量、国内生产总值、COD 总负荷、总需水量四个变量来代表系统行为；对每个参数，取其变化值（增加或减少 10%）在模型上运行，计算灵敏度值；每个参数对应四个变量，共四个灵敏度值，取其平均值为该参数的灵敏度值。分析结果表明：所选参数对系统的影响都比较小，当参数变化 10%时，变量的最大变化为 5.04%，均值不超过 2.56%。因此，该模型模拟现实系统的稳定性较强，完全适于真实系统的仿真模拟和政策分析，可反映澎溪河流域环境-社会-经济系统的未来发展趋势。

2）澎溪河流域预测情景设计

澎溪河流域位于三峡库区腹心地带，是三峡库区成库后淹没面积最大、消落面积最大的支流。三峡工程的运行导致库区支流水质状况下降，支流水体富营养化问题突出。2010 年，63.3%库区支流呈富营养状态，澎溪河作为三峡水库典型支流，同样存在水华频发现象，而氮磷负荷居高不下是水华现象频发的根本原因之一。澎溪河流域存在的主要问题是：①工业发展速度、城市化率、消费水平大幅提升；②城镇污水处理厂、垃圾填埋场建设和运行滞后，管网不配套；③作为大量移民区域，移民就地后靠加快集中建设，乡镇企业发展迅速，生产技术水平较低，经营粗放，资源消耗及能源消耗较大，造成环境污染加重并持续蔓延；④农业产业结构及耕作制度不合理，水土流失严重，农药化肥的过量使用又同时引起农田径流氮、磷流失。

根据研究对象存在的主要问题，以及灵敏度分析，确定环境系统对人口因素和经济因素较为敏感，为政策调控方案制定中需注意的因子。据此，方案设计中人口方面以人口发展规模和城镇化水平为主要表征参数，而经济方面主要考虑不同情景下各类产业增长速度及产业结构的变化。本着科学性、整体性、动态性及可行性的原则，构建澎溪河流域未来发展的 3 种代表性情景方案，具体描述如下。

情景一为自然增长模式。反映政策不发生重大变化情况下系统的发展趋势和状态，该模式下所有决策变量都保持系统惯性发展情况下的取值，主要利用模型对系统进行发展趋势预测。

情景二为经济人口调控模式。考虑自然增长模式下 GDP 高速增长将带来严重的环境污染并进一步限制经济增长，情景二以大力发展第三产业、有效控制人口规模和城镇化步伐为前提，通过调整工业增长速度，大力发展污染程度低、经济效益高的产业，推行清洁生产，实现对污染排放总量的控制；利用环境保护带来的优势发展旅游业，推进产业结构优化。设计 2010～2015 年、2016～2020 年、2021～2025 年三个阶段的工业增长速率分别为 10.5%、9.5%、8.5%，人口增长速率分别为 7‰、6‰、5.5‰，城镇化率分别为 45%、50%、55%。

情景三为环境保护模式。随着经济发展、科技进步，流域内城镇生活污水和生活垃圾无害化处理程度将不断提高，据此，在情景二的基础上提出以环境保护为前提的模拟情景。针对城镇化率提高带来的新增污染问题，依靠经济发展、科技进步，新建城镇污水、垃圾处理设施，以实现有效控制；加大二级、三级管网建设，对现有污水处理厂进行扩建和工艺改造，有效提高其脱氮除磷能力。设计 2015 年出水水质全面达到城镇污水处理厂一级 B 标准（COD 60mg/L，氨氮 8 mg/L，总氮 20 mg/L，总磷 1 mg/L），2025 年达到一级 A 标准（COD 50mg/L，氨氮 5 mg/L，总氮 15 mg/L，总磷 0.5 mg/L）。

3）澎溪河流域预测结果分析

a. 情景一

在情景一中，人口、需水量、各产业 GDP 均实现高速增长且逐年攀升。到 2025 年，流域内的总人口、GDP、总需水量和各污染负荷（COD、氨氮、总氮、总磷）排放量将持续增长（图 6-15 和图 6-16）。

模拟结果表明，至 2025 年，澎溪河流域总人口将达到 215.6 万人，达到每平方千米 416 人，超载现象严重。其中城镇人口 88.6 万人，城镇化率为 41%，人口结构不尽合理。GDP 达到 1350.8 亿元，较基准年翻了两番，人民生活水平得到显著改善。随着经济和人口的增长，COD、氨氮、总氮、总磷负荷分别达到基准年的 2.0 倍、3.9 倍、2.4 倍及 2.3 倍，给澎溪河流域生态环境带来了巨大压力。若不控制人口和经济增长速度，这种发展模式势必会给环境造成严重的破坏。

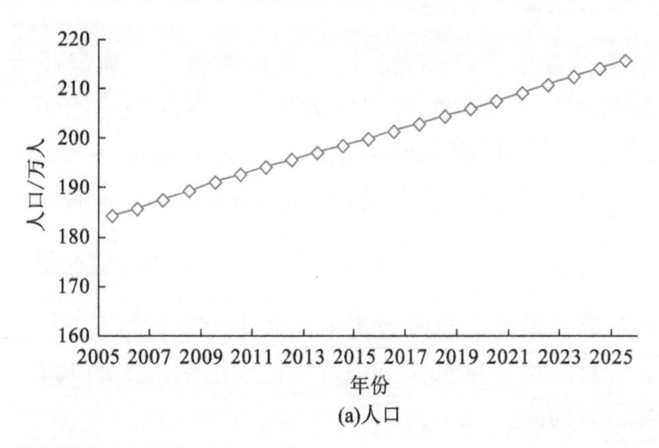

(a)人口

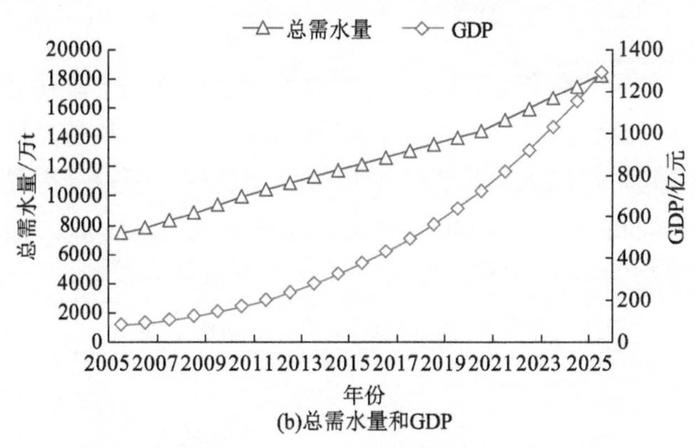

(b)总需水量和GDP

图 6-15 情景一人口、总需水量和 GDP 发展趋势

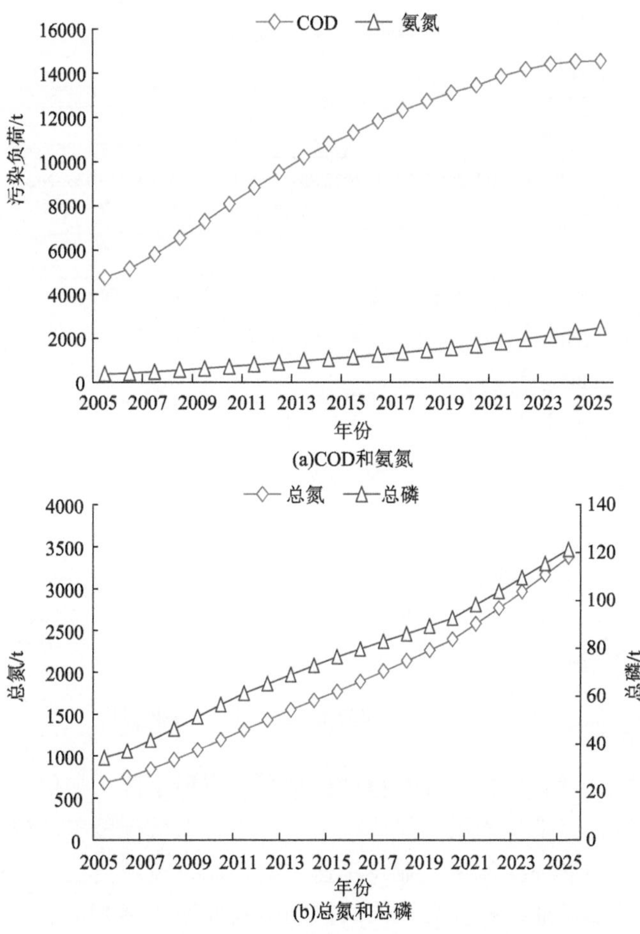

(b)总氮和总磷

图 6-16 情景一 COD、氨氮、总氮和总磷发展趋势

b. 情景二

该情景下，控制工业增长速度，大力发展污染程度低、经济效益高的产业，推行清洁生产，控制污染排放总量，利用环境保护带来的优势发展旅游业，推进产业结构优化。同时控制人口增长，加快城镇化进程。模拟结果显示，该模式下仍能实现经济发展目标，且 COD、氨氮、总磷负荷实现了较大幅度的降低。图 6-17～图 6-19 分别给出了 GDP、总人口及各项污染负荷较情景一的变化情况。

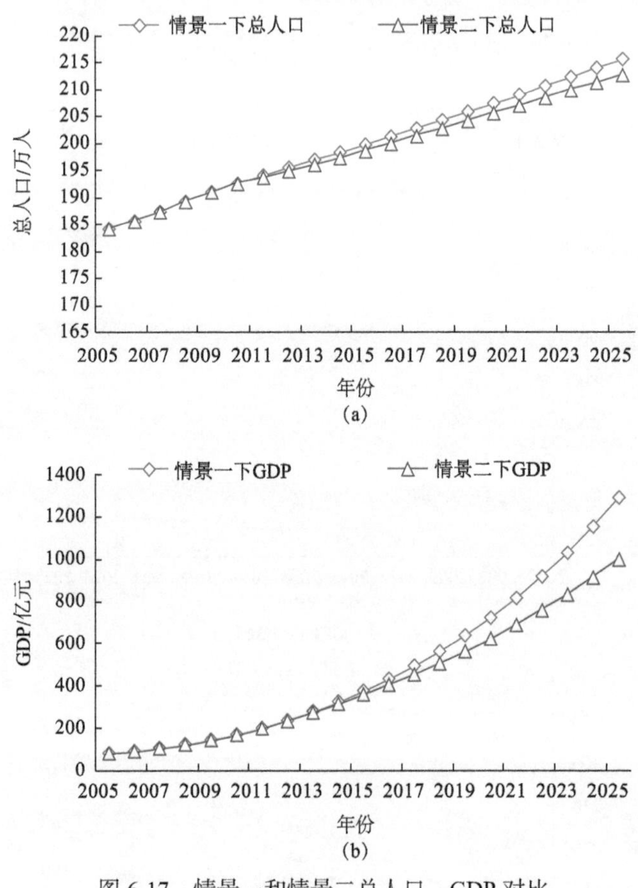

图 6-17　情景一和情景二总人口、GDP 对比

图 6-17 显示，情景二的 GDP 虽然较情景一有所下降，但仍能实现澎溪河流域经济发展目标，经济年均增速保持在 12%以上，有效保障了流域内人民生活水平的提高。由于对澎溪河流域工业发展速率的控制，流域内三个产业的比例有了相应的变化，第二产业占社会总产值的比例由基准年的 40.1%下降至 2025 年的 33%，相应的，第三产业比例由基准年的 37.5%上升至 58%，第一、第二、第三产业的比例调整为 8.9：33.0：58.1，整个流域内产业结构日趋合理。至 2025 年，澎溪河流域总人口有一定程度的下降，且得益于对人口参数的调控，澎溪河流域

人口结构在很大程度上实现了优化，其中城镇人口达到 117 万人，城镇化率提高至 55%，承载能力得到有效提高。

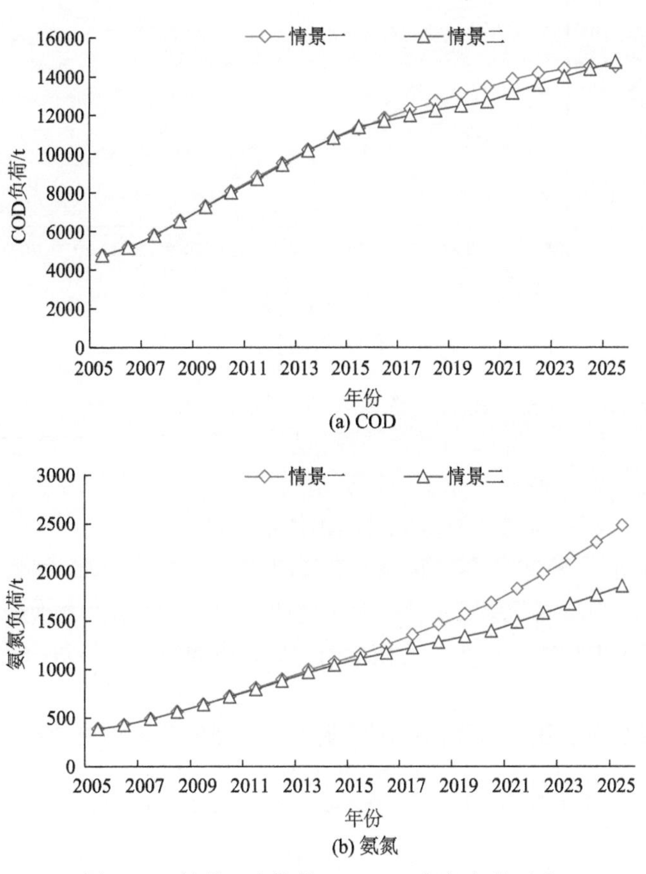

图 6-18　情景一和情景二 COD、氨氮负荷对比

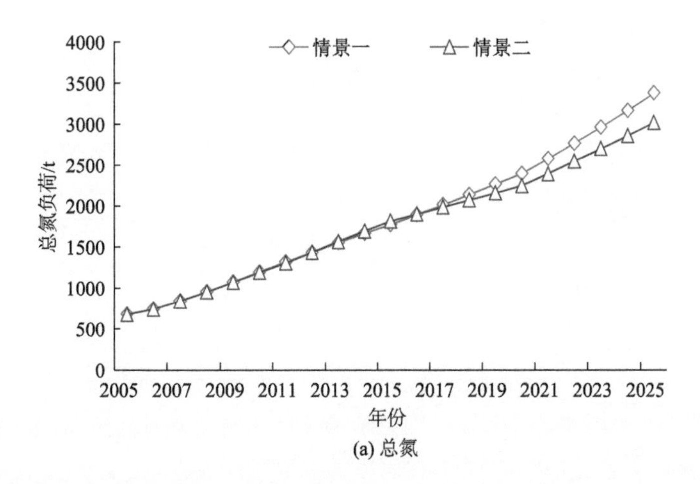

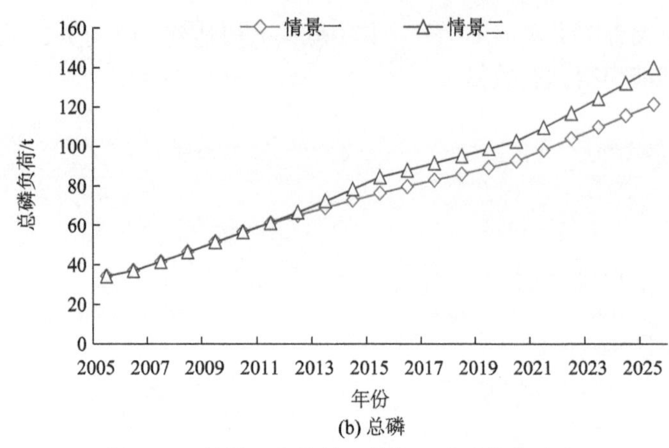

(b) 总磷

图 6-19 情景一和情景二总氮、总磷负荷对比

图 6-18 显示，通过上述对经济及人口的调控措施，澎溪河流域污染负荷得到了有效控制，情景二 COD、氨氮负荷较情景一分别下降了 7.9%、25%。该模式下放慢工业发展速度，调整产业结构不会制约澎溪河流域的经济发展，且能有效降低污染物负荷，缓解对澎溪河流域敏感水体造成的压力。

图 6-19 显示，至 2025 年，情景二澎溪河流域总氮、总磷较情景一有不同程度的上升，这是因为总氮、总磷主要来源于生活污染源，而本方案推进城镇化率提高会相应造成城镇生活污水和垃圾排放量的增加，进而造成污染负荷的上升。

c. 情景三

模拟结果显示，随着污染治理率的提高，污染负荷得到有效控制并大幅消减，该模式下实现了人口控制、产业结构调整和污染治理的三重目标，即环境-社会-经济协调发展。图 6-20 给出了总氮和总磷负荷相较于情景二的变化情况，可以看到，随着污染治理率的大幅度升高，污染负荷得到了有效的控制，实现了大幅度消减。其中，总氮负荷下降了 37.2%，总磷负荷下降了 79.4%，这对预防水华及富营养化的发生具有重要意义。

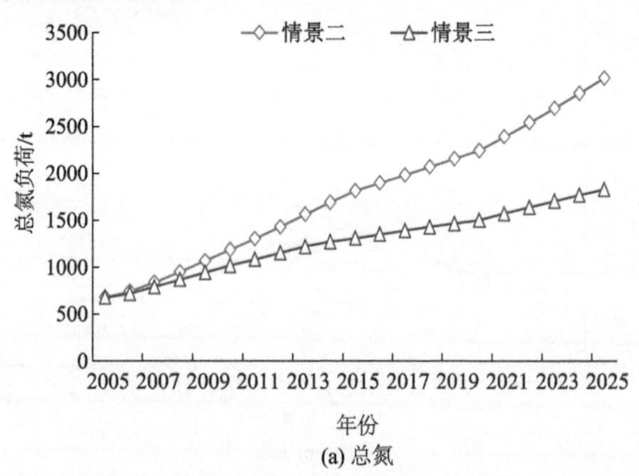

(a) 总氮

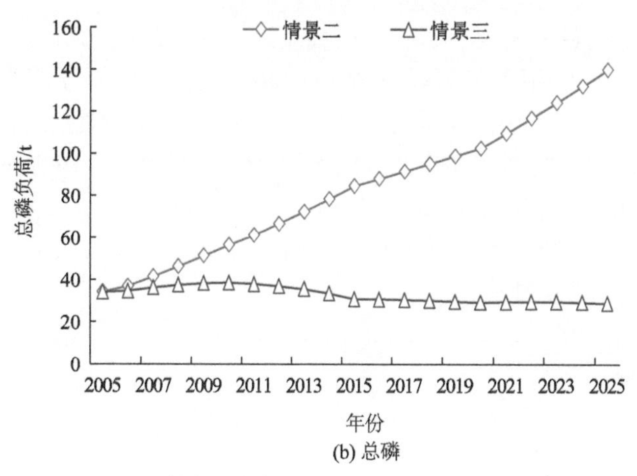

(b) 总磷

图 6-20 情景三与情景二的总氮、总磷负荷对比

3. 澎溪河流域土地利用预测

1）流域土地利用变化特征

澎溪河流域 1995 年、2000 年、2005 年、2010 年土地利用面积结构及其变化特征如表 6-2 所示。综合土地利用动态度在 1995～2010 年呈现波动变化的特征（表 6-2）。1995～2000 年为 0.17%，2000～2005 年上升至 0.32%，此后降至 2005～2010 年的 0.11%。对单一土地利用类型来说，在研究时段内水域和建设用地土地利用动态度（K）较大，且远远大于水田、旱地、林地、草地等土地利用动态度。虽然水域和建设用地的面积比例在 2010 年仍然较低，但面积绝对值分别是 1995 年的 2.35 和 3.52 倍。旱地和林地是主要的土地利用类型，在各阶段面积比例均占优势地位，比例大于 30%。

表 6-2 澎溪河流域 1995 年、2000 年、2005 年、2010 年土地利用面积结构及其变化特征

土地利用类型	面积/km^2				单一土地利用动态度/%		
	1995 年	2000 年	2005 年	2010 年	1995～2000 年	2000～2005 年	2005～2010 年
水田	643.97	640.31	627.35	619.15	−0.11	−0.41	−0.26
旱地	1469.08	1513.07	1502.65	1492.93	0.60	−0.14	−0.13
林地	1561.33	1530.15	1542.69	1535.40	−0.40	0.16	−0.09
草地	968.72	955.37	949.37	942.35	−0.28	−0.13	−0.15
水域	26.82	27.68	41.52	63.01	0.64	10.00	10.35
建设用地	6.79	10.13	13.13	23.87	9.85	5.91	16.36
未利用地	1.27	1.27	1.27	1.27	0.00	0.00	0.00

在 ArcGIS 软件支持下，进行多时相土地利用矢量图之间的空间叠加，进一步分析不同时段土地利用的面积转移特征。在二级分类层面分别计算两个 5 年尺度及 10 年尺度的土地利用变化状态转移矩阵，针对矩阵非对角线位置的元素（对应真正发生土地利用类型间转化的空间区域），按照面积大小排序，截取位于前 18 位的元素并视其为相应时段的主导变化类型，统计结果表明，18 个主导变化类型的总面积贡献了变化区域总面积的 78.5%～87.4%，但是占澎溪河流域总面积的比例则不足 3%（图 6-21）。

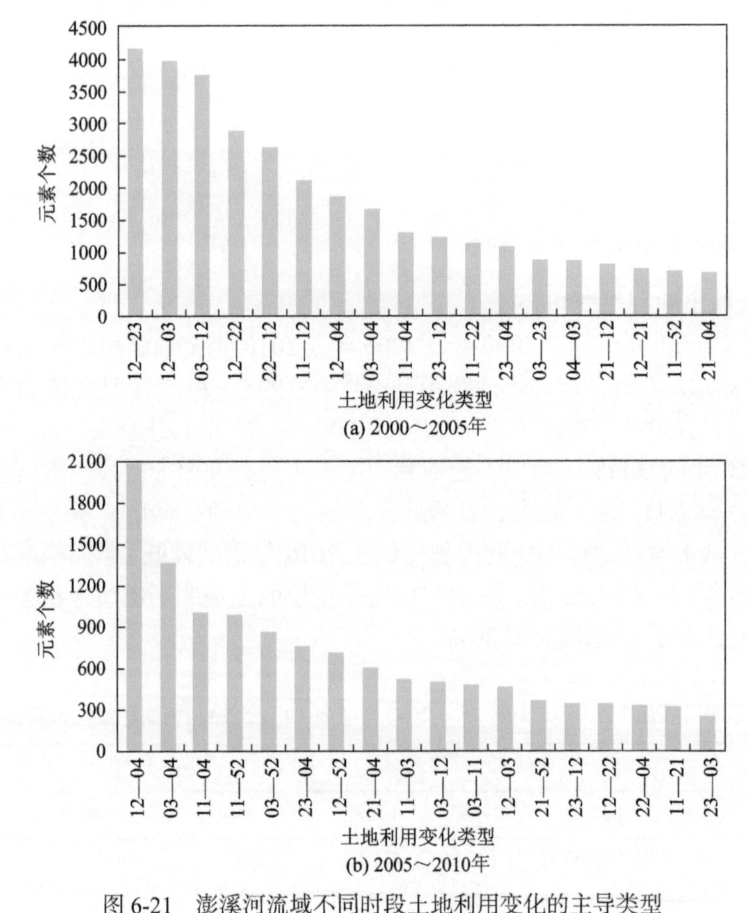

图 6-21　澎溪河流域不同时段土地利用变化的主导类型

横轴数字表示土地利用变化类型：11-水田，12-旱地，03-草地，04-水域，21-有林地，22-灌木林，23-疏林地，52-农村居民用地，“12-23”代表从 12 类型转化为 23 类型

2000～2005 年，主导的变化类型包括：旱地变为疏林地（12—23）、旱地变为草地（12—03）、草地变为旱地（03—12）、旱地变为灌木林（12—22）、灌木林变为旱地（22—12），这表明旱地、林地、草地之间的相互转变构成这一时

段土地利用变化的主要特征。这一时段，其他土地利用类型向水域（04）和农村居民用地（52）的转变被识别为主导变化类型。2005～2010年，水田、旱地和草地（11、12和03）向水域（04）和农村居民用地（52）的转变占据主导变化类型的前5名，贡献了51.6%的主导变化类型面积。

基于以上分析，联系三峡工程蓄水过程来看，1995～2000年澎溪河流域的土地利用变化表现为旱地和建设用地快速增长，而水域面积相对稳定。三峡水库建设尚未成为该时段澎溪河流域土地利用变化的主要驱动因子（当时大坝蓄水尚未启动），移民安置已启动但涉及的规划人口安置规模较小（仅4.8万人）。社会经济发展、自然地理因子等传统要素是该时段土地利用变化最重要的驱动因子。2000～2010年，其他土地利用类型向水域和建设用地转变为主要的变化特征，水域面积持续快速增长（$K>10\%$），意味着非传统干扰或特殊事件（如三峡水库建设）与传统要素共同构成了土地利用变化的主要驱动因子。三峡水库于2003年首次蓄水，2006年再次蓄水到156m，至2010年水库实现了正常蓄水位175m。伴随水库蓄水运行，库区103万人（占规划移民人口的79.4%）在此期间完成移民安置。在这种背景下，传统的土地利用变化驱动因子的影响力已变得非常微弱。

2）关键土地利用变化类型与大坝建设影响的关联分析

根据前述分析，澎溪河流域的水域和建设用地拓展与大坝影响可能存在着高度关联的特征。为此，进一步以子流域为单元进行像元统计，对水域、建设用地相关的土地利用关键变化类型的时空分布进行深入细致的分析，剖析土地利用对大坝建设的响应。发生转移的像元数量（面积）的多少，表征了该子流域土地转移变化的剧烈程度（图6-22）。

水域空间分布的扩张特征证明了大坝建设的过程及影响。从空间分布来看，2000～2010年耕地-水域（01—04）、林地-水域（02—04）、草地-水域（03—04）转化的空间分布虽有所差异，但总体呈现下游比上游剧烈，河道周边比远离河道区域剧烈的特点［图6-22（a）～图6-22（c）］。其中，以靠近澎溪河河口、地势相对较低的57、60、51、52四个汇水区的转移面积最大（共5032个像元，占3种转移类型总数的41.2%），位置相对靠上游区域的31、38、40三个汇水区域的转移面积次之。水库在蓄水过程中，水位抬升，将长江干流的水倒灌至支流，并沿各级河道逐渐上溯、扩张而淹没土地。澎溪河流域水域拓展的空间格局特征，揭示了水库蓄水倒灌导致土地淹没的格局与过程。从各个时段来看［图6-22（g）和（h）］，水域的拓展呈现出从低海拔区域向高海拔区域延伸的趋势。例如，对桃花溪支流而言，2000～2005年高程较低的36、37两个汇水区转化最为剧烈，但2005～2010年转化最为剧烈的区域替代为上游高程较高的15、16、18、21四个汇水区。对东河支流而言，转化剧烈的区域2000～2005年汇水区11向汇水区

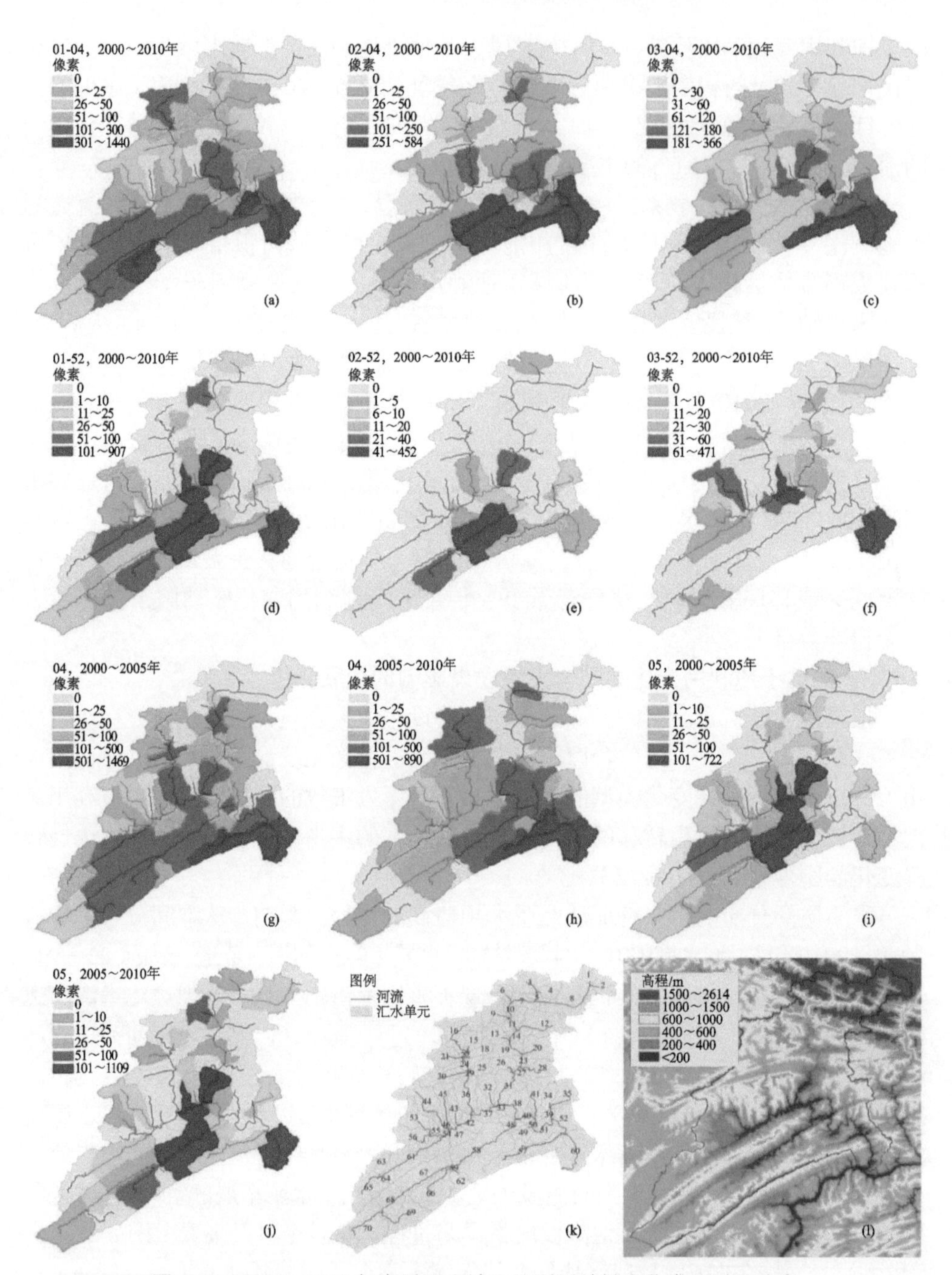

图 6-22　2000～2010 年澎溪河流域土地利用关键变化类型时空分布

01-耕地，02-林地，03-草地，04-水域，05-建设用地，52-农村居民用地；01-04 代表 01 土地利用类型向 04 类型转变，04 代表所有其他的土地利用类型向 04 类型转化。汇水单元划分来自研究团队发表的文献（Wang et al., 2014）

7延伸，与桃花溪支流表现出类似的水域拓展特征。事实上，水库在2003年首次蓄水至145m，2006年、2010年先后抬升至156m、175m蓄水位。水库水位在2003～2010年抬升了30m，其淹没影响范围进一步拓展。澎溪河流域水域拓展的时段差异，体现了水库阶段性蓄水的过程及其影响特征。

建设用地拓展的时空分布反映了大坝建设的影响，但二者在空间上的关联程度不如水域显著。从空间分布来看，2000～2010年变化相对剧烈的区域主要在流域的中下游地区，且邻近水体，与水域的拓展格局具有一致性。且该特征在耕地—农村居民用地（01—52）、林地—农村居民用地（02—04）的转化中表现得更为突出［图6-22（d）和（e）］。三峡工程由于水域拓展、土地淹没而产生大约129.6万移民，其中42.6%为农村居民。根据移民安置政策，仅15.1%的人口外迁，绝大部分移民在本地就近消纳；农村居民安置大多数是就地后靠、建设房屋，少部分迁入城市集中区。因而，农村居民用地的动态特征、分布格局在一定程度上与水库淹没影响的空间格局和移民安置政策一致。从时段特征来看，2000～2005年和2005～2010年的空间分布较为一致［图6-22（i）和（j）］。31、37、58号单元在两个时段的变化均最为剧烈，9、60、66号单元在两个时段的变化程度次之。变化剧烈的单元多分布在流域乡镇所在地附近。三峡工程在2000～2005年和2005～2010年的移民任务量大致相当，分别为平均10.9万人/年和平均9.65万人/年，而建设用地拓展在两个时段并无显著差异。其原因在于，一方面，移民的安置范围较为固定，空间上不会任意拓展，趋向于邻近现有的乡镇分布区域；另一方面，安置点人口比安置前相对集中，建设用地淹没的面积不可能催生出同等面积的新增建设用地，因此，即便某个时段移民任务较重，但在空间上的差异并不明显。

3）地理要素对土地利用分布的影响特征分析

一定时期内相对稳定的地理环境因子往往是区域土地利用整体（宏观）格局的控制性因子，而易于变化的地理环境因子及偶发事件则往往是土地利用格局发生变化的重要驱动性因子（如人口和经济社会发展、修建水库、地震等）。为此，主要对地形（高程、坡度）、区位（与河流的距离、与道路的距离）和生态（土壤类型、降水量）三方面的六大类稳定少变的地理环境因子进行分析，统计各因子不同数值或分类区间的土地利用面积及组成状况（图6-23）。

地形（topography）差异对水田、林地、水域、建设用地的影响较为明显［图6-23（a）］。水田所占的比例随着高程的增加而降低，200m高程以下占23.06%，至1500m高程以上则不足1%。水域和建设用地与其类似，200m高程以下分别占18.41%和7.61%，至400m高程以上则均不足1%。林地则相反，其所占比例随着高程的增加而上升，200m高程以下仅为14.64%，至1500m高程以上则为52.94%。旱地和草地所占比例在不同统计条件下则相对稳定。坡度［图6-23（b）］与高程的影响具有相似的规律。

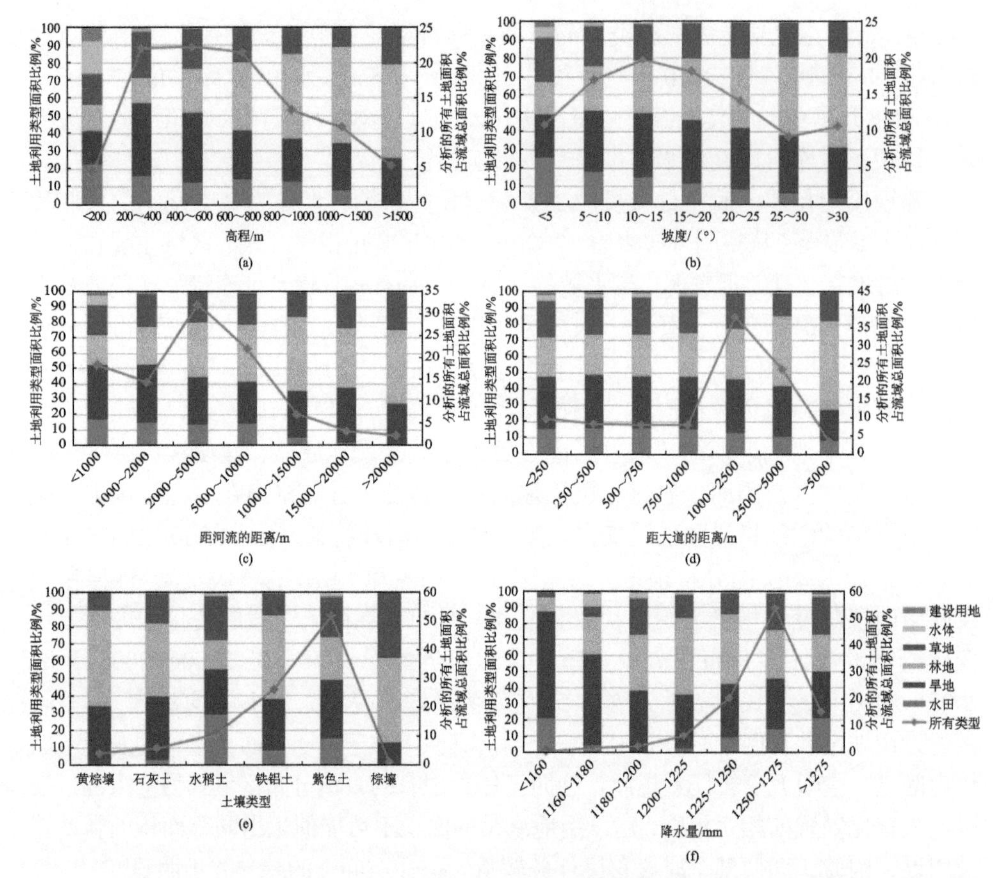

图 6-23　地理环境因子与土地利用格局之间的关联特征（2010 年数据）

区位（location）差异对水域、建设用地的影响最为显著［图 6-23（c）和（d）］。线状水系 1000m 范围、道路附近 1000m 范围的空间区域，其面积分别仅占流域总面积的 18.49%和 34.76%。相对于以上两个区域范围的其他土地利用类型,水域和建设用地所占的绝对比例仍然较小,分别为 6.56%和 2.13%。但是却集中了全流域大部分的水域（64.34%～89.5%的总水域面积）和建设用地（77.3%～91.03%总建设用地面积）。换言之，从土地利用优势度的角度而言，紧靠河流的区域水体分布更占优势，紧靠道路的区域建设用地分布更占优势。

土壤、降水等生态因子（ecological factors）与土地利用的分布也密切相关［图 6-23（e）和（f）］。与人类活动比较密切的土地利用类型，如水田、水域和建设用地主要分布在流域内的紫色土和水稻土地区，其比例分别为 15.08%～29.02%、1.70%～1.94%和 0.76%～0.87%，其他地区所分布的面积分别为 0～8.17%、0～0.51%和 0～0.06%。受人类活动干扰较弱的土地利用类型，如林地，则主要分布在流域内的黄棕壤、棕壤、石灰土和铁铝土区域，占上述土壤类型总分布面积的 42.44%～55.31%。降水量对旱地分布的影响较为明显，伴随着降水量的日渐丰沛，旱地所占的区域面积比例降低，从 66.21%（降水量小于 1160mm 区域）降低至 28.6%（降水量大于 1275mm 区域）。

4）澎溪河流域预测情景设定及预测分析

基于 2005 年和 2010 年澎溪河流域土地利用数据，模拟分析研究区未来演变的土地利用状况。根据三峡蓄水工程的实施情况，对澎溪河流域土地利用动态变化的模拟分为三种情景。情景一和情景二是基于土地利用变化的历史规律，根据土地利用变化的 Markov 情景进行的预测。其中，情景一使用 Markov 模型输出的条件概率图像作为元胞转变规则；情景二则采用 MCE 模块定义的元胞转变规则。情景三是在 Markov 情景的基础上，根据 2010 年以后三峡蓄水工程情况，对转移面积矩阵进行适当修改并结合澎溪河流域相关的政策进行预测。

a. 情景一

为了能较好地保持2005～2010年的土地利用转移概率,本次预测使用Markov模型输出的条件概率图像作为转变适宜性图像集（转换规则）。具体操作步骤为：①基于 Markov 模块，计算 2005～2010 年澎溪河流域的土地利用转移概率矩阵，并分别得到2015年和2020年预测土地利用转移面积及两期土地条件概率图像集；②以 2010 年土地利用现状为模拟初始年，利用 CA-Markov 模块，以条件概率图像集作为转变规则，模拟澎溪河流域 2015 年和 2020 年的土地利用情景。

预测结果表明，澎溪河流域土地利用变化主要集中在河流附近，其中其他土地利用类型向水域的转化较为均匀地分布在流域河流周围。进一步分析发现，澎溪河流域 2010～2020 年土地利用变化有以下特点：①水田和旱地面积不断减少，水田减少速度上升，旱地减少速度趋于下降；②林地和草地退化，且退化速度加快；③水域和建设用地仍保持较高的扩展动态度，增速较快且不断加大。

情景一的预测可以很好地模拟土地利用变化的趋势，但是模拟的 2015 年和 2020 年土地利用中有部分用地类型没有很好地保持 2005～2010 年的变化幅度，主要为面积较小的土地利用类型，如建设用地。

b. 情景二

情景二引入 MCE 模块，综合考虑不同土地利用类型之间转换的难易程度，对空间和数量上的转换进行定量化，重新定义元胞转变规则。针对澎溪河流域自然因素和人为因素对不同土地利用类型空间分布的影响特征，选取高程、坡度、交通、气候、土壤类型、土地利用现状等多种影响因素，生成土地利用转变适宜性图像集，代替情景一中的条件概率图像，模拟澎溪河流域 2015 年和 2020 年的土地利用情景。

将经过检验的 MCE 模块定义的转变规则代替情景一中的条件概率图像集，

分别对 2015 年和 2020 年的土地利用进行模拟，得到 2015 年、2020 年澎溪河流域土地利用的空间格局。情景二与情景一的预测结果相比，其他土地利用类型向水域的转化并非均匀地分布在流域所有河流周围，而是有所集中。其他土地利用类型之间的相互转化在流域西部分布较多。

相比于情景一，情景二模拟的 2015 年和 2020 年土地利用中各种土地类型面积均较好地保持在基于 Markov 模块得到的 2015 年和 2020 年预测土地利用转移面积。此外，各个土地利用类型的空间分布也充分考虑了自然和社会因素的影响。

情景二的模拟结果显示，澎溪河流域 2010～2020 年土地利用变化有以下特点：①水田和旱地面积不断减少，水田减少速度上升，旱地减少速度趋于下降；②林地和草地退化，草地的退化速度略微减缓；③水域和建设用地仍保持较高的扩展动态度，2015～2020 年的扩展动态度较 2010～2015 年降低。

c. 情景三

情景一和情景二完全基于澎溪河流域土地利用的历史变化规律进行情景模拟。用 Markov 模型进行预测，实际上是对发展趋势的模拟，对非趋势性变化事物来说 Markov 模型不是理想的方法。然而，澎溪河流域的水域和建设用地可能会因人为因素随时间呈现某种变化趋势的非平稳过程。自 2003 年三峡下闸蓄水，澎溪河流域水域面积变化的动态度在 2000～2005 年和 2005～2010 年远远高于其他土地类型。截至 2010 年 10 月，三峡水库已完成 175m 蓄水工程。此外，澎溪河流域覆盖开县、云阳县、万州区、梁平区四县（区）和四川省的开江县，其主要分布在开县和云阳县境内，县城的区域发展规划对城镇的扩张有一定的影响。因此，有必要进一步研究土地未来变化的驱动力影响因子，实现土地利用情景模拟。

在情景三中，基于三峡水库已完成 175m 蓄水，假设 2015 年和 2020 年河渠与滩地相对于 2010 年保持不变（不考虑同一年份不同季节水域面积的变化），即河渠和滩地不会转化为其他土地利用类型，其他土地利用类型也不会转化为河渠和滩地。建成区的面积与根据人口规划计算出的面积一致。据此，对基于 Markov 模块得到的 2015 年和 2020 年澎溪河流域预测土地利用转移面积矩阵进行人工调整。另外，为了优化澎溪河流域土地利用空间格局，将坡地 > 25°作为水田和旱地的限制因子，坡度 > 15°作为建设用地扩展的限制因子，对由 MCE 模块定义的转化规则进行补充。以 2010 年土地利用现状为模拟初始年，利用 CA-Markov 模块，输入调整后的转移面积矩阵及 MCE 模块新定义的转变规则，模拟澎溪河流域 2015 年和 2020 年的土地利用情景。

模拟结果表明，情景三无其他土地利用类型转化为河渠和滩地，因此情景三的预测结果中水田、旱地、林地和草地的面积比情景二的预测结果略大。而由于规划对城镇扩张的指导作用，城镇扩展面积与情景二相比有所减少。在流域河渠和滩地面积不变的情况下，坑塘面积保持历史发展趋势有所增加，因此流域水域面积有所增加。但相对于情景二的预测，水域面积上升的幅度较小，动态度较低。水田、旱地和草地的减少速度呈增加的趋势，林地的减少速度略微下降。

4. 澎溪河流域面源污染模拟预测

1）子流域划分与模拟

以澎溪河流域的东河、南河、浦里河三条支流为单位分别进行子流域的划分，并建立 SWAT 模型，根据各支流上的站点分布情况，选取各个监测站不同时间段的观察数据分别对模型进行校准和验证。其中，东河支流上选取的水文监测站为温泉站、水质监测站为津关断面，浦里河的水文监测站为余家站、水质监测站为赵家大桥断面，南河支流因无水文监测站，研究中采用了参数移植的方法，将其模型在东河与浦里河流域已经率定的参数转移到南河流域的计算中，水质参数则是根据南河流域石龙船断面的监测数据率定而来。

以东河为例，其水量、水质模型率定和验证结果如下。

模型选择的率定期年限为 2002～2006 年共 5 年,模型选择的验证期为 2007～2008 年共计 24 个月。

从模拟率定结果来看（图 6-24），流量的月尺度模拟值与实际监测值匹配结果良好，Nash 效率系数的值可达到 0.96，说明模型模拟参数可以有效反映月时间尺度下流域的径流现状。日尺度模拟值与实际监测值匹配结果较好，Nash 效率系数达 0.7。

从模拟验证结果来看（图 6-25），流量的月尺度模拟值与实际监测值匹配结果良好，Nash 效率系数的值可达到 0.988，说明模型的参数在上述流域的月尺度模拟中匹配性很好，而在日尺度模拟中表现较好。

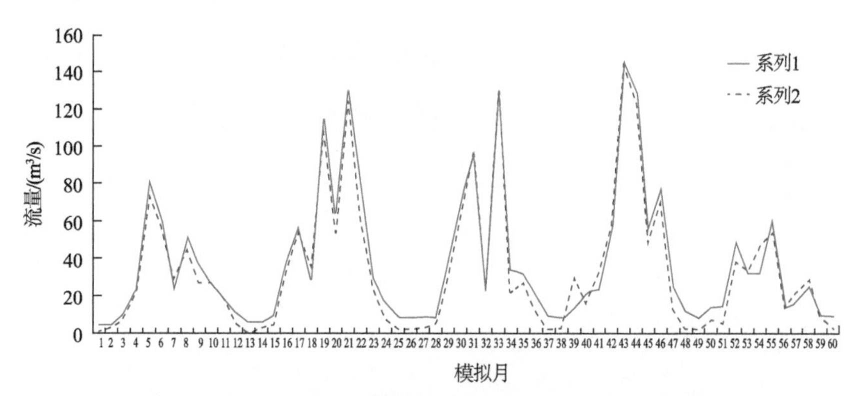

图 6-24 东河径流月尺度模拟率定结果（2002～2006 年）

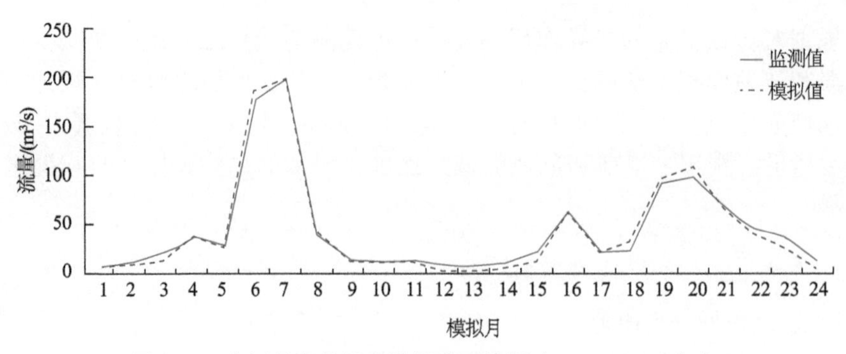

图 6-25　东河径流月尺度模拟验证结果（2007～2008 年）

模型采用多个参数同时调整的方法，综合率定水质中的氮、磷元素（图 6-26 和图 6-27）。针对 SWAT 模型模拟结果与我国水质监测数据在输出表达方式上有一定差别的特点，将 SWAT 模型模拟结果中的各分量进行求和，得到总氮和总磷的模拟量并与监测数据进行对比分析。东河流域 SWAT 模型模拟的总氮结果相关性系数为 0.85，Nash 效率系数为 0.60；总磷相关性系数为 0.83，Nash 效率系数为 0.55。浦里河流域 SWAT 模型模拟的总氮结果相关性系数为 0.84，Nash 效率系数为 0.60；总磷相关性系数为 0.89，Nash 效率系数为 0.63。总体来看，模拟结果与实测结果吻合较好，可真实反映流域氮磷面源污染负荷情况。

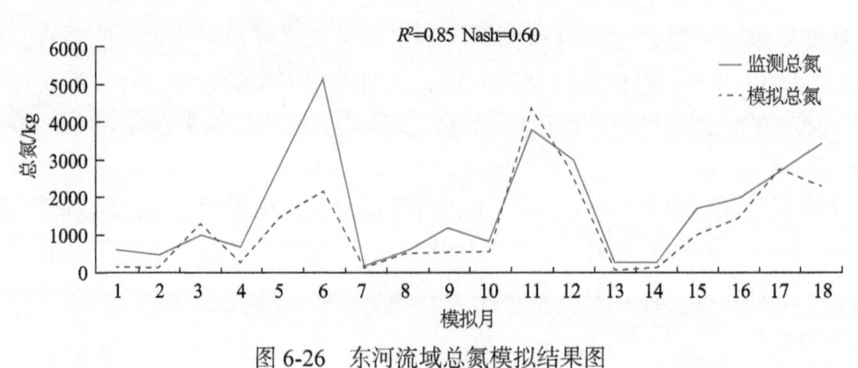

图 6-26　东河流域总氮模拟结果图

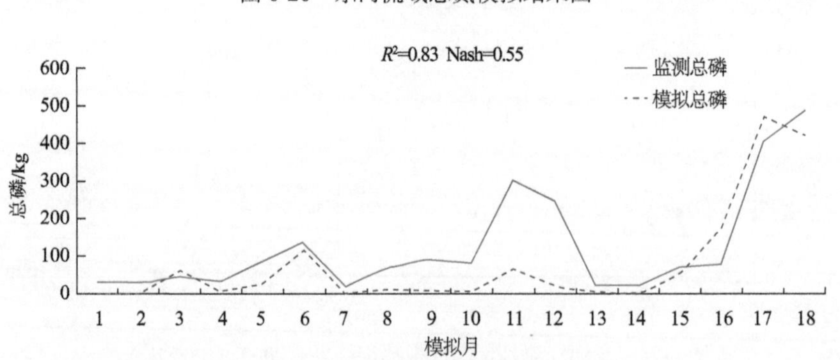

图 6-27　东河流域总磷模拟结果图

对于磷氮污染负荷输出特征（图 6-28 和图 6-29），从时间尺度分析，除 9 个子流域外，其他流域的总磷负荷均表现为 2000 年高于 2010 年；且子流域 1、2、4、8、70 的时间变化突出，2000 年全流域总磷年负荷为 133.32t，2005 年的总磷负荷明显高于 2000 年和 2010 年，40%的子流域的总磷负荷小且在时间上无明显变化。各个子流域的负荷差异并不显著。总氮负荷的时空分布与总磷趋于一致。从空间尺度分析，以 2000 年为例，澎溪河流域全流域总氮年负荷为 1736.2t，子

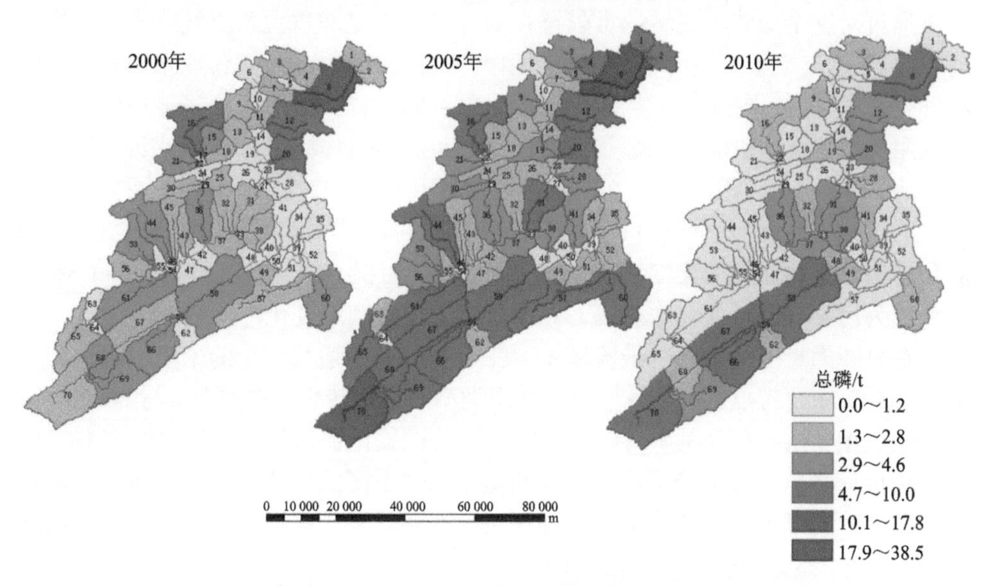

图 6-28 澎溪河流域 SWAT 模型子流域总磷负荷时空分布变化

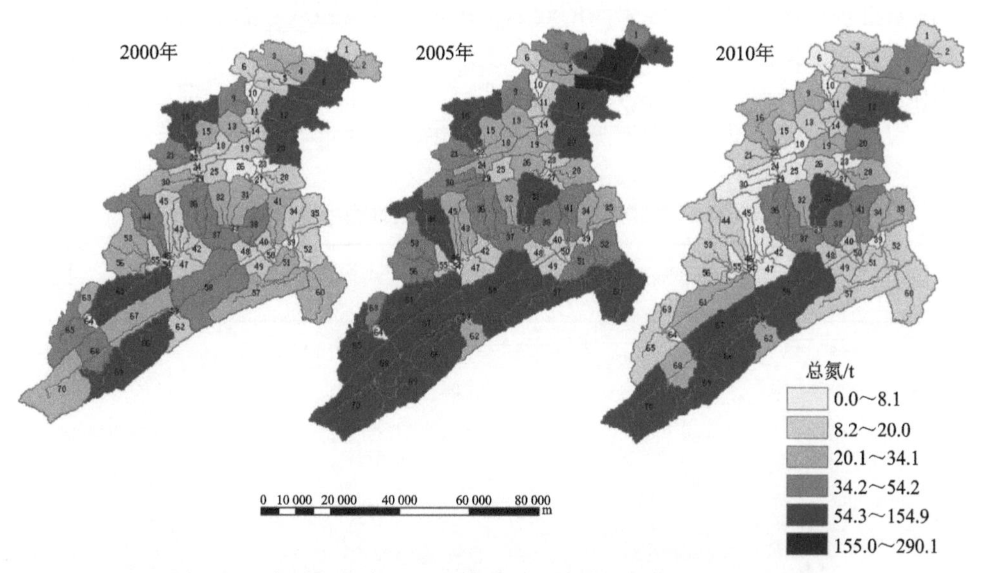

图 6-29 澎溪河流域 SWAT 模型子流域总氮负荷时空分布变化

流域 20、61、69、16、12、66、8 总氮年负荷为 535.2t，对整个流域的总氮负荷的贡献占 30%，其他子流域的污染负荷要明显低于以上所列子流域，各个子流域的通量差异不显著。

对各个子流域面积排序发现，大多数污染通量大的情况发生在面积较大的子流域，但是个别子流域污染通量较其他子流域大，面积却不占优势，这种情况可能是土地利用类型不同导致的。例如，总氮通量较大的 20、69、16 这三个子流域，总氮通量对整个澎溪河流域的贡献排在前 8 位，但是面积占总流域的比例没排在前 10 位，这三个子流域的主导土地利用类型是水田和旱地，这说明水田和旱地更易发生总氮流失。同理，产生总磷通量较大的 36、37、38 这三个子流域的主导土地利用类型是草地和旱地，说明草地和旱地更易发生总磷流失。总的来说，旱地作为农耕的主要土地利用类型，在面源污染贡献中占比较大。

为了辨别澎溪河流域 70 个子流域的污染物通量变化度及驱动因素，选取 10 年尺度内污染物通量变化度大于 70%，且子流域面积占总流域面积不小于 1.5%的子流域为污染物通量变化敏感区，并结合以上土地利用变化特征进一步分析。

在总磷通量变化敏感的子流域中（表 6-3），总磷通量减少的子流域土地利用变化有两个主要特点：一是各种土地利用类型向水体转化趋势严重（与 2003 年以来三峡大坝蓄水密切相关），在 SWAT 模型中水体作为一种特殊的土地利用类型，无污染负荷产出，故部分子流域总磷通量呈明显下降的趋势；二是旱地变草地趋势明显，而且草地的总磷污染单位面积负荷小于旱地（张皓天等，2010；庞靖鹏等，2007）。总磷通量显著增加的子流域的土地利用主要变化是由水田、草地变为旱地，以及由旱地变为果园，荣琨（2009）等研究发现，果园比耕地产生的总磷污染更多，由于部分坡地果园的建园标准低、经营粗放、农业化肥大量使用、未采取水土保持措施，且果园的地形坡度通常比耕地大，降雨时以泥沙为载体的吸附态磷流失严重，因而部分子流域内非点源磷污染有所增加。据此，澎溪河流域果园的非点源污染问题应作为今后面源污染治理的重点关注对象。

表 6-3　总磷变化幅度大的子流域土地利用变化情况

子流域	面积/km^2	面积比例/%	2000 年总磷/t	2010 年总磷/t	总磷变化度/%	土地利用主要变化
70	229.59	4.52	1.62	7.08	337.04	水田变旱地
35	75.74	1.49	0.31	1.06	241.94	草地变旱地
58	309.35	6.09	3.20	7.88	146.25	旱地变果园
41	91.23	1.80	1.02	2.22	117.65	旱地变果园
31	114.25	2.25	1.67	3.53	111.38	草地变水体
67	163.21	3.21	2.33	4.68	100.86	水田变旱地

续表

子流域	面积/km²	面积比例/%	2000年总磷/t	2010年总磷/t	总磷变化度/%	土地利用主要变化
30	90.65	1.79	2.44	0.24	−90.16	旱地变草地
44	155.11	3.05	4.05	0.59	−85.43	旱地变果园、旱地变草地
65	136.11	2.68	2.28	0.57	−75.00	水田变水体
16	149.32	2.94	6.78	1.77	−73.89	旱地、草地、水田变水体
56	79.14	1.56	2.04	0.60	−70.59	草地变水体

2）面源污染负荷情景预测分析

澎溪河流域 SWAT 土地利用情景模拟根据土地利用预测的三种情景进行设置，需要对三种土地利用情景开展面源污染负荷模拟的对接。在情景建立过程中保持降水、土壤等基本数据不变，切换土地利用类型，根据之前工作中的 SWAT 经验参数值，设置与土地利用相关的模型参数，以保证模型的精准模拟。

a. 情景一

土地利用变化情景一基于 CA-Markov 模型的土地利用预测结果，经过土地利用重分类获得与 SWAT 模型相匹配的土地利用类型。

在澎溪河流域土地利用预测情景一下，2015 年与 2020 年面源污染负荷对于 2010 年土地利用状况下各用地类型面源污染负荷的增长率表明，各土地利用变化所造成的各用地类型非点源污染的变化不平衡。受林地、水田、旱地面积减少的影响，到 2020 年三种用地的非点源总氮污染分别减少了 73.8%、21.4%、16.7%，总磷污染减少了 71.1%、16.7%、11.5%；到 2020 年，园地的非点源总氮和总磷污染分别增长了约 10.96 倍和 10.93 倍；水体的变化幅度也很大。从整个流域的非点源污染来看，总氮与总磷的污染都有所减少。可以看出，在研究区的非点源污染中，水田与旱地的贡献较大，非点源污染的减少主要是因水田与旱地的减少导致的。

图 6-30 给出了土地利用情景一下澎溪河流域各子流域输出的模拟总氮量，可以看出，2010 年、2015 年及 2020 年的分布基本一致，2015 年与 2020 年各个子流域的模拟总氮量相差不大，但均低于 2010 年总氮量。子流域 70、66、58、61、69 的总氮量明显大于其他子流域，大多集中在浦里河，且变化突出，这几个子流域的面积较大，土地利用主导类型为旱地，第 70 个子流域土地利用主导类型为水田。图 6-31 显示了情景一下澎溪河各子流域输出的模拟总磷量，其与总氮的变化和分布趋势十分相似，数据分析显示，总氮与总磷的相关性达到 0.95 以上。

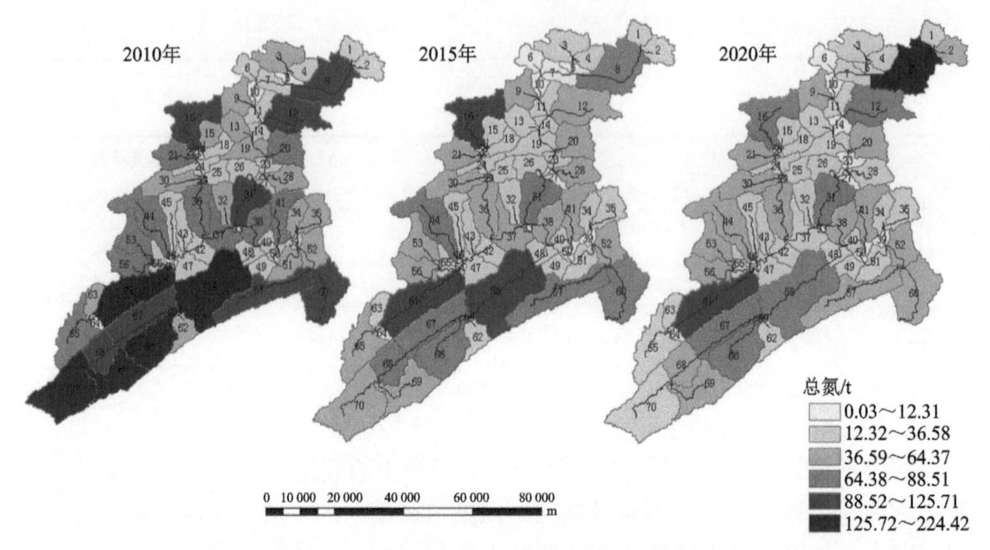

图 6-30　情景一下澎溪河流域各子流域总氮负荷空间分布变化

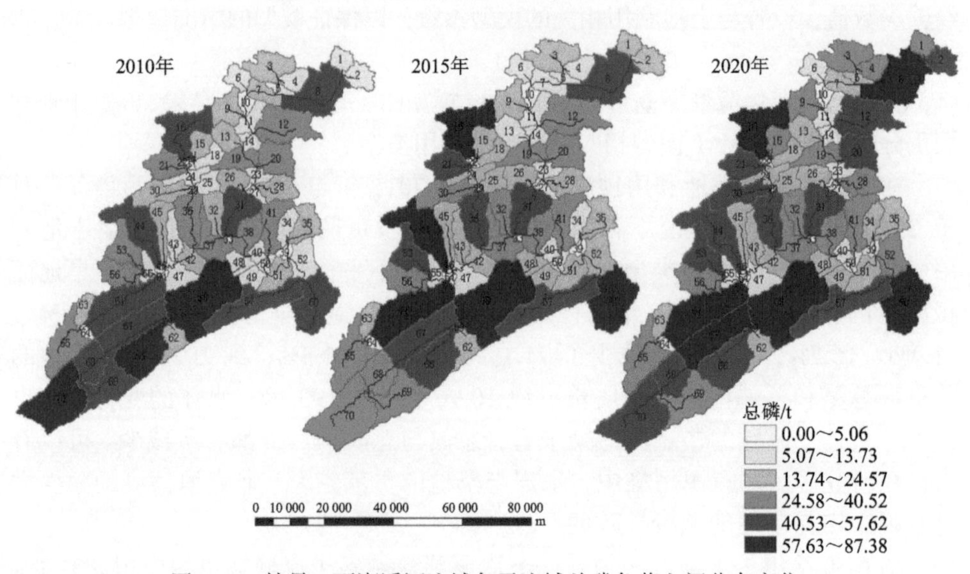

图 6-31　情景一下澎溪河流域各子流域总磷负荷空间分布变化

b. 情景二

对应土地利用预测报告中情景二的预测结果，经过土地利用重分类获得与SWAT 模型相匹配的土地利用类型，模拟得到氮磷负荷预测结果（图 6-32 和图 6-33）。

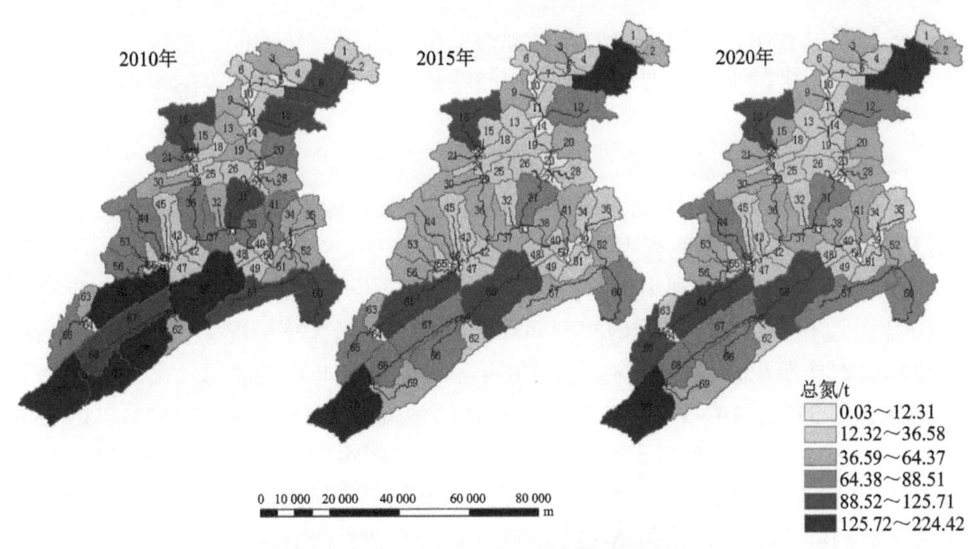

图 6-32　情景二下澎溪河流域各子流域总氮负荷空间分布

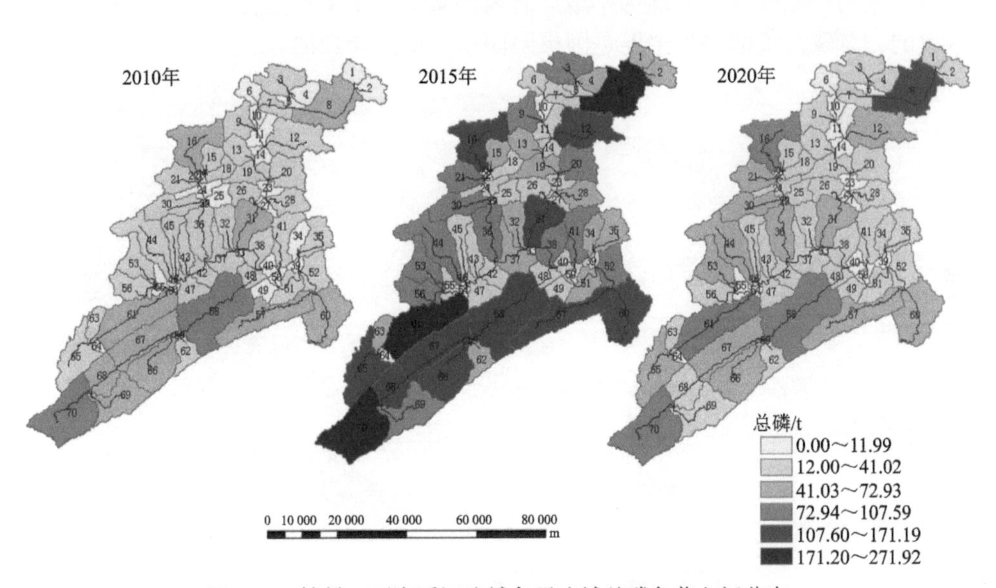

图 6-33　情景二下澎溪河流域各子流域总磷负荷空间分布

在澎溪河流域土地利用预测情景二下，2015 年与 2020 年面源污染负荷对于 2010 年土地利用状况下各用地类型面源污染负荷的增长率情况为：受水田、林地、草地和灌木林面积减少的影响，到 2020 年四种用地的非点源总氮污染分别减少了 19.7%、73.4%、17.3%和 23.9%，总磷污染减少了 15.4%、70.7%、15.4%和 14.4%；到 2020 年，园地的非点源总氮和总磷污染分别增长了约 11.19 倍和 11.22 倍；从整个流域的非点源污染来看，总氮的污染呈现减少的趋势，总磷的污染呈现增加的趋势。可以看出，在研究区的非点源污染中，水田与旱地的贡献最大，其次为草地。总氮污染的减少主要是由于水田与草地的减少，总磷污染的增加主要是由于果园面积的增加。

c. 情景三

根据土地利用预测情景三中的土地利用状况，经过土地利用重分类获得与SWAT模型相匹配的土地利用类型。

在澎溪河流域土地利用预测情景三下，2015年与2020年面源污染负荷对于2010年土地利用状况下各用地类型面源污染负荷的增长率情况为：受水田、林地、草地和灌木林面积减少的影响，到2020年三种用地的非点源总氮污染分别减少了21.64%、73.31%、16.93%和23.78%，总磷污染减少了16.16%、70.52%、15.23%和14.26%；到2020年，园地的非点源总氮和总磷污染分别增长了约10.96倍和11.10倍；从整个流域的非点源污染来看，总氮的污染呈减少的趋势，总磷的污染呈增加的趋势（图6-34和图6-35）。与情景二类似，研究区的非点源污染中，水田与旱地的贡献较大，其次为草地。总氮污染的减少主要是因水田与草地的减少导致的，总磷污染的增加主要是因果园面积的增加导致的。

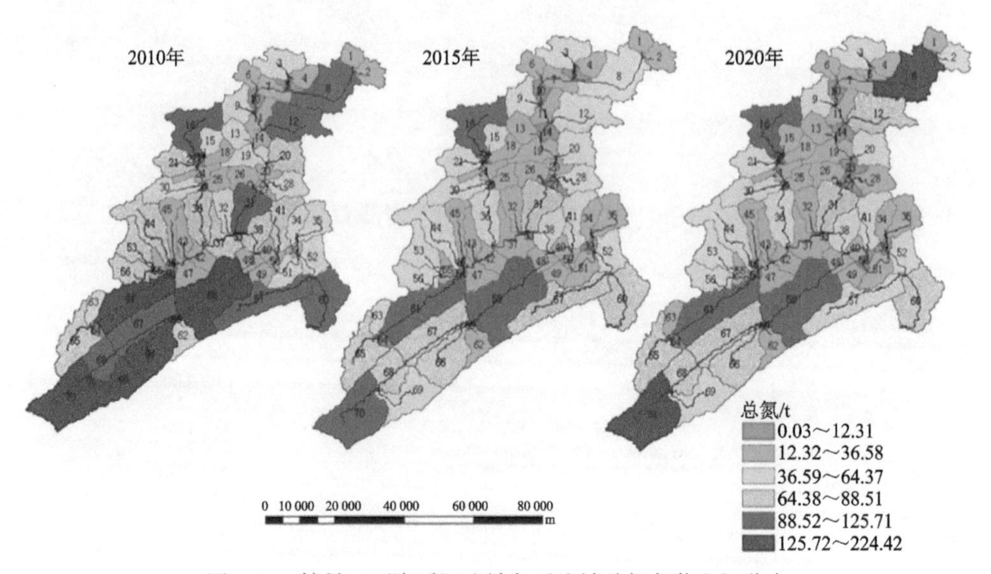

图6-34 情景三下澎溪河流域各子流域总氮负荷空间分布

5. 澎溪河流域水动力水质模拟预测

澎溪河流域主要河流为东河、南河、浦里河和小江（澎溪河）干流。如图6-36所示，2010年，在开县汉丰街道段乌杨村至木桥村间构筑了一座水位调节坝（开县调节坝，又名乌杨大坝），从而形成一座175m水位线下流域面积为16.6km^{2}的汉丰湖。考虑汉丰湖的特殊性，研究中澎溪河流域模拟区域分为水位调节坝上游的汉丰湖及其上游区域［图 6-36（a）］、水位调节坝下游的汉丰湖下游区域［图 6-36（b）］两个部分，分别进行模型构建和验证。模型构建以研究区主要点源和面源时空分布调查为基础。

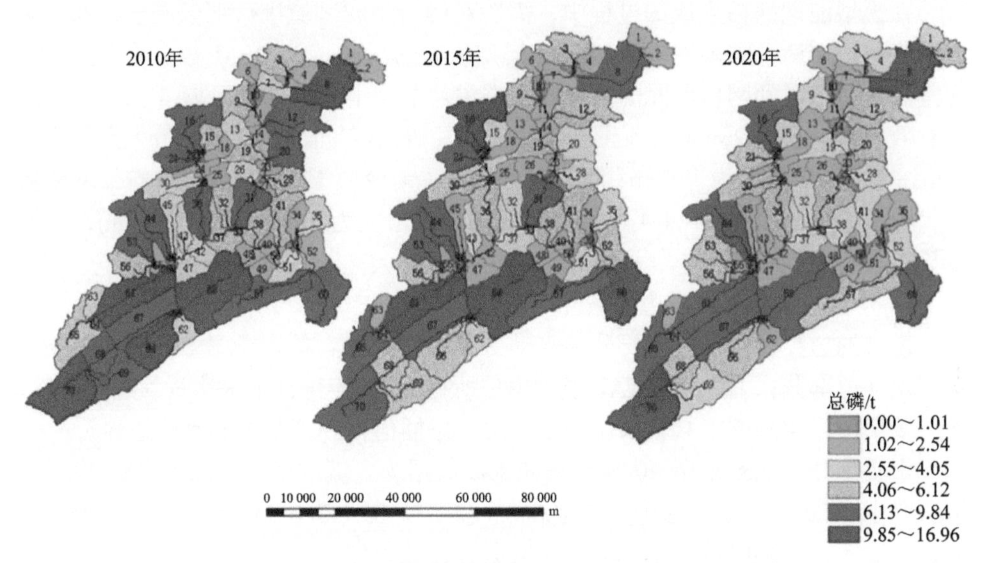

图 6-35 情景三下澎溪河流域各子流域总磷负荷空间分布

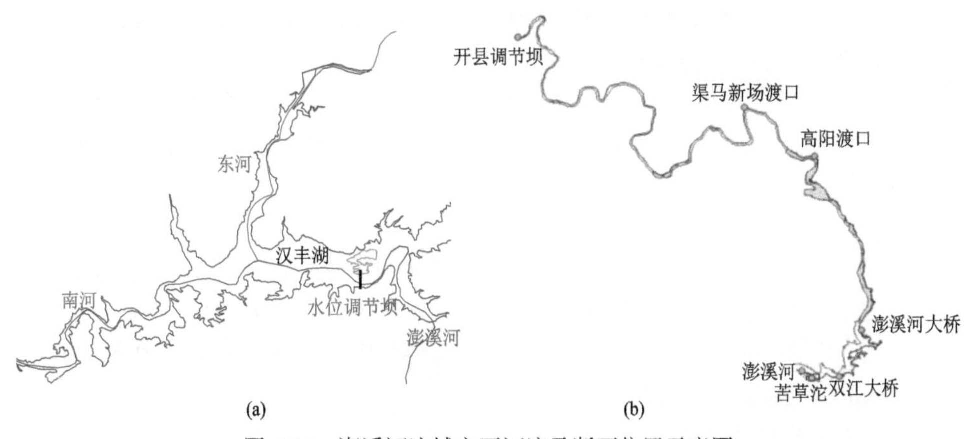

图 6-36 澎溪河流域主要河流及断面位置示意图

1）模型构建与验证

a. 模拟区域 DEM 数据

空间概化需要根据模型的要求来生成模拟区域的网格，EFDC 模型的运行基于曲线正交网格，需要对研究区域进行曲线正交网格的生成。空间数据的处理是模型空间概化的基础，模型采用汉丰湖成库前的澎溪河流域 DEM 数据来为

DELFT3D 生成网格和地形的生成提供支持，且取其中 175m 等高线作为汉丰湖的永久陆地边界。

b. 模拟区域的网格生成

在模型前期网格生成的过程中，需要对网格生成区域进行细微调整，保证生成网格的正交性，并最终生成 EFDC 模型所需的网格。以 DEM 数据中散点高程为基础，插值得到网格单元的高程。本书中调节坝上游汉丰湖区域 175m 高程以下有效网格数目为 23006 个［图 6-37（a）］，最小空间步长 29m，最大空间步长 91m，空间步长平均约为 40m；调节坝下游澎溪河流域 175m 高程以下有效网格数目为 11965 个［图 6-37（b）］，网格空间步长最大为 445m，最小为 26m，空间步长平均约为 50m。

c. 模型的水动力水质边界条件

模型的边界条件设置主要分为水动力和水质部分。

水动力部分：上游以 SWAT 模型模拟所得 2008 年每日来水流量为边界条件，下游苦草沱以实测的万县站水位和巫山站水位插值得到苦草沱的水位边界。

水质部分：上游采用 2008 年实测水质数据为入流浓度，并以 SWAT 模型模拟所得小江 2008 年的面源排放数据和 SD 模型模拟所得小江的点源排放数据为污染负荷输入，下游以苦草沱实测水质数据为边界条件。

d. 模型的验证

模型对多个主要监测断面的模拟结果和实测数据进行验证，以乌杨大坝断面和渠马渡口断面为例，如图 6-38 所示。

其中，乌杨大坝处 COD_{Mn} 模拟值和实测值的平均相对误差为 8%，NH_3-N 模拟值和实测值的平均相对误差为 18%，TN 模拟值和实测值的平均相对误差为 9%；TP 模拟值和实测值的平均相对误差为 62%。渠马渡口处 COD_{Mn} 模拟值和实测值的平均相对误差为 9.9%，NH_3-N 模拟值和实测值的平均相对误差为 28.8%，TN 模拟值和实测值的平均相对误差为 9.1%，TP 模拟值和实测值的平均相对误差为 50.5%。模拟结果表明：模型能较好地模拟上游汉丰湖流域的 COD_{Mn}、TN 和 NH_3-N 浓度，对 TP 的模拟效果一般，总体来看，模型可用于流域内的水动力水质预测。

2）SLLW 模块集成对接与情景设计

a. SLLW 模块集成对接

根据流域水质安全预警模型方法，综合预警模型框架包括社会经济模块（social-economics part）、土地利用模块（land use part）、负荷排放模块（load part）及水动力水质模块（water quality part）4 个核心模块，采用 SD 模型、CA-Markov 模型、SWAT 模型、EFDC 模型来实现相关功能，相互衔接关系如图 6-39 所示。

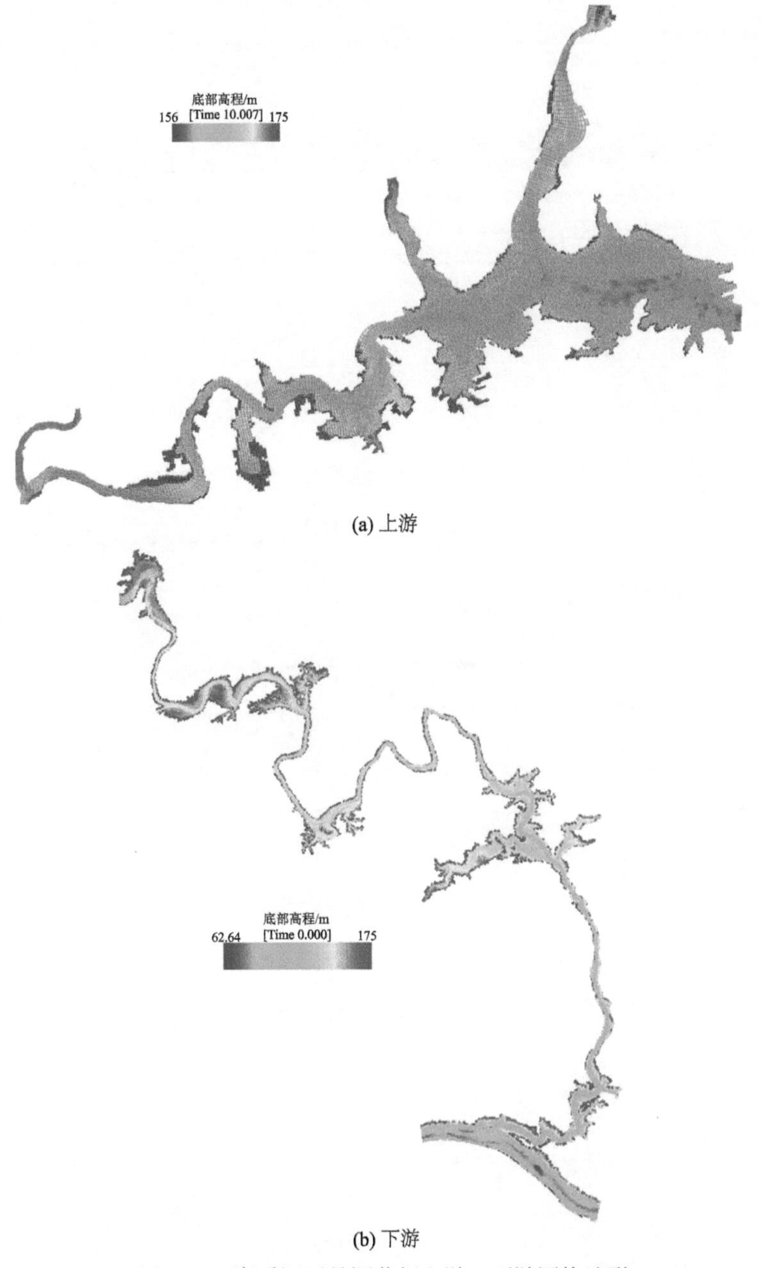

(a) 上游

(b) 下游

图 6-37　澎溪河开县调节坝上游、下游网格地形

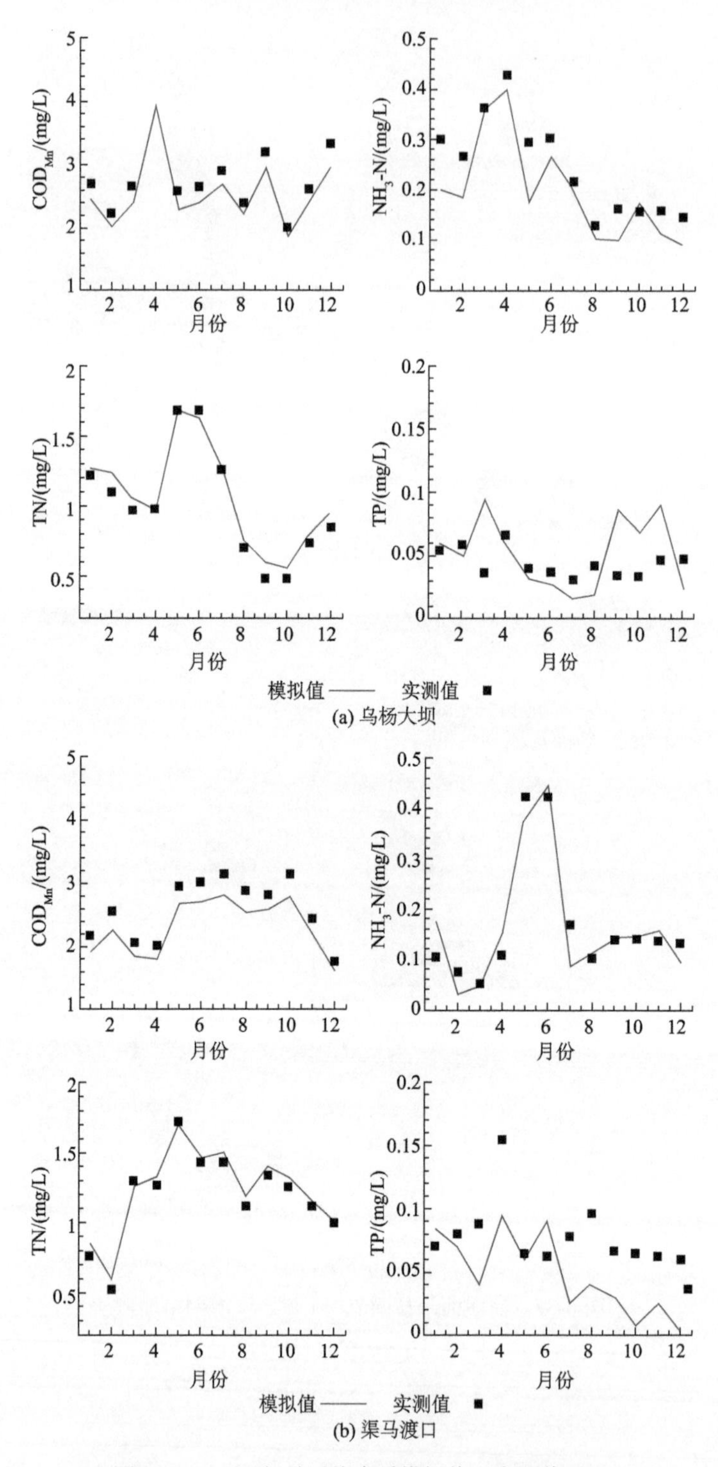

图 6-38　2008 年月平均水质模拟值和实测值对比

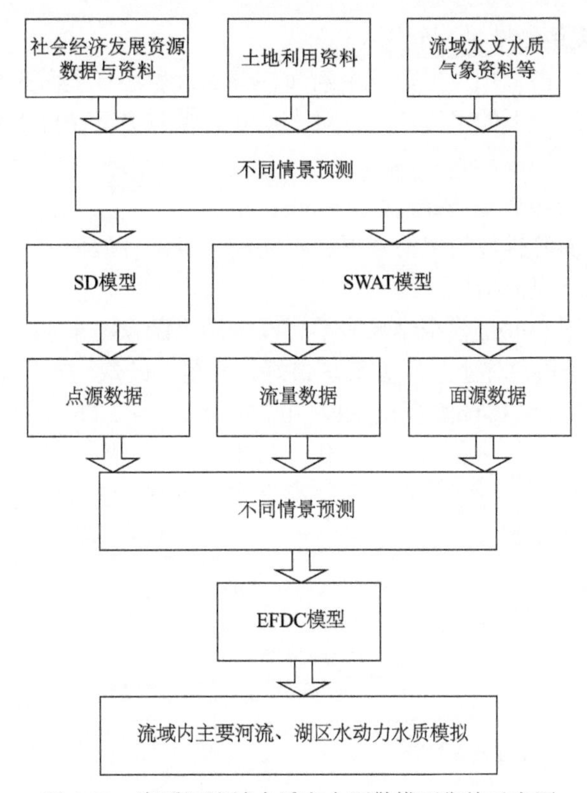

图 6-39 澎溪河流域水质安全预警模型衔接示意图

b. 预警情景优化设计

根据 SWAT 模型模拟的面源污染负荷和入河流量，以及 SD 模型模拟的点源污染负荷来模拟澎溪河流域的水动力水质情况。其中，SD 模型给出了 3 种不同发展模式情景下的污染物点源排放预测结果。SWAT 模型给出了 3 种土地利用开发情景下的面源污染负荷排放预测结果。

根据不同面源情景和不同点源情景，本节主要对六种组合方案下的小江水质进行模拟，如表 6-4 所示。其中，方案一、方案二、方案三主要反映面源最优情景下，不同社会经济发展模式对水体水质的影响；方案四、方案五、方案六主要反映社会经济发展模式最优情景下，不同土地利用空间格局对水体水质的影响。

表 6-4 面源、点源六种组合方案

	方案一	方案二	方案三	方案四	方案五	方案六
面源		面源预测情景三		面源预测情景一	面源预测情景二	面源预测情景三
点源	点源预测情景一	点源预测情景二	点源预测情景三		点源预测情景三	

注：面源预测情景三为面源最优情景；点源预测情景三为点源最优情景。

3）情景方案预测结果及分析

选取津关、乌杨大坝、渠口三个断面，分别代表小江上游来水、小江汉丰湖坝前、小江汉丰湖坝下的水质断面，对未来 6 种情景方案条件下澎溪河流域水质状况进行说明。

a. 方案一、方案二、方案三

本节给出在面源排放最优情景下，不同社会经济发展模式（点源变化）各水质监测断面的水质模拟结果。

津关断面（图 6-40）模拟结果表明，汉丰湖上游东河来水水质在三种方案模式下变化不大，水质总体上呈现方案三最好，方案一最差，年平均 COD_{Mn} 浓度在 2.3～2.6mg/L 变化，NH_3-N 浓度在 0.17～0.25mg/L 变化，TN 浓度在 0.8～0.9mg/L 变化，TP 浓度在 0.04～0.05mg/L 变化。总体来看，方案三的发展模式可以使水质基本维持在现状，而方案一和方案二都会使水质有一定程度的恶化，其中方案一对水质的影响最大。

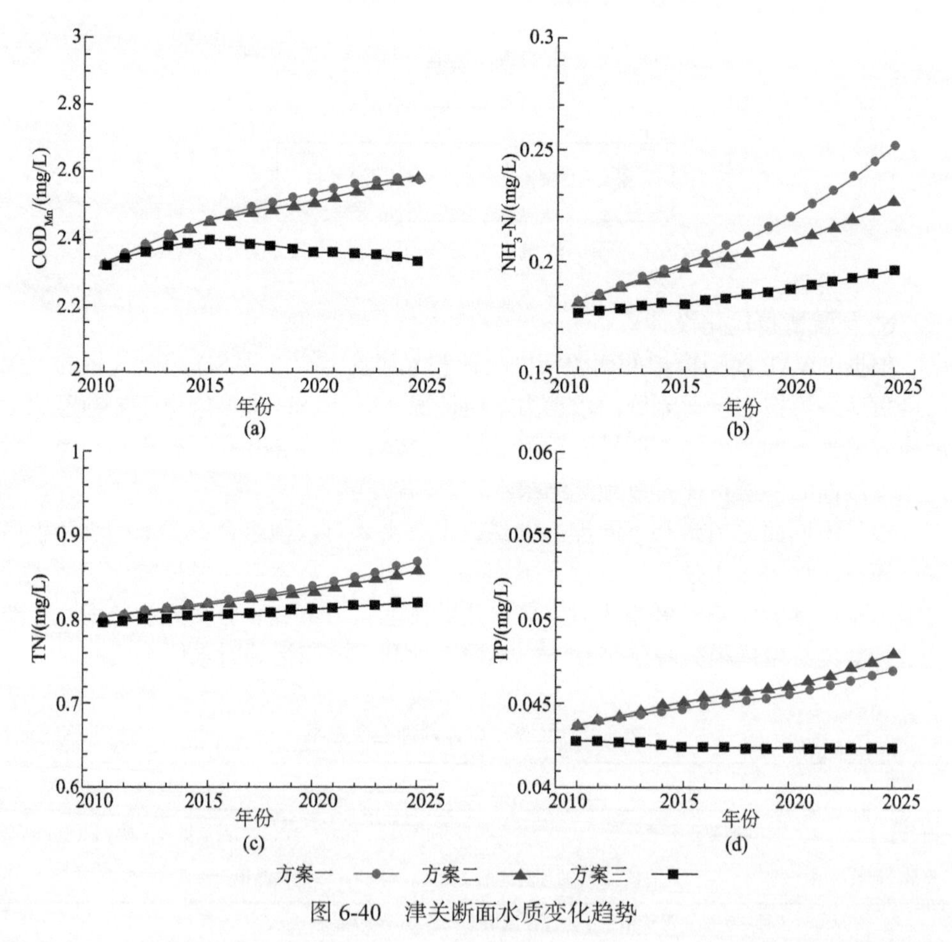

图 6-40　津关断面水质变化趋势

乌杨大坝断面（图 6-41）模拟结果表明，方案一模式和方案二模式下的水质变化趋势一致，方案三模式下水质基本维持现状。在方案一模式下，断面处年平均 COD_{Mn} 浓度由 2.8mg/L 逐年升至 4.7mg/L，总增幅为 68%；NH_3-N 浓度由 0.24mg/L 逐年升至 0.45mg/L，增幅为 88%；TN 浓度由 1.1mg/L 逐年升至 2.7mg/L，增幅为 145%；TP 浓度由 0.057mg/L 逐年升至 0.083mg/L，增幅为 46%。在方案二模式下，断面处年平均 COD_{Mn} 浓度由 2.8mg/L 逐年升至 4.7mg/L，增幅为 68%；NH_3-N 浓度由 0.24mg/L 逐年升至 0.37mg/L，增幅为 54%；TN 浓度由 1.1mg/L 逐年升至 2.3mg/L，增幅为 109%；TP 浓度由 0.057mg/L 逐年升至 0.09mg/L，增幅为 58%。方案三模式下，断面处年平均 COD_{Mn} 浓度经历先升高后降低的过程，在 2015 年达到最高，为 3.32mg/L，增幅为 19%，到 2025 年之后，浓度又降为 2.9mg/L。总体来看，COD_{Mn} 浓度维持在一个较平稳的状态，TN 有较小的持续上升趋势，2025 年相对 2010 年的增幅为 50%，NH_3-N 和 TP 基本为持平状态。从乌杨大坝断面水质结果可以看出，方案三的发展模式最优。

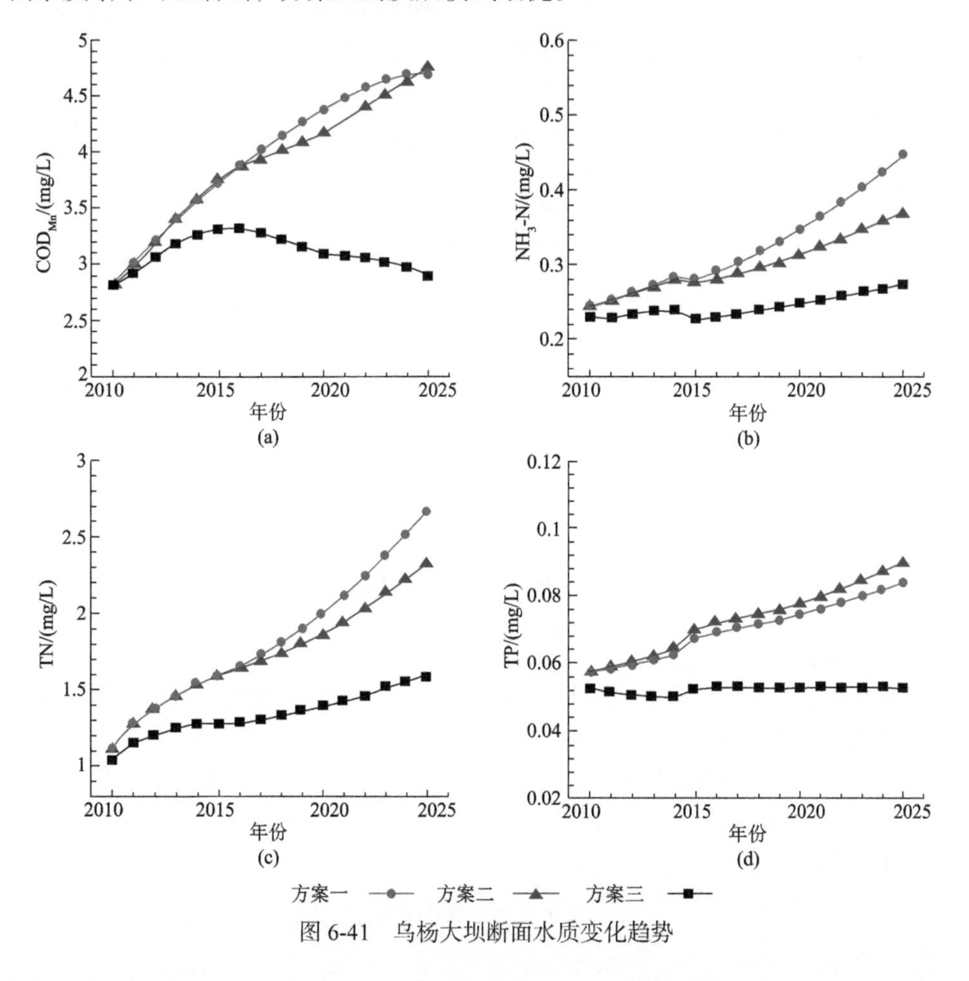

图 6-41 乌杨大坝断面水质变化趋势

渠口断面（图 6-42）模拟结果显示，方案一模式最差。在方案一模式下，该断面处 COD_{Mn} 浓度在 2.6～4.4mg/L，NH_3-N 浓度在 0.24～0.45mg/L。该断面是上游调节坝来水、浦里河来水和开州港精细化工园物流园水体汇入混合处，影响水质的因素最多，但水质模拟结果范围和趋势与乌杨大坝类似，稍有改善，从一定程度上说明对该断面水质影响最大的是乌杨大坝来水。

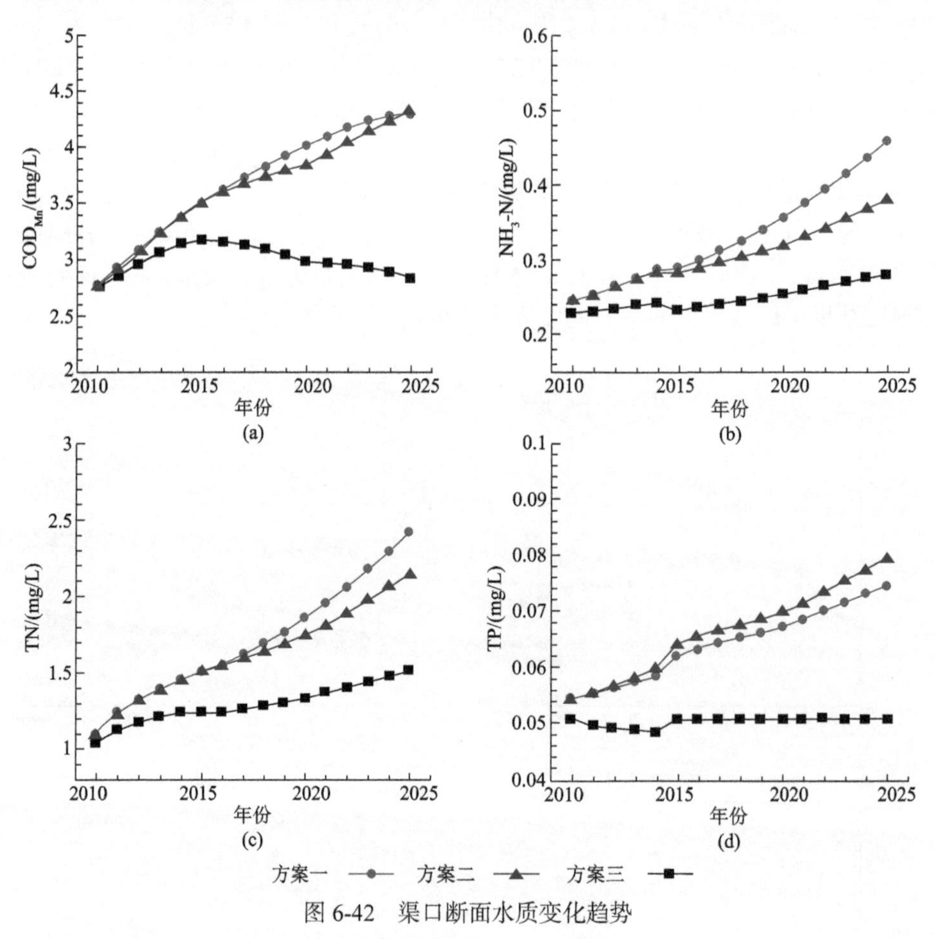

图 6-42　渠口断面水质变化趋势

b. 方案四、方案五、方案六

本节主要给出在点源排放最优情景下，不同土地利用状况（面源变化）各水质监测断面的水质模拟结果及分析。

津关断面模拟结果如图 6-43 所示。可以看出，三种土地利用情景变化下模拟所得水质结果基本重合。结果表明，土地利用情景的变化对处于上游的津关断面几乎没有影响。

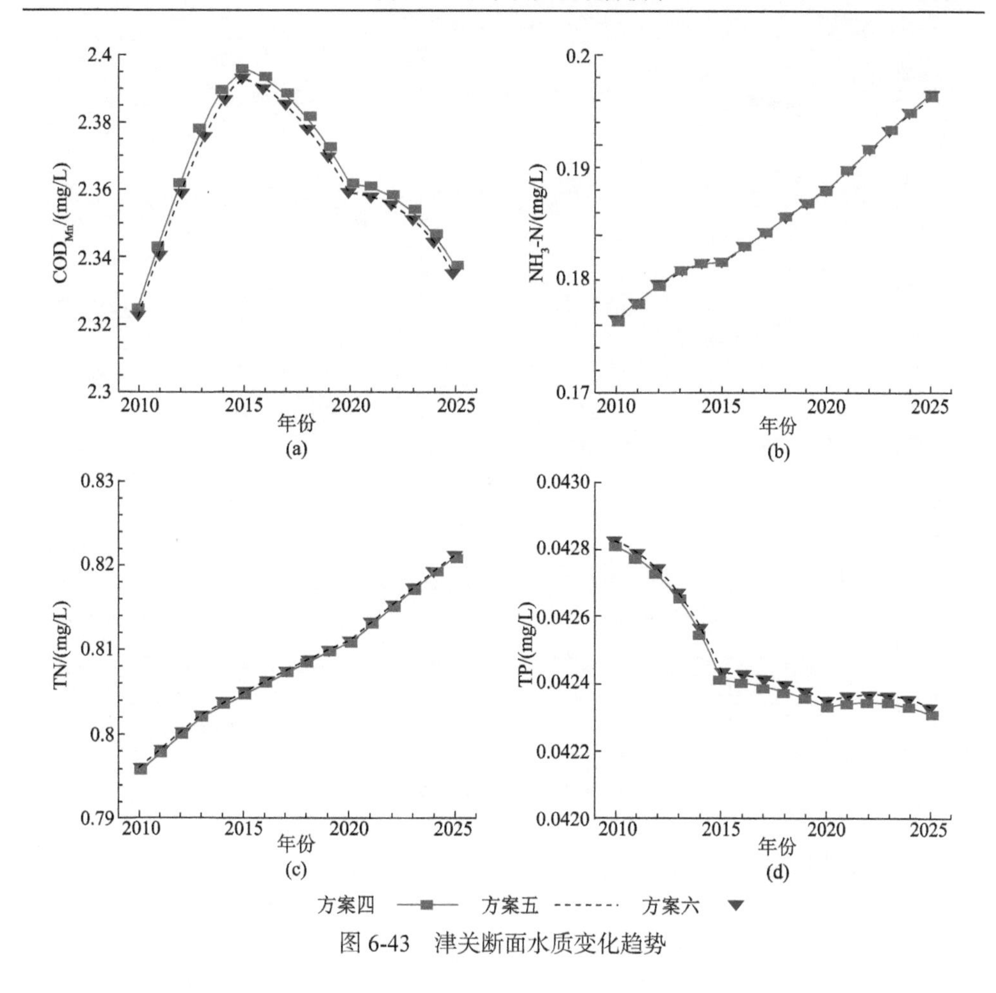

图 6-43　津关断面水质变化趋势

乌杨大坝断面模拟结果如图 6-44 所示。可以发现，方案五和方案六模拟结果基本一致，而方案四和前两者有较大区别。三种方案下断面年平均 COD_{Mn} 浓度都是经历先上升后下降的过程，在 2016 年达到峰值 3.3mg/L，最后在 2025 年又降至和 2010 年相仿的水平。方案五和方案六中，NH_3-N 浓度由 0.245mg/L 逐年上升到 0.305mg/L，TN 浓度则由 1.15mg/L 逐年上升到 1.65mg/L，TP 浓度维持在 0.065mg/左右，基本稳定。方案四中，NH_3-N 浓度经历了先下降后上升的过程，但浓度基本维持在 0.25mg/L 左右。TN 浓度持续上升，而 TP 浓度先下降后保持基本不变。模拟结果表明，方案四模拟所得水质较方案五和方案六有较大改善，说明土地利用情景变化对乌杨大坝断面的水质有一定的影响，且土地利用情景一条件下该断面水质最优。

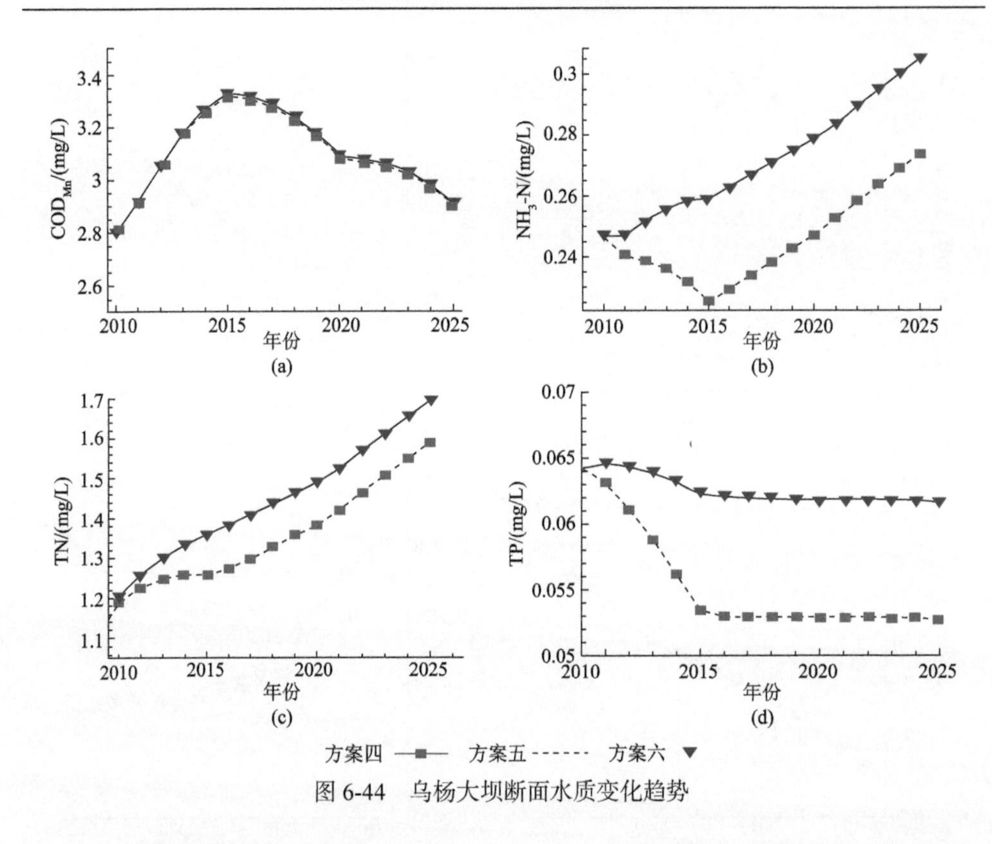

图 6-44　乌杨大坝断面水质变化趋势

渠口断面模拟结果如图 6-45 所示。可以看出，渠口断面模拟结果和乌杨大坝模拟结果趋势一致。在方案五和方案六下，该断面的年平均 COD_{Mn} 的变化趋势也是经历先上升后下降的过程，从 2010 年的 2.75mg/L 逐渐上升到 2016 年的 3.35mg/L，随后到 2025 年又降为 2.84mg/L；TN 和 NH_3-N 的年平均变化趋势都是逐年上升，TN 由 2010 年的 1.06mg/L 上升至 2025 年的 1.51mg/L，NH_3-N 由 2010 年的 0.241mg/L 上升至 0.305mg/L；TP 变化不大，基本维持在 0.05mg/L 左右。模拟结果表明，在方案四的土地利用模式下，渠口断面水质最好。

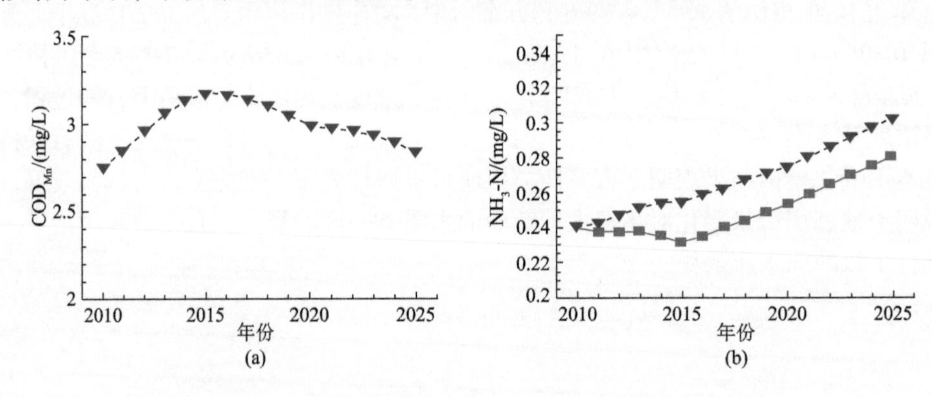

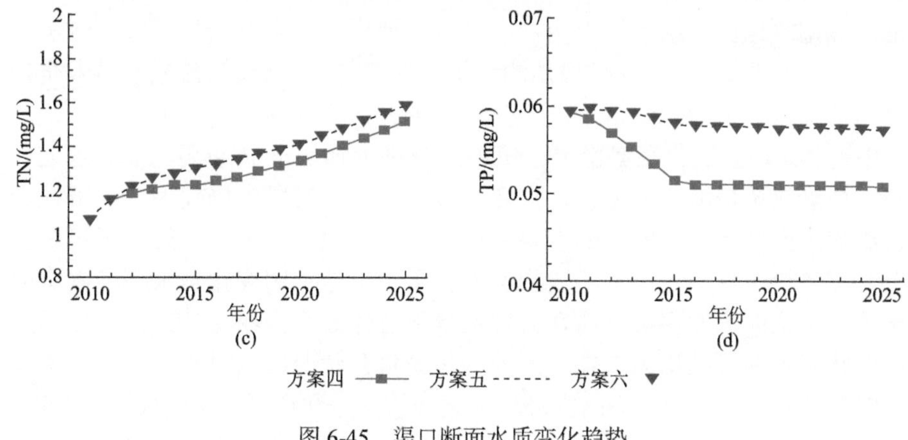

图 6-45 渠口断面水质变化趋势

6. 不同情景方案水质安全预警结果判定

水质安全预警结果判定所采用的指标不完全等同于水质安全评估指标。其原因在于，预警模型所能提供的只是模型输出原始变量的预测结果，预警结果判定更多受限于模型预测结果的产出。部分变量具有代表性、可比性，具有警示意义，能够反映过程预警各要素的状况和趋势，可以直接作为指标开展评估、支持预警判断。否则，需要选取其他代表性预警指标，对原始变量数据结果加工以计算预警指标预测值，辅助预警判断。

考虑不同预警模型预测的数据可得性、指标代表性等因素，研究中借鉴 5.3 节耦合状态与趋势的水质安全评估思想，在对指标进一步拓展优化的基础上进行水质安全预警结果判定。

根据相关文献调研，结合澎溪河流域实际，初步选取人口密度、GDP 增长率、建设用地动态度、单位土地面积的污染负荷（COD_{Cr}、TN、TP）、水体污染物浓度（COD_{Mn}、TN、TP）作为澎溪河水质安全预警指标，分别代表社会经济、土地利用、污染负荷、水环境质量 4 个方面的控制要素。其中，水环境质量类的预警指标标准值直接采用国家地表水标准的Ⅲ类限值，且由于三峡库区支流类似湖泊型水体，TP 浓度取湖库水体限值。社会经济、污染负荷类的预警指标标准值采用历史时段（2005～2010 年）三峡库区及其上游流域的区域参照值。土地利用的预警指标标准值从统计学意义上，将 10%的显著变化作为状态预警限值。预警级别的划分参考 5.3 节的方法，其中，对趋势预警而言，考虑澎溪河流域经济相对不发达、地处山区，且位于淡水资源战略储备库的三峡水库高功能水域，从统计学意义上，选择较为保守的变化幅度作为趋势预警的划分标准，即恶化趋势≥5%则发出警示。

在澎溪河水动力水质模拟预测的情景优化设计中，方案一、方案二、方案三是面源排放最优情景下，不同社会经济发展模式（自然增长模式、经济人口调控模式、协调发展模式）模拟预测结果，对应表 6-5 澎溪河流域水质安全预警结果的情景一、情景二、情景三。分析可见，在三种情景模式下，人口密度均处于中警状态，且变化态势稳定；GDP 增长率近期处于中-重警状态，远期在情景二、情景三调控模式下无警，但变化幅度在预测时段内仍较大，未来社会经济发展成为库区水环境安全的重要胁迫。建设用地动态度总体处于无警状态，但上升态势较明显，发出了趋势预警的警示，土地利用变化是水环境安全的潜在压力。单位面积的污染负荷在三种情景下总体处于中-重警状态，尤其是 TP 负荷的状态预警级别均为重警，当前的污染负荷状况已然对水环境安全构成威胁。以乌杨大坝断面为代表的水环境质量在情景一和情景二下均较差，TN、TP 处于中-重警状态，COD_{Mn} 浓度恶化趋势明显；情景三相对较好，COD_{Mn} 和 TP 处于无警和轻警状态，TN 处于中警状态，各指标变化趋势平稳，但总体上水质并不乐观。水质作为警情要素，在各情景下的状态响应与压力要素状况体现出一致性。

表 6-5　澎溪河流域水质安全预警结果判定

过程预警指标		社会经济		土地利用	污染负荷			水环境质量		
		人口密度/（人/km^2）	GDP 增长率/%	建设用地动态度/%	COD_{Cr}/(t/km^2)	TN/(t/km^2)	TP/(t/km^2)	COD_{Mn}/(mg/L)	TN/(mg/L)	TP/(mg/L)
标准参考值		352.00	12	10	1.69	1.14	0.24	6	1.0	0.05
情景一	2020 年	443.54	14.20	6.42	2.88	1.53	0.45	4.26	1.9	0.073
	预警级别	◎↔	◎↕	○↕	●↔	◎↔	●↔	○↕	●↔	◎↔
情景二	2020 年	439.91	11.70	6.42	2.72	1.50	0.46	4.09	1.8	0.076
	预警级别	◎↔	○↕	○↕	●↔	◎↔	●↔	○↕	●↔	●↔
情景三	2020 年	439.91	11.70	6.42	1.91	1.34	0.42	3.16	1.35	0.053
	预警级别	◎↔	○↕	○↕	⊙↔	◎↔	●↔	○↔	◎↔	⊙↔

6.3　基于受体敏感特征的流域水质安全状态响应预警

6.3.1　研究方法

采用 BN 和 MLP 神经网络两种技术方法，分别对敏感受体水质和水华特征的响应预警开展探索研究。

1. 基于BN的水质安全状态预警研究方法

流域水质安全状态响应预警的本质是对预警目标指标和具有时滞效应的预测变量响应关系的模拟。模拟模型包括机理模型和统计模型。机理模型很难满足时滞效应的响应关系模拟。常用的统计模型包括ANN、小波分析和模糊模型。Teles等（2007）采用ANN研究了具有时滞效应的物理化学指标、生物指标对藻类生物量的拟合效果，通过选取不同的时滞时间（2～52周）的模型的最佳拟合效果，得到最优的时滞时间。与之类似，Palani等（2008）也是采用ANN进行时滞效应的模拟，所不同的是，其采用互交叉函数（cross correlation function，CCF）分析最佳时滞时间。Kim（2015）耦合小波分析和模糊模型，对藻类生物量进行了时滞时间为1个监测步长的模拟，这个时滞时间是先验确定的，没有通过模拟方法或者统计检验进行判断。Zhang等（2014）采用小波分析研究了太湖围观时间尺度藻类暴发与水质变量之间的时滞时间，发现部分水质变量的时滞时间为2～3d。

从已有的研究可知，对流域水质安全状态响应预警的核心技术问题是时滞时间和响应模型的选择。另外，现有的研究注重对响应变量数量的预测，而忽视了响应关系的不确定性，以及由此带来的水质达标风险，这正是本书预警分级的重要依据。此外，对水温等具有明显周期性特征的水质指标而言，本书不将其作为预警指标，而将其作为边界条件，对于边界条件而言，不考虑其与响应变量之间的时滞时间。不确定性及由此得出的基于水质达标风险的预警分级和在模拟模型中边界条件的引入，是本书的主要创新点。对时滞时间的选择，本书借鉴Kim等（2014）的方法。

基于受体敏感特征的流域水质安全状态响应预警技术路线如图6-46所示。

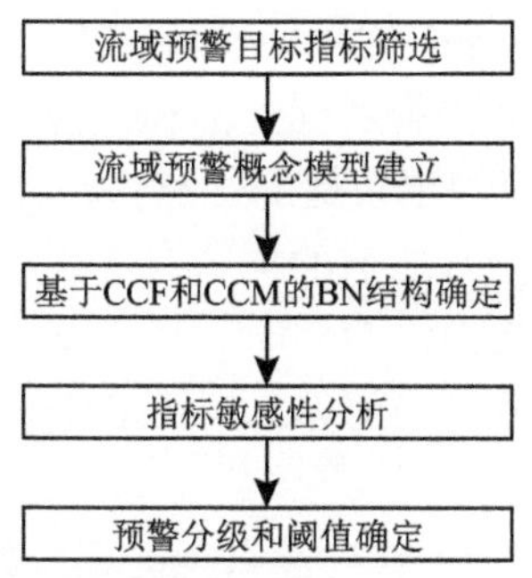

图6-46　基于受体敏感特征的流域水质安全状态响应预警技术路线

流域预警目标指标的筛选需要根据流域的敏感性特征，抓住流域的主要水环境问题；流域预警概念模型体现短时间尺度预警的特征，预警指标的监测时间点应不晚于预警目标指标，这样才能实现预警的目的。预警模型的 BN 结构具体化的概念模型，采用 BN 的方法实现预测，而 CCF 和收敛交叉映射（convergent cross mapping，CCM）方法用于确定 BN 的结构，该环节用到了本小节的 3 种主要方法；指标敏感性分析是在建立的模型基础上，比较评价预警指标对预警目标指标的敏感性，辅助判断预警指标的合理性；预警分级具有主观性，可根据决策者的意愿进行选择，本书给定预警目标指标的限值或者范围，以超过限值或者达到浓度范围的概率水平（风险）对预警进行分级，而预警指标的阈值则根据已有的分级得到。本方法快捷易行，具有很强的适用性和推广性。

本书主要用到 CCF、CCM 和 BN 分析方法。

1）CCF 分析

尽管相关关系并非因果关系，但是如果两个变量存在显著的相关关系（即存在时滞的相关关系），则二者之间有存在因果关系的可能（Shipley，2000），CCF 可以用于判断变量之间的线性因果关系。CCF 函数的具体公式如下：

$$\hat{\rho}_{xy}(h)=\frac{\hat{\gamma}_{xy}(h)}{\sqrt{\hat{\gamma}_x(0)\hat{\gamma}_y(0)}} \tag{6-15}$$

其中，

$$\hat{\gamma}_{xy}(h)=\frac{\sum_{t=1}^{n-h}(x_{t+h}-\overline{x})(y_t-\overline{y})}{n} \tag{6-16}$$

式中，n 为样本容量；x 和 y 分别为两个变量；t 为监测时间的顺序；h 为时滞时间间隔；$\hat{\gamma}_x$ 和 $\hat{\gamma}_y$ 分别为 x 和 y 的方差；$\hat{\gamma}_{xy}$ 表示 x 和 y 时滞为 h 时的协方差；$\hat{\rho}$ 为相关系数。上述公式得到的 CCF 表示 y 在 x 的 h 个时间单位之前的时间序列相关关系；当 h=0 时，即普通 Pearson 相关关系。

本书采用 CCF，通过判断预警目标指标和预警指标之间的因果关系，筛选用于构建 BN 的预测变量，具有简单快捷的优点。在求解 CCF 时，取 h=1，即关注时间步长为 1 个月：通过一个月之前的预警变量状态，对下一个月的预警变量状态进行预测和预警。此外，在构建 BN 时，还需要引入同时间的边界条件变量，如水温，此时判断变量间关系时采用 h=0 时的 CCF。

2）CCM 分析

CCM 由 Sugihara 等（2012）针对复杂生态系统的非线性、弱相关关系提出，采用非线性状态空间重构，探究变量之间的因果关系；Clark 等（2015）将此方法引入空间面板数据的分析，降低了对数据长度的需求。CCM 是最先针对环境和生态系统的非线性、弱相关关系特征提出的统计因果关系判断方法。

CCM 的理论基础是 state-space reconstruction（状态空间重建），本质上是一种多个延时的回归分析。CCM 对因果关系的判断是根据预测变量（X）的历史数据对响应变量（Y）的预测效果来评价 X 对 Y 的因果关系；CCM 从动态系统理论出发，建立了 state-space reconstruction 的概念，并通过检验 X 的 state-space（MX）对 Y 的预测效果判断因果关系。另外，CCM 是一种局部回归的思想，适用于动态系统（如相关关系发生变化，但因果关系未发生变化）。

CCM 的具体步骤：首先确定每个变量的维度，通过不同的长度 L 计算 X 的 state-space 值对 Y 预测效果变化（相关系数衡量），一般而言预测效果会随着 L 的变大而变大，因此当 L 到达一定值时会收敛。然后判断这个变化曲线，如果曲线值较小且没有明显的单调增加，则说明没有因果关系。本书对两个变量之间的 CCM 因果关系的判断是基于 R 软件的 Spatial CCM 软件包。

3）BN 分析

BN 模型为有向无环图模型，由代表变量结点及连接这些结点的有向边构成。每个节点都标注了定量概率信息。表示为 $B=\{G, Q\}$，其中，G 是一个能表示变量域的有向无环图，Q 是相应的一组条件概率集合。BN 模型是一种基于概率推理的模型，可以将具体问题中复杂的变量关系在一个网络结构中表示，通过网络模型反映问题领域中变量的依赖关系，适用于不确定性知识的表达和推理。一个 BN 主要由两部分构成，分别对应问题领域的定性描述和定量描述，即 BN 结构和网络参数。①BN 结构是一个有向无环图，由一个结点集合和一个有向边集合组成。结点集合中的每个结点代表一个随机变量，变量可以是任何问题的抽象，用来代表感兴趣的现象、部件、状态或属性等，具有一定的物理和实际意义。有向边表示变量之间的依赖或因果关系，有向边的箭头代表因果关系影响的方向性（由父结点指向子结点），结点之间若无连接边表示结点所对应的变量之间是条件独立的。②网络参数，通常称其为条件概率表，该表列出了每个结点相对于其父结点所有可能的条件概率。BN 在有联系的结点之间建立连接弧，则有 n 个结点的 BN 联合概率分布为

$$P(X_1, X_2, \cdots, X_n) = \prod_{i=1}^{n} P(X_i | P_{ai}) \tag{6-17}$$

式中，P 为父结点的集合。

应用 BN 首先要建立 BN 模型，建立过程主要分为两步：①建立 BN 的有向无环图，即分析确定系统中的主要变量并建立变量之间的因果关系，找到和样本数据拟合得最好的网络拓扑结构，这是一个定性的过程，称为 BN 结构学习。BN 的结构学习算法可分成两类：基于评分搜索的方法和基于条件独立性测试的方法。②当 BN 结构建立后，需要知道变量之间的定量关系即条件概率

表，这就需要对数据进行整理分析并结合先验知识来确定，这一过程称为 BN 的参数学习。参数学习在统计学中称为参数估计，常用以下两种算法：最大似然估计和贝叶斯估计。

BN 是一种贝叶斯统计学方法。该方法充分考虑了系统响应关系的不确定性，利用 BN 进行推断得到的结果是一种分布，满足本书中根据超标风险划分预警等级的需求。BN 能够反映变量之间的非线性关系，能够根据新的监测数据灵活地调整模型结构和进行参数学习（Cha and Stow，2014）。由于离散 BN 在分层数目、分层依据等方面存在诸多问题，本书采用连续 BN 建模（Qian and Miltner，2015）；BN 的学习和推断，基于 R 软件的 bnlearn 软件包。

2. 基于 MLP 神经网络的水华风险预警研究方法

水华风险预警作为水环境累积性风险预警的一种，以水生生物群落层面为评价终点，针对水生态系统受体的逆化演替和恶化风险进行分析、描述和及时报警。由于藻类水华发生过程具有复杂性、非线性、时变性的特点，且是环境中多种压力源的组合效应，据此，其在警情发生状态上需要经过一定时间的潜伏、演化和累积，从而区别于单一压力源（某个水污染事件）的突发性风险预警；其在时间尺度和预警目的上属于短期的异常波动预警，区别于长期的变化趋势预警。

预警模型一般分为机理模型（如水质水生态模拟模型）和非机理模型（如回归分析模型、ANN 模型、遥感反演模型）。后者由于所需模型参数相对少、参数较易获取、建模和计算过程相对快速和简便，较好地适应于水华风险预警，在实际工作中更受青睐。其中，ANN 技术具备了模拟人脑的非线性思维模式、自学习功能强大等特点，与现代化的信息采集和集成技术结合较好，在国内外水体富营养化和水华风险预警中的应用研究尤为广泛。

然而，ANN 模型需要大量现场监测数据驱动，可用于模型的驯化和校正。事实上，现场调查数据常常受自然环境、现场工作条件、仪器设备状况及其他不可控因素的约束，所采集的数据在时间上存在一定非连续性。指标变量数据量少或部分指标数据量的不匹配直接影响水华风险预警模型的构建和预测精度。据此，如何更科学有效地利用已有数据有待研究探讨。此外，我国关于水环境风险预警的理论和实践总体仍处于探索阶段，如何更好地表征水华风险及其预警等级还没有定论。

因此，本书针对水华风险预警中相关影响指标数据量的缺失问题，拟首先基于多元统计理论构建一种缺失数据插补法，用于弥补现场调查数据集的缺陷。其次基于主成分分析理论，确定水华风险预警的关键输入变量。然后采用 MLPANN 模型对水体水华表征指标叶绿素 a 浓度实施预测。最后引入风险概率的概念，提出水华风险概率计算公式并完善水华预警的风险表达。

1）基于多元统计和随机理论的缺失数据补充

在基于数据驱动、非机理型水体水华风险预警中，其关键影响因子的数据完整性决定了风险预警模型的优劣，因此，借助多元统计和随机理论对缺失数据进行补充具有重要意义。

中心极限定理有关正态分布理论中指出，许多微小偶然因素共同作用结果的变量或指标必定服从正态分布（杨振明，2007；Wolfgang and Léopold，2003），考虑水环境中各影响因子的复杂性与不确定性，其各指标可认为近似服从正态分布。假设存在某一水华影响指标浓度 x_1，其中 x_1 服从均值为 μ、方差为 σ 的正态分布，即 $x_1 \sim N(\mu, \sigma)$，若该指标 x_1 的样本容量 N 超过 30 时（大样本数据），则选取其中 30 组样本数据描绘其频次直方图，发现直方图近似符合正态分布曲线变化规律（陈玉辉，2013），且 30 组样本数据绝大多数落在（$\mu-3\sigma$，$\mu+3\sigma$）。

实际工作中，部分水华相关监测指标（如 TN、TP）大多以月为采样频率，由于短时期内该指标的外界环境因素相对稳定，可假定当月采样日的实测浓度数据近似该月的平均值 μ。根据正态分布样本数据处理中的 3σ 原则（拉依达准则）（李光霁等，2007）及该月采样日的实测浓度数据，描绘出该月 29d 或 30d 浓度值的近似数据范围。由 3σ 原则可知，样本数值分布在（$\mu-\sigma$，$\mu+\sigma$）、（$\mu-2\sigma$，$\mu+2\sigma$）、（$\mu-3\sigma$，$\mu+3\sigma$）中的概率分别为 0.6526、0.9544、0.9974。σ 值可以由月度实测数据集的标准差确定，以确定的 σ 计算样本数值分布范围的上下限值，并结合实际情况对 σ 进行校核。若选择 0.05 显著性水平下（对应 0.9544 概率），则该指标该月每天的浓度值为（$\mu-2\sigma$，$\mu+2\sigma$）。

由于该指标浓度在该范围内的取值具有随机性，根据环境指标浓度数据近似服从正态分布的特点，在满足浓度取值范围条件下，借助 MATLAB 软件，采用正态分布随机数生成函数，如 normrnd（μ，σ），生成该指标在该范围内的任意随机数，从而得到一组完整的监测指标日尺度插补数据。实际研究中，为降低任意随机数的随机性影响，可以将多组随机值纳入计算。

2）基于主成分分析的影响指标降维

在水生态系统中，叶绿素 a 浓度是反映水体中浮游植物生物量的综合指标，其影响因素较多，包括营养盐因子、光热条件因子和水动力条件因子等。各影响因素之间存在一定的相关性，部分参数信息量也必然具有一定的重复性，进而会增加问题分析的复杂性（易仲强，2011），同时也造成诸多"噪声"。因此，在已监测的多项水华影响指标中，识别并提取关键影响因子和主要信息具有重要意义。

主成分分析（韩晓刚等，2010）是一种通过降维的思想来简化数据的方法，力求原始数据信息丢失最少，同时把多指标简化为少数综合指标，而少数综合指标尽可能地反映原始指标的绝大部分信息。设监测样本个数为 n，每个样本有 p

个变量，构成 $n \times p$ 阶的原始数据矩阵，见式（6-18）：

$$\boldsymbol{X}=\begin{bmatrix} x_{11} & x_{12} & \cdots & x_{1p} \\ x_{21} & x_{22} & \cdots & x_{2p} \\ \vdots & \vdots & & \vdots \\ x_{n1} & x_{n2} & \cdots & x_{np} \end{bmatrix} \tag{6-18}$$

式中，当 p 较大时，需要对原始数据矩阵进行降维处理，将原始变量指标进行线性组合，构成少数几个综合指标，且相互独立，令原始指标为 x_1，x_2，…，x_p，新变量指标为 z_1，z_2，…，z_m（$m<p$），则得到新变量数据矩阵，见式（6-19）：

$$\begin{cases} z_1 = l_{11}x_1 + l_{12}x_2 + \cdots + l_{1p}x_p \\ z_2 = l_{21}x_1 + l_{22}x_2 + \cdots + l_{2p}x_p \\ \qquad\vdots \\ z_m = l_{m1}x_1 + l_{m2}x_2 + \cdots + l_{mp}x_p \end{cases} \tag{6-19}$$

式中，系数 l_{ij} 为原变量 x_i 在各新变量指标 z_i 上的载荷（i=1，2，…，m；j=1，2，…，p），其计算需借助普通最小二乘回归法。主成分分析的一般步骤包括数据标准化、计算相关系数矩阵、计算特征值与特征向量等（何晓群，2012）。

3）基于 MLP 神经网络的水华风险预警模型

ANN 模型目前已有数十种，其中理论较成熟、应用广泛的为前向网络。前向神经网络中较为熟知的反向传播（back propagation，BP）算法网络侧重强调反向传播学习算法的特点，而 MLP 神经网络是一种特殊的多层前向网络，侧重其网络结构。本书中所采用的 MLP 网络模型是基于 BP 学习算法将输入的多个数据集映射到单一输出的数据集上，其主要特点是输入与输出层之间存在一个或多个隐层；输入层没有计算节点，仅用于获取外部输入信号；网络中的信息是单向传递的，同一层中的神经元之间没有连接，通过非线性基函数的线性组合实现映射关系（刘会灯和朱飞，2008）；层与层之间通常采用全连接方式，连接程度由每层连接的权值表示。隐藏层节点输出模型和输出层节点输出模型分别见式（6-20）和式（6-21）：

$$O_j = f\left(\sum w_{ij} \times X_i - q_j\right) \tag{6-20}$$

$$Y_k = f\left(\sum T_{jk} \times O_j - q_k\right) \tag{6-21}$$

式中，$f(x)$为非线性作用函数，选取一样本对（X，Y）为 X=[x_1，x_2，…，x_m]，Y=[y_1，y_2，…，y_m]′，隐含层神经元 O=[O_1，O_2，…，O_m]′；w_{ij} 为输入层与隐含层神经元间的网络权值；T_{jk} 为隐含层与输出层神经元间的网络权值；q_j 为隐含层神经元的阈值；q_k为输出层神经元的阈值。针对含有 m 个样本的训练样本集，其网络模型构建步骤如下（元昌安，2009）。

（1）初始化设计合理的网络结构，将网络的各个权重 S_{ij}（含 w_{ij}与 T_{jk}）和阈值 θ_j（含 q_j与 q_k）初始化为（0，1）中的随机数，同时设置最大迭代次数 M（$M>m$）和目标误差，网络误差平方和（sum of squared errors，SSE）初值为 0。

（2）从训练集中随机取出样本输入向量 $\boldsymbol{x}$ 和期望输出向量 $\boldsymbol{T}$。

（3）计算所有隐含层或输出层各神经元相对上一层 i 的输入向量 $\boldsymbol{I}_j$，将各神经元 j 的输出向量 $\boldsymbol{O}_j$ 映射到[0，1]，其中输入向量表达式：

$$\boldsymbol{I}_j=\sum_i S_{ij}\boldsymbol{O}_j+\theta_j,\ \ \boldsymbol{O}_j=\frac{1}{1+\mathrm{e}^{-I_j}} \tag{6-22}$$

（4）检验网络误差平方。

（5）根据样本输入向量 $\boldsymbol{x}$ 所对应的期望输出向量 $\boldsymbol{O}_j$，计算输出层各神经元的误差向量：

$$\mathbf{ERR}_j=\boldsymbol{O}_j\left(1-\boldsymbol{O}_j\right)\left(T_j-\boldsymbol{O}_j\right) \tag{6-23}$$

（6）将网络中各权重 S_{ij} 和阈值 θ_j 分别进行调整：

$$S_{ij}=S_{ij}+\alpha\mathbf{ERR}_j\boldsymbol{O}_j,\ \ \theta_j=\theta_j+\alpha\mathbf{ERR}_j \tag{6-24}$$

式中，α为学习率。

（7）当 SSE 等于或小于目标误差时，网络收敛，否则，重新返回步骤（2）。

当 MLP 网络应用于水华风险预警时，输入层神经元是影响叶绿素 a 浓度的变量，它可以是监测直接获取的水质指标，也可以是经过主成分分析降维后的综合指标；输出层神经元为叶绿素 a 浓度。输入和输出层的神经元个数对应于所采用的指标变量个数，在模型中表现为输入和输出向量的维数。通过实际样本训练确定网络权值向量 $\boldsymbol{w}_{ij}$ 和 $\boldsymbol{T}_{jk}$，按照上述步骤建立水华风险预警模型。

4）耦合风险概率的水华风险预警等级划分

参考国内目前较公认的富营养化评价相关标准（郑丙辉等，2006），若不考虑风险概率，水华预警等级划分可以对应为：当叶绿素 a 浓度 $<10\ \mathrm{mg/m^3}$ 时，其预警级别为蓝色预警（无警）；当叶绿素 a 浓度为 10～$20\mathrm{mg/m^3}$ 时，其预警级别为黄色预警（轻警）；当叶绿素 a 浓度为 20～$40\mathrm{mg/m^3}$（含 $20\ \mathrm{mg/m^3}$）时，其预警级别为橙色预警（中警）；当叶绿素 a 浓度≥$40\mathrm{mg/m^3}$ 时，其预警级别为红色预警（重警）。

考虑水华风险预警模型的输入-输出响应关系、所获取的数据质量等均具有不确定性，在风险预警等级的表达中，引入风险概率概念（郑恒和周海京，2011），并提出水华风险概率计算公式，如下：

$$R = P \times K \times E \tag{6-25}$$

式中，R 为对应于某预警级别的水华风险发生概率，%；P 为事件平均发生的概率，%；K 为原始数据来源的准确率，%；E 为预测模型的准确率，%。其中，关于 P 的取值，本书假设当叶绿素 a 浓度≥40mg/m^3、水体呈重富营养化状态时，水华事件平均发生的概率 P 为 100%；则叶绿素 a 浓度为 C 时，$P = C/40 \times 100\%$。上述耦合风险概率的表达方式可以更好地反映水华预警的风险含义，弥补了传统预警级别划分和表达的绝对性。

6.3.2 澎溪河案例——基于 BN 的水质安全预警

本书选择三峡库区典型支流澎溪河（小江）流域为案例对象，所用数据包括：乌杨大坝，2008 年 1 月～2009 年 7 月，共 19 组；木桥，2008 年 1 月～2009 年 12 月，共 24 组；赵家大桥，2008 年 1 月～2009 年 12 月，共 24 组。分析的水质指标包括：水温（WT）、pH、DO、COD_{Mn}、COD、BOD_5、NH_3-N、亚硝酸盐氮、硝酸盐氮、TN、TP、Chla 等。其中，亚硝酸盐氮和硝酸盐氮合并为 NO_3-N。

根据澎溪河流域的特征，选择 Chla 和 DO 作为预警的目标指标，构建的流域预警概念模型如图 6-47 所示。

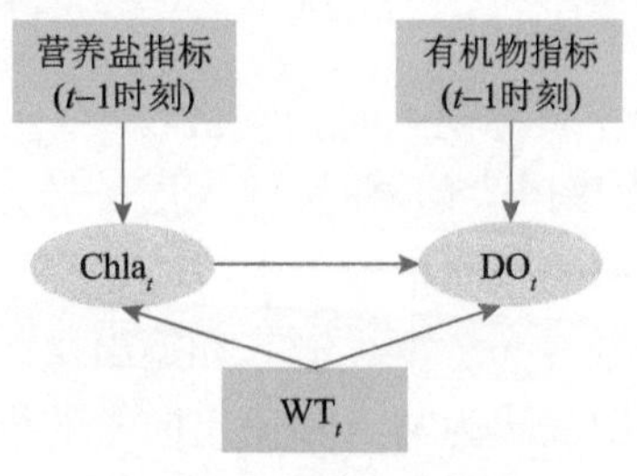

图 6-47 预警概念模型

采用 CCF 筛选 BN 的预测变量，结果如表 6-6 所示。其中，WT 作为边界条件，选择 DO、Chla 的当月值作为预测变量；下标“_1” 表示该变量在原始监测序列的基础上后移一个月（晚于原始监测序列一个月）；对 Chla_1 而言，大多数营养盐与 Chla 的关系均为负相关，只有 NO_3-N 有较强的正相关，当月水温作为边界条件，对 Chla_1 具有显著影响；对 DO_1 而言，选择当月 Chla 和提前 1 个月的 COD_{Mn} 作为预警指标，当月 WT 作为边界条件。

表 6-6　CCF 结果

指标	Chla_1	DO_1
WT_1	−0.338	−0.466
pH	−0.13	−0.197
DO	0.181	0.447
COD_{Mn}	0.08	−0.237
COD	0.26	0.008
BOD	0.124	0.217
NH_3-N	−0.293	−0.121
NO_2	−0.112	−0.176
NO_3	0.11	−0.034
TN	−0.132	−0.099
TP	−0.2	−0.122
Chla	0.107	0.104
NO_3-N	0.103	−0.042
Chla_1	1	0.323
DO_1	0.323	1

本书采用 CCM 进一步判断 Chla 和 DO 两个变量之间的关系，结果如图 6-48 所示，图中红色实线为 Chla → DO 的因果关系的可能性，而黑色实线则为 DO → Chla 的因果关系可能性；横坐标为状态空间重建选择的序列长度。可见，Chla → DO 的因果关系强于 DO → Chla，随着状态空间重建选择的序列长度的增加，概率趋向于 1.0，根据 CCM 对因果关系判断的准则，应判别为 Chla → DO 的因果关系，这与人们对系统的认知相符合。

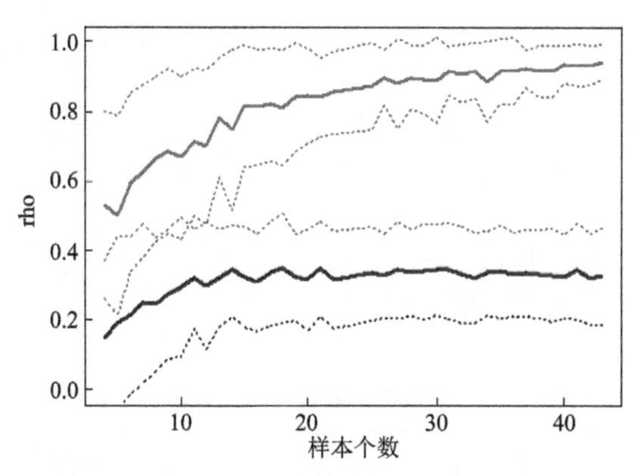

图 6-48　Chla 与 DO 因果关系的 CCM 判别结果

根据已有的概念模型和 CCF、CCM 对因果关系的判别结果，确定 BN 结构，如图 6-49 所示。其中提前一个月的 NO_3-N 和当月水温是 Chla 的预测变量，NO_3-N 作为预警指标，水温作为边界条件；提前一个月的 COD_{Mn}、当月 Chla 和当月水温是 DO 的预测变量，COD_{Mn} 和 Chla 为预警指标，水温是边界条件。

根据得到的结果对变量进行敏感性分析（图 6-50）。由图可知各个预测变量均具有较高的敏感性。对 Chla 而言，预警指标 NO_3-N 对 Chla 具有正的影响，边界条件水温对 Chla 也有正的影响；对 DO 而言，预警指标 Chla 具有正的影响，预警指标 COD_{Mn} 具有负的影响，而边界条件水温具有负的影响。这些与先验知识相符合，证明了模型的合理性。

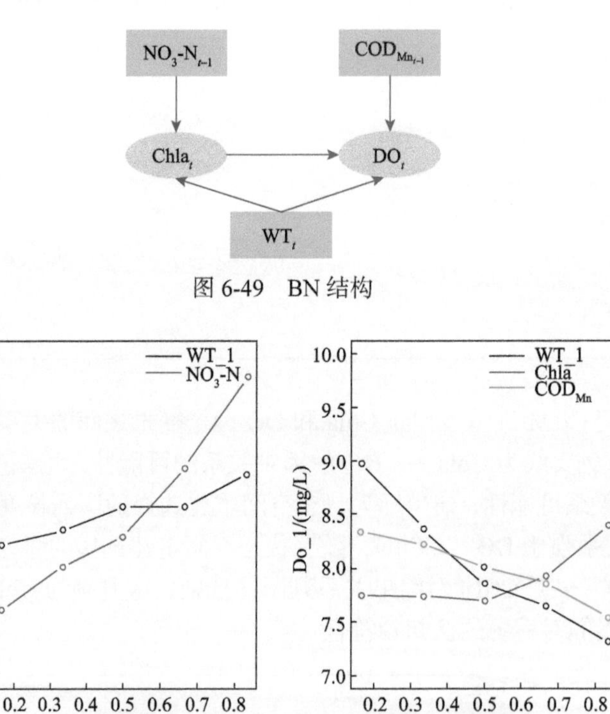

图 6-49　BN 结构

图 6-50　BN 预测变量敏感性分析

根据高浓度的响应变量值，推断预警指标的阈值。预警分级结果见表 6-7，其中高 Chla 浓度为 > 75%分位数，即 4.25μg/L，低 DO 浓度为 < 25%分位数，即 7.53mg/L。

表 6-7　预警分级结果

预警等级	高 Chla 浓度概率/低 DO 浓度概率
0	< 50%
1	［50%，65%）

续表

预警等级	高 Chla 浓度概率/低 DO 浓度概率
2	[65%，80%)
3	≥80%

由于水温是边界条件，对水温按照季节求平均值，春、夏、秋、冬四季的平均值分别为 17.5℃、24.4℃、21.9℃、12.2℃。

以 Chla 为预警目标指标，水温为边界条件，NO_3-N 为预警指标的最终结果见表 6-8，其中“—”表示几乎不可能达到。

表 6-8　Chla 作为预警目标指标的预警阈值

季节	NO_3-N 浓度阈值/(mg/L)		
	一级预警	二级预警	三级预警
春	0.44	1.08	—
夏	0.12	0.23	0.76
秋	0.23	0.92	—
冬	0.98	—	—

以 DO 为预警目标指标，水温作为边界条件，Chla 和 COD_{Mn} 作为预警指标的最终结果见表 6-9，其中“—”表示几乎不可能达到。

表 6-9　以 DO 为预警目标指标的预警阈值

季节	Chla	COD_{Mn} 浓度阈值/(mg/L)		
		一级预警	二级预警	三级预警
春	高浓度	4.11	—	—
	中浓度	3.31	—	—
	低浓度	3.31	3.84	—
夏	高浓度	3.04	3.58	—
	中浓度	2.50	3.04	3.84
	低浓度	1.97	2.77	3.58
秋	高浓度	3.58	4.11	—
	中浓度	3.31	3.84	—
	低浓度	2.77	3.58	4.11

续表

季节	Chla	COD_{Mn}浓度阈值/(mg/L)		
		一级预警	二级预警	三级预警
冬	高浓度	—	—	—
	中浓度	3.84	—	—
	低浓度	3.84	—	—

6.3.3 大宁河案例——基于 MLP 神经网络的水华预警

1. 大宁河部分监测指标缺失数据插补

由于原始监测指标中 TN、TP、COD_{Mn}、SS（悬浮颗粒物）等部分指标监测频次不足，各指标之间数据频次不一致，有必要对缺失数据进行补充。采用 6.3.1 节的数据插补方法，将大宁河每月实际采样当天 TN、TP、COD_{Mn}、SS 的浓度作为基准，补充该月份其他天的浓度数据。选择 0.05 显著性水平，则大宁河 TN、TP、COD_{Mn}、SS 该月浓度分布在（$\mu-2\sigma$，$\mu+2\sigma$）。

以 2012 年 1 月为例，2012 年 1 月 9 日的 TP 浓度实测值为 0.065mg/L，则 1 月每天（不含 9 日）TP 浓度分布在（$0.065-2\sigma$，$0.065+2\sigma$），当 σ 取值确定时，则 1 月每天的 TP 浓度取值范围完全确定。采用 2012 年 1 月～2013 年 6 月共 18 组月度一次的实测数据，计算出 18 组原始数据的标准差 σ_{18}=0.0424。令 σ_{18} 为 σ 的无偏估计量，则 σ=0.0424，此时 $0.065-2\sigma<0$，不符合实际情况，故需结合实际对 σ 估计量进行校准。考虑时间序列数据具有一定的周期性，此处以 TP 历史数据中各月浓度最小值进一步校核当前各月浓度分布范围下限值。通过查阅近 10 年的历史数据得到大宁河 TP 每月的最低浓度（见表 6-10 中 TP 浓度下限），考虑 TP 浓度分布区间具有轴对称的特点，以当月浓度平均值为对称轴，可确定当月 TP 浓度上限，校核得到 2012 年 1 月（不含 9 日）每天 TP 浓度为 0.038～0.092mg/L。

表 6-10 大宁河 TN 与 TP 各月日尺度数据取值范围

时间（年-月）	TN/(mg/L)		TP/(mg/L)		时间（年-月）	TN/(mg/L)		TP/(mg/L)	
	下限	上限	下限	上限		下限	上限	下限	上限
2012-01	1.377	2.263	0.038	0.092	2012-05	1.235	2.121	0.016	0.206
2012-02	1.339	2.225	0.010	0.12	2012-06	1.254	2.140	0.026	0.388
2012-03	1.405	2.291	0.011	0.153	2012-07	1.330	2.216	0.013	0.207
2012-04	0.735	1.621	0.010	0.044	2012-08	0.725	1.611	0.026	0.062

续表

时间(年-月)	TN/(mg/L)		TP/(mg/L)		时间(年-月)	TN/(mg/L)		TP/(mg/L)	
	下限	上限	下限	上限		下限	上限	下限	上限
2012-09	1.049	1.935	0.013	0.083	2013-02	0.980	1.866	0.010	0.056
2012-10	0.931	1.817	0.021	0.033	2013-03	1.018	1.904	0.011	0.055
2012-11	1.078	1.964	0.026	0.034	2013-04	1.231	2.117	0.010	0.142
2012-12	1.059	1.945	0.042	0.058	2013-05	1.392	2.278	0.016	0.176
2013-01	1.078	1.964	0.038	0.048	2013-06	1.401	2.287	0.026	0.102

同样，采用类似的方法确定 TN 浓度的取值范围。2012 年 1 月 13 日的 TN 浓度为 1.82mg/L，计算 18 组月度一次的 TN 实测数据标准差，可得 σ_{18}=0.2215。令 σ_{18} 为 σ 的无偏估计量，则 σ= 0.2215。此时，2012 年 1 月（不含 13 日）每日 TN 浓度为 1.377～2.263mg/L，取值范围上下限未出现负值等异常值，认为符合实际。采用该 σ 取值，进一步计算其余各月 TN 浓度取值范围（$\mu-2\sigma$，$\mu+2\sigma$），也符合实际。据此，最终确定 σ=0.2215，从而得到各月 TN 浓度取值范围（表 6-10）。同理，确定 COD_{Mn} 与 SS 浓度分别为 1.01～2.63mg/L、0.66～3.74mg/L，受篇幅所限，图表中仅以 TN、TP 为例说明。

依据表 6-10 中 TN、TP 日尺度数据取值范围，根据 6.3.1 节随机数生成方法，采用函数 normrnd 可动态生成任意一组每日 TP、TN 浓度随机值。为降低数据随机性的影响，增加模型结果可信度，研究中选取 N 组（N=5）日尺度 TN、TP 随机值纳入模型并进行模拟，避免单一数据扰动对模型稳定性的影响。以 2012 年 1 月为例，图 6-51 分别描绘了所随机生成的 5 组不同的 TN 与 TP 日尺度数据。TN、TP 数据经过插补后，与其他的叶绿素 a 影响因子数据频次较为统一，进而为大宁河叶绿素 a 模拟预测提供了基础。

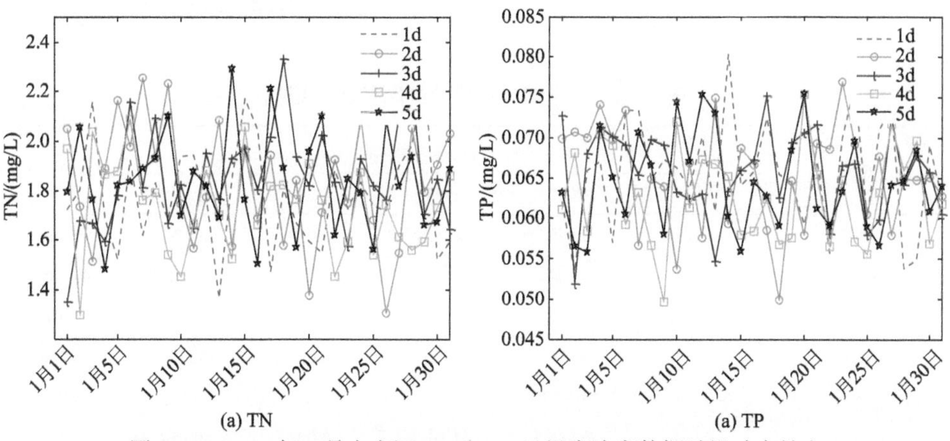

图 6-51 2012 年 1 月大宁河 TN 和 TP 日尺度浓度数据随机动态补充

2. 大宁河水华影响指标的降维

以插补后的数据为基础，通过把多个监测指标简化为少数综合指标（主成分变量指标），实现神经网络模型输入层变量的降维。以任意一组插补后的数据为例，纳入该组数据后，共获得大宁河 2012 年 1 月 1 日～2013 年 6 月 14 日的 531 组数据，涉及 11 项监测指标。除叶绿素 a 外，针对其他与叶绿素 a 相关的 10 项影响指标，基于 SPSS17.0 软件进行了主成分分析（表 6-11）。由于前 6 个主成分累积贡献率达到了 80.087%，超过了 80%，其包含了原始数据的绝大部分信息量，故选取前 6 个主成分纳入模型。

表 6-11　大宁河水华影响指标的主成分分析

成分编号	特征值	贡献率/%	累积贡献率/%	成分编号	特征值	贡献率/%	累积贡献率/%
PC1	2.388	23.884	23.884	PC6	0.867	8.668	80.087
PC2	1.370	13.704	37.588	PC7	0.623	6.233	86.320
PC3	1.248	12.477	50.065	PC8	0.521	5.206	91.526
PC4	1.189	11.890	61.955	PC9	0.497	4.972	96.498
PC5	0.946	9.463	71.418	PC10	0.350	3.502	100.000

表 6-12 进一步计算了 6 个主成分与原始 10 组指标变量之间的线性相关性，即因子载荷矩阵。例如，与主成分 1（PC1）相关联的因子主要是 WT、TUR、COD_{Mn}、TP、SS，载荷绝对值是 0.516～0.840，与主成分 2（PC2）相关联的因子是 Cond、WT，其载荷绝对值分别是 0.704、0.580。根据表 6-12 中因子载荷矩阵可确定式（6-19）中原变量 x_i 在各新变量指标 z_i 上的载荷系数 l_{ij}。按照式（6-19），以 10 组监测指标数据及载荷系数 l_{ij}，计算新变量指标 z_i，即主成分变量指标。后期则以 6 组主成分变量指标 PC1～PC6 数据作为神经网络输入层数据，从而实现输入层变量的降维（10 组减少为 6 组），为模型计算提供基础。

表 6-12　大宁河各主成分的因子载荷矩阵

指标	主成分					
	PC1	PC2	PC3	PC4	PC5	PC6
WT	0.516	0.580	−0.034	−0.014	−0.051	0.366
Cond	−0.341	0.704	0.198	−0.136	−0.084	−0.409
pH	−0.228	0.535	0.260	0.613	−0.129	−0.012
TUR	−0.639	0.176	0.138	−0.099	0.297	0.446
DO	−0.016	−0.347	0.122	0.829	−0.112	0.031
COD_{Mn}	0.840	0.086	−0.017	−0.008	−0.084	0.212

续表

指标	主成分					
	PC1	PC2	PC3	PC4	PC5	PC6
TP	0.551	0.012	0.594	−0.056	−0.027	0.232
TN	0.293	−0.204	0.738	−0.159	0.109	−0.363
V	0.299	0.128	−0.097	0.241	0.889	−0.129
SS	0.601	0.187	−0.445	0.105	−0.093	−0.344

注：V表示流速；Cond 表示电导率；TUR 表示浊度。

3. 基于 MLP 神经网络的大宁河水华风险预警模型构建及验证

在指标降维的基础上，建立基于 MLP 神经网络的大宁河水华风险预警模型。根据 MLP 理论，选用 6 个主成分变量指标为 MLP 输入层向量，输出层选用叶绿素 a 浓度（mg/L），采用 2012 年 1 月～2013 年 6 月 2 日的数据训练 MLP 神经网络、构建模型。基于该模型，预测 2013 年 6 月 4 日～12 日叶绿素 a 的浓度值，并采用同期实际监测值进行对比验证。模型验证借助于决定系数指标来衡量 MLP 神经网络的泛化能力，决定系数在[0，1]内，其值越接近于 1，模型性能越好；反之，则性能越差。

研究结果显示：①在 5 组日尺度插补数据条件下，大宁河水华风险预警模型的决定系数分别为 0.9873、0.9770、0.9631、0.9738、0.9543，平均值为 0.9711，叶绿素 a 预测结果与真实结果有较好的吻合度，模型准确性总体较高，且不同随机组的 TN、TP、COD_{Mn}与 SS 日尺度插补数据对大宁河叶绿素 a 浓度预测结果的影响较小，见图 6-52（a）。②未实施日尺度数据插补条件下（原始数据条件下），即 TN、TP、COD_{Mn}与 SS 每日数据不变，均直接采用当月唯一的实际监测值，大宁河水华风险预警模型的决定系数为 0.7769，叶绿素 a 预测结果与真实结果吻合度相对较差，见图 6-52（b）。对比两种数据条件下的预测结果可知，借助于多元统计分析和随机理论对缺失数据的补充，在 MLP 神经网络训练样本的建立上具有一定的优势，插补数据条件下的模型准确性更高。此结果进一步验证了本书中数据插补方法的可行性。

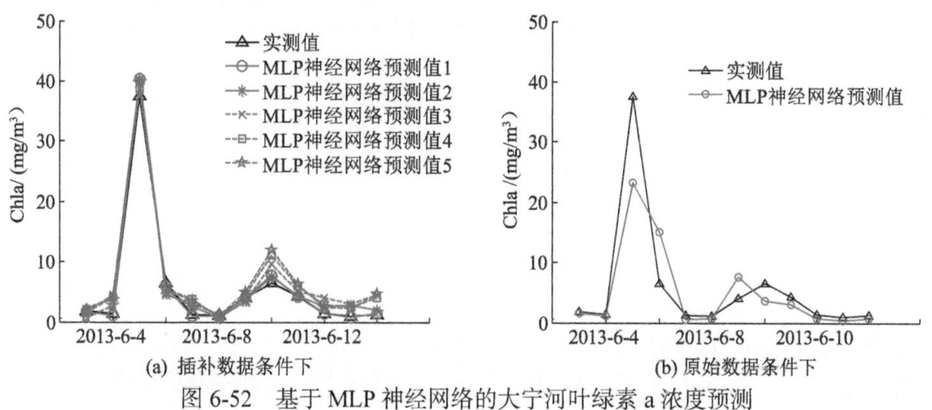

图 6-52　基于 MLP 神经网络的大宁河叶绿素 a 浓度预测

4. 大宁河水华风险预警级别及其风险概率

受原始数据收集所限，假定 2013 年 6 月 3 日～14 日为未知的预测时段，进一步研究水华预警级别的划分和表达。根据该时段内叶绿素 a 浓度预测结果，初步划分每天的水华预警级别。按照水华预警的风险概率计算公式，采用未来时段叶绿素 a 浓度 C，计算水华平均发生概率，C 选取 5 组模型预测结果的均值；考虑大宁河 TN、TP 浓度数据补充中采用正态分布原则，其置信度在 0.9544 概率下数据可靠，因此，数据准确率参数 K 值为 95.44%。此外，由于基于 MLP 神经网络的大宁河预测模型决定系数为 0.9711，模型准确率参数 E 值为 97.11%。采用式（6-25）计算得到对应每天不同预警级别的风险概率，见表 6-13。

表 6-13　大宁河水华预警级别及其风险概率

日期（年-月-日）	叶绿素 a 浓度/（mg/L）	水华平均发生概率/%	数据准确率/%	模型准确率/%	预警级别	风险概率/%
2013-6-3	1.53	3.83	95.44	97.11	蓝色预警（无警）	3.55
2013-6-4	3.80	9.51	95.44	97.11	蓝色预警（无警）	8.82
2013-6-5	39.05	97.62	95.44	97.11	橙色预警（中警）	90.48
2013-6-6	5.00	12.49	95.44	97.11	蓝色预警（无警）	11.58
2013-6-7	3.21	8.04	95.44	97.11	蓝色预警（无警）	7.45
2013-6-8	0.86	2.15	95.44	97.11	蓝色预警（无警）	1.99
2013-6-9	4.06	10.14	95.44	97.11	蓝色预警（无警）	9.40
2013-6-10	8.03	20.08	95.44	97.11	蓝色预警（无警）	18.61
2013-6-11	5.38	13.44	95.44	97.11	蓝色预警（无警）	12.46
2013-6-12	2.97	7.42	95.44	97.11	蓝色预警（无警）	6.87
2013-6-13	2.59	6.47	95.44	97.11	蓝色预警（无警）	6.00
2013-6-14	2.74	6.85	95.44	97.11	蓝色预警（无警）	6.35

研究结果显示，预测时段内大宁河有 11d 为水华蓝色预警（无警）级别，水华发生的风险概率为 1.99%～18.61%；达到水华橙色预警（中警）级别的天数为 1d，水华发生概率为 90.48%。

6.4　小　　结

本章的核心研究目标是围绕水环境质量安全“常态（累积性）预警”的需求，构建一套适用于水库型流域的水质安全常态预警技术。主要成果小结如下。

以累积性水环境风险为关注对象，以模型为主要手段，研究建立面向不同预警需求的水库型流域水质安全预警技术。一是，着眼于长时间尺度的水质退化风险宏观管理决策需求，研究基于压力-驱动效应的流域水质安全趋势预警技术方法。二是，着眼于短时间尺度的水质异常波动风险快速应对需求，研究基于受体敏感特征的流域水质安全状态响应预警技术。

基于压力-驱动效应的流域水质安全趋势预警技术研发，从流域-水体作用过程出发，综合考虑社会经济-土地利用-负荷排放-水质水动力等要素，首创了基于SLLW的水环境预警综合模型框架；逐一确立了社会经济（S）、土地利用（L）、负荷排放（L）、水质水动力（W）等单项模块；采用SD、CA-Markov、SWAT、EFDC等模型联用实现了模拟和集成。

基于受体敏感特征的流域水质安全状态响应预警技术研发，主要考虑水体响应敏感特征识别的短期预警，通过方法筛选、集成和优化，结合三峡库区案例区特点，研究建立了基于BN的水质安全状态预警方法、基于MLP神经网络的水华预警方法。其中，创新性集成了CCF和CCM方法，优化了BN模型效果；提出基于多元统计和随机理论的缺失数据插补法，用于弥补现场调查数据的不足。通过这两种功能相对单一、计算快捷的预警模型来达到短时间尺度内水质安全响应预警目的。

选择三峡库区澎溪河流域，开展基于压力-驱动效应的流域水质安全趋势预警技术示范研究，实现了研究区多情景的模拟预测和预警，为类似流域的水质安全综合预警提供了核心工具和案例参考。案例研究证明了所提出的基于SLLW的预警模型框架的适用性。但模型框架中的预警综合模型各个模块属于松散型耦合，各模块运转的数据要求、时空尺度均有差异，模块之间的衔接仍然耗时耗力，如何实现各模块之间更有机的耦合是下一步的研究工作，而社会经济发展中各种不确定性因素对模型模拟结果的影响也是需要考虑的。

选择三峡库区典型支流澎溪河、大宁河，分别开展基于BN的水质安全状态预警、基于MLP神经网络的水华预警。目前，受实际监测和研究条件所限，方法中的一些假设处理所可能引起的误差有待进一步论证。

参考文献

陈玉辉. 2013. 典型城市黑臭河道治理后的富营养化分析与预测研究. 上海: 华东师范大学.

韩晓刚, 黄廷林, 陈秀珍. 2010. 基于主成分分析的原水水质模糊综合评价. 人民黄河, 32(9): 62-63.

何春阳, 史培军, 陈晋, 等. 2005. 基于系统动力学模型和元胞自动机模型的土地利用情景模型研究. 中国科学 (D辑, 地球科学), 35(5): 464-473.

何晓群. 2012. 多元统计分析. 3版. 北京: 中国人民大学出版社.

胡雪丽, 徐凌, 张树深. 2013. 基于 CA-Markov 模型和多目标优化的大连市土地利用格局. 应用生态学报, 24(6): 1652-1660.

黎夏, 叶嘉安. 2005. 基于神经网络的元胞自动机及模拟复杂土地利用系统. 地理研究, 24(1): 19-27.

李光霁, 孙国豪, 潘家祯. 2007. 3σ 方法在磁记忆检测中的应用. 华东理工大学学报, 33(5): 726-732.

刘会灯, 朱飞. 2008. MATLAB 编程基础与典型应用. 北京: 人民邮电出版社.

刘纪远. 2005. 二十世纪九十年代中国土地利用变化的遥感时空信息研究. 北京: 科学出版社.

刘纪远, 张增祥, 庄大方, 等. 2003. 20 世纪 90 年代中国土地利用变化时空特征及其成因分析. 地理研究, 22(1): 1-12.

庞靖鹏, 徐宗学, 刘昌明. 2007. SWAT 模型研究应用进展. 水土保持研究, 14(3): 31-35.

荣琨. 2009. 基于 SWAT 模型的晋江西溪流域非点源污染模拟.福州:福建师范大学.

王库, 史学正, 于东升, 等. 2009. MCE 法在土壤侵蚀危险评价中的应用. 生态环境学报, 18(3): 1077-1082.

王思远. 2002. 基于地理时空数据库的中国近期土地利用/土地覆盖变化研究. 北京: 中国科学院研究生院 (遥感应用研究所).

吴传均, 郭焕成. 1994. 中国土地利用. 北京: 科学出版社.

杨国清, 刘耀林, 吴志峰. 2007. 基于 CA-Markov 模型的土地利用格局变化研究. 武汉大学学报（信息科学版）, 32(5): 414-418.

杨振明. 2007. 概率论. 2 版. 北京: 科学出版社.

易仲强. 2011. 基于 ANN 和 SVM 的三峡水库香溪河库湾富营养化预测研究. 宜昌: 三峡大学.

元昌安. 2009. 数据挖掘原理与 SPSS Clementine 应用宝典. 北京: 电子工业出版社.

张皓天, 张弛, 周惠成, 等. 2010. 基于 SWAT 模型的流域非点源污染模拟. 河海大学学报(自然科学版), 38(6): 644-650.

郑丙辉, 张远, 富国, 等. 2006. 三峡水库营养状态评价标准研究. 环境科学学报, 26(6): 1022-1030.

郑恒, 周海京. 2011. 概率风险评价. 北京: 国防工业出版社.

朱会义, 李秀彬. 2003. 关于区域土地利用变化指数模型方法的讨论. 地理学报, 58(5): 643-650.

Cha Y K, Stow C A. 2014. A Bayesian network incorporating observation error to predict phosphorus and chlorophyll a in Saginaw Bay. Environmental Modelling & Software, 57: 90-100.

Clark A T, Ye H, Isbell F, et al. 2015. Spatial convergent cross mapping to detect causal relationships from short time series. Ecology, 96(5): 1174-1181.

Dionysios M, Polyzos S. 2010. Deforestation processes in Greece: a spatial analysis by using an ordinal regression model. Forest Policy and Economic, 12(6): 457-472.

Khalid A, Alison H, Jim H, et al. 2009. A fuzzy cellular zutomata urban growth model (FCAUGM) for the city of Riyadh, Saudi Arabia. Part 2: Scenario Testing. Applied Spatial Analysis and Policy, 3: 85-105.

Kim S. 2015. ppcor: An R package for a fast calculation to semi-partial correlation Coefficients. Communications for Statistical Applications and Methods, 22(6): 665-674.

Kim Y, Shin H S, Plummer J D, et al. 2014. A wavelet-based autoregressive fuzzy model for forecasting algal blooms. Environmental Modelling and Software, 62: 1-10.

Le Q B, Park S J, Vlek P L G, et al. 2010. Land use dynamic simulator (LUDAS): a multi-agent system model for simulating spatio-temporal dynamics of couples human-landscape system. Ecological Informatics, 5: 203-221.

López E, Bocco G, Mendoza M,et al. 2001.Predicting landcover and land-use change in the urban fringe: a case in Morelia city, Mexico. Landscape and Urban Planning, 55(4):271-285.

Mas J F, Puig H, Palacio J L, et al. 2004. Modelling deforestation using GIS and artificial neural networks. Environmental Modelling & Software , 19: 461-471.

Palani S, Liong S Y, Tkalich P. 2008. An ANN application for water quality forecasting. Marine Pollution Bulletin, (56): 1586-1597.

Pijanowski B C, Brown D G, Shellito B A, et al. 2002. Using neural networks and gis to forecast land use changes: a land transformation model. Computers, Environment and Urban Systems, 26(6): 553-575.

Qian S S, Miltner R J. 2015. A continuous variable Bayesian networks model for water quality modeling: a case study of setting nitrogen criterion for small rivers and streams in Ohio, USA. Environmental Modelling & Software, 69: 14-22.

Shipley B. 2000. Cause and Correlation in Biology. Cambridge：Cambridge University Press.

Sugihara G, May R, Ye H, et al. 2012. Detecting causality in complex ecosystems. Science, 338(6106): 496-500.

Tayyebi A, Pijanowski B C, Tayyebi A H. 2010. An urban growth boundary model using neural networks, GIS and radial parameterization: an application to Tehran, Iran. Landscape Urban Plan , 100: 35-44.

Teles M, Pacheco M, Santos M A. 2007. Endocrine and metabolic responses of *anguilla anguilla* L. caged in a freshwater-wetland. Science of the Total Environment, 372: 562-570.

Wang G, Yang H, Wang L，et al.2014. Using the SWAT model to assess impacts of land use changes on runoff generation in headwaters. Hydrological Processes, 28: 1032-1042.

Wolfgang H, Léopold S. 2003. Applied multivariate statistical analysis. Heidelber: Springer-Verlag.

Zhang Y, Huo S, Ma C, et al. 2014. Using stressor-response models to derive numeric nutrient criteria for lakes in the eastern plain ecoregion, China. Clean-Soil Air Water, 42(11): 1509-1517.

7 总　结

7.1 主要研究结论

本书围绕水库型水质安全评估与预警技术研究需求，以“累积性水环境风险”为关注对象，以水质安全为评估和预警终点，运用理论研究与探索、文献资料分析、现场调查研究、数值模型模拟、数理统计分析等多种方法开展研究。

一是，在开展国内外相关研究进展调研的基础上，梳理、总结了水库及其水生态系统的特征，并构建了水库型流域水质安全评估预警总体技术框架。

二是，以三峡水库为案例研究区，剖析凝练了大型新生型水库建设与运行过程中的水环境演变特征，提炼了水质安全评估与预警的技术关注点。

三是，从累积性风险的概念范畴出发，兼顾水库水生态系统的特征，确定了水库型水体水质安全的 4 类主要压力源（水库上游来水、库区产业化、库区城镇化、区域土地开发），逐一研究了各类压力源的发展变化及其影响特征，研发提出了水库型流域水质安全压力源识别方法。

四是，考虑水质安全问题的动态性、系统性和管理评估需求的多样化，从水环境质量“受体”角度，研究提出了水库型流域水质安全评估方法，包括基于水质超标状况的水质安全评估技术、耦合水质状态与趋势的水质安全评估技术和三峡库区水质安全综合评估技术 3 类评估方法。

五是，以机理型模型、非机理型模型为主要手段，研究建立了面向不同预警需求的水库型流域水质安全预警技术，分别适用于长时间尺度的水质退化风险宏观管理决策需求和短时间尺度的水质异常波动风险快速应对需求。

主要结论如下。

1. 水库型流域水质安全评估预警总体技术框架

水库具有独特的水生态系统特征。水库水生态系统特征分析是本书的重要基础。本书尝试性地梳理构建了水库分类系统，分析了水库生态系统的特征，包括水库的基本形态特征、环境特征、发展演变过程、时空异质性特征和水库生态系统管理特征等。在此基础上，辨析了水质安全的内涵，明晰了其与相关概念的边界。

着眼于水库生态系统特征、关键问题、水质安全管理内涵与技术需求，借鉴国外先进理念，提出了水库型流域水质安全评估与预警的技术框架，阐明了各主要步骤的技术要点。该框架主要面向水库型流域常态化发展（非突发性事故）影响背景下的水环境压力，着眼于水库型流域水质安全评估与预警技术需求，其成果可为水库水环境日常管理提供决策支持。

2. 三峡库区水环境演变特征及其重要启示

综合采用文献资料分析、现场观测、同位素和保守离子示踪等方式，从三峡水库蓄水运行的水动力条件变化过程入手，以“水质”为关注终点，探索特大型、高水位变幅运行背景下所伴生的水动力特性、水质演化、水污染物输移等规律，剖析和凝练三峡库区的水环境演变特征。重点研究并总结提出三峡水库作为特大型、新生型水库，其水环境演变过程中存在的“三大效应”，即干支流生境分化的“突变”效应、上游-干流-支流水环境演变“同步”效应、水动力变化对同等负荷条件下污染源危害的“叠加”效应等，进一步凝练和丰富了大型水库蓄水运行初期水动力变异及其伴生水环境演变的理论认识。

基于上述科学认识，以三峡水库为代表的水库型流域水质安全评估与预警研究应关注以下要点：①突出水库调度作为特殊背景条件的必要性。水库建设及运行阶段水循环过程、水动力特征的改变与水环境质量演变密切相关。在水库正常蓄水运行过程中，水库年内调度运行将作为区别于其他水体类型的一个背景条件，贯穿始终地影响水库水质安全。②关注水库上游来水和水库干流水体的重要性。支流营养盐来源格局的特征决定了若要从根源上防控支流富营养化，归根结底要保护好干流水质、管控好上游来水污染物输送压力。本书以“水质”而非“水华”“水生态”为评估终点，据此，相比支流水体而言，上游来水水体、库区干流水体是更重要的关注对象。③压力源识别过程与水库调度背景耦合考虑的重要性。各类压力源（上游来水污染通量、库区污染排放）对水体水质的影响具有时空动态特征，在进行压力源识别、水质安全评估与预警时，需要注重对不同的水库调度运行时期予以适当区别考虑。

3. 水库型流域水质安全压力源识别方法

借鉴国内外水库生态系统管理理念，在水库水质安全风险源识别的基础上，以水库调度等累积性风险源为重点，开展主要风险源特征及影响分析、水环境质量变化特征分析。结合源-水质作用关系概念模型研究，筛选上游来水、产业化、城镇化、土地开发四大压力源水质安全风险评估指标体系，构建水库型流域水质安全评估方法，开展典型水库型流域压力源评估。

（1）本书基于贝叶斯层次模型和贝叶斯网络方法，探索并构建了上游来水压力源-受体响应关系模型和上游来水压力源评估方法。三峡库区有 3 条上游来水——长江干流上游、嘉陵江、乌江。以库区国控断面为受体，以 TP、TN 为关注指标，识别不同时段、不同污染物指标的压力源，如寸滩断面高水位期 TN 主要压力源为嘉陵江，低水位期 TP 主要压力源为长江上游。开展寸滩断面上游来水压力源评估结果显示，1 月、6 月、7 月 TN 上游压力源评估结果为压力重大，需重点关注。

（2）着眼于水质安全，考虑压力源危险性和受体易损度，提出结构风险和布局风险，构建兼顾压力和受体的产业化压力源评估方法。以三峡库区为例，评估结果表明，重庆 1h 城市圈区域人口密集、经济发达，产业化发展快，污水排放压力大，并且布局上离敏感受体距离较近，其结构风险和布局风险均大，产业化压力较大，评估结果为Ⅰ级（特大）。

（3）着眼于水质安全，考虑压力源危险性和受体易损度，构建兼顾压力和受体的城镇和压力源评估方法。以三峡库区为例，评估结果表明，与产业化压力源结果类似，重庆 1h 城市圈区内城镇化压力源综合评估为Ⅰ级（特大）。另外，由于评估方法遵循“排污总量与治污效率兼顾”的原则，所选取的评估指标兼顾了压力源的状态与动态，因此，排污总量小的地区（如巫溪县），由于其治理能力明显滞后于城镇化发展的治污需求，是压力源管理的重要警示对象，评估结果为Ⅲ级（较大）。

（4）基于实验或调研获取各类土地利用类型的污染压力参数，确定对水质受体而言敏感的土地利用类型、对水质安全不利的土地转移方向；分析研究区各单元敏感土地类型规模、某时段内土地利用发生不利转移的面积，筛选污染现状压力最大、时段内压力增长最快的单元，并确定其为敏感单元；针对每一个单元，根据其具体特征确定评估指标，划分压力级别，并以三峡库区为例进行示范。研究结果显示，长江嘉陵江重庆市辖区控制单元、长江涪陵区万州区控制单元和澎溪河开县控制单元 3 个单元为库区的敏感单元，压力源评估结果分别为特大、重大和较大。

4. 水库型流域水质安全评估技术

基于文献资料、调研数据分析，采用数学模型、数理统计等方法，从三峡水库水质安全出发，以水质“状态”和“趋势变化”为关注点，探索水库型流域基于水质超标状态的水质安全评估技术、耦合水质状态与趋势的水质安全评估技术，构建以年为时间尺度、以河段为空间尺度的三峡库区水质安全综合评估技术，为三峡库区水环境管理提供支撑。

（1）本书建立基于水质超标状况的水质安全评估体系，综合未达标指标的数量（范围）、未达标指标的频次和超标的幅度 3 方面，提出 CCME WQI 框架，并提出评估等级和标准。基于三峡库区多年水质监测数据的计算评估结果表明，2010～2013 年，三峡水库三条入库河流水质及三峡库区平均水质处于良好级别。

其中，2013年库区鱼嘴断面（市控）评估结果为优，嘉陵江大溪沟断面评估结果为中，其他断面均为良。

（2）考虑水质安全在时间上的动态性和相对性，以及耦合状态和趋势预警，根据管理目标，确定受体的目标状态，评价受体的当前状态及变化趋势。以COD、氨氮、TN和TP为关键指标，对库区干支流水质状态和趋势变化进行评价，结果显示：库区水质状态基本良好，趋势变化状态普遍不稳定，有多个断面的氨氮、TN、TP 评价结果为一般。保持良好水质状态即良好的水质的稳定性，是保障水质安全的重要课题。

（3）兼顾压力源-受体，综合考虑上游来水、产业化、城镇化、土地开发4类压力，构建水库型流域水质安全综合评估方法。以2013年为基准年的评估结果显示，寸滩断面、晒网坝断面和培石断面综合水质均为安全状态。清溪场断面属于一般（基本安全）状态，导致其一般的主要因素为上游来水压力和该段多年平均水质波动较大。

5. 水库型流域水质安全预警技术

以累积性水环境风险为关注对象，以模型为主要手段，研究建立面向不同预警需求的水库型流域水质安全预警技术。一是，着眼于长时间尺度的水质退化风险宏观管理决策需求，建立了基于压力-驱动效应的流域水质安全趋势预警技术方法。二是，着眼于短时间尺度的水质异常波动风险快速应对需求，建立了基于受体敏感特征的流域水质安全状态响应预警技术。

基于压力-驱动效应的流域水质安全趋势预警技术研发中，从流域-水体作用过程出发，综合考虑社会经济-土地利用-负荷排放-水质水动力等要素，首创性地建立了基于SLLW的水环境预警综合模型框架；逐一确立了社会经济、土地利用、负荷排放、水质水动力等单项模块；采用SD、CA-Markov、SWAT、EFDC等模型联用实现模拟和集成。选择三峡库区澎溪河流域开展了相关的案例研究，研究结果证明所提出的基于SLLW的预警模型框架的适用性。

基于受体敏感特征的流域水质安全状态响应预警技术研发中，主要考虑水体响应敏感特征识别的短期预警，通过方法筛选、集成和优化，结合三峡库区案例区特点，研究建立了基于BN的水质安全状态预警方法、基于MLP神经网络的水华预警方法。其中创新性地集成了CCF和CCM方法，优化了BN模型效果；提出了基于多元统计和随机理论的缺失数据插补法，用于弥补现场调查数据的不足。通过这两种功能相对单一、计算快捷的预警模型来达到短时间尺度内水质安全响应预警目的。选择三峡库区典型支流澎溪河、大宁河，分别开展了基于BN的水质安全状态预警、基于MLP神经网络的水华预警案例研究，研究结果证明了所提出的预警方法的适用性。

7.2 问题与建议

水库水质安全评估和预警是一项综合性、系统性较强的工作，受现场研究资料的匹配性不足、部分资料的缺失、作者认识和研究的局限性等诸多因素影响，本书仍存在着一些不足，未来需要更深入地探讨和论证。结合本书提出未来研究相关建议，如下。

1. 关于水库型水体水质安全压力源的时空有效性

不同的压力源对水质安全的影响时空尺度不一致，由此，其在水质影响方面存在时空有效性的差异。例如，水库上游来水的影响，在空间范围上，可能是全库区尺度的，在时间范围上，在不同的调度运行期，上游来水的蓄积、迁移均有差别，对库区水质影响的有效性也存在差异。库区产业化、城镇化带来的点源污染排放影响，在空间范围上，对长江三峡库区段这样的大型河道型水库而言，其影响是局部尺度的；在时间尺度上，不同的调度运行期的影响范围和程度存在有效性差异。土地利用压力变化的影响同样存在时空有效性问题。本书在研究过程中，考虑和认识到压力源的时空有效性，并尽可能在现有的识别和评估方法中予以体现（如基于 BN 的上游来水压力分析）。然而，总体上对该问题的考虑和体现仍显薄弱。

未来，一方面，应耦合大型水库的水循环关键过程，深化不同时空尺度条件下压力源对库区水质影响作用过程及时空有效性的基础性研究；另一方面，应提炼和改进相关的识别方法，提升压力源识别的精准性，推动水环境风险管理向“精准化”管理发展。

2. 关于水库型水体水质安全评估的理解和认识

对于“评估”这项研究，不论是国内还是国外，当不同知识背景的学者面临同一个科学问题时，均难以有统一的解读。多样化的解读会延伸出不同的评估模式、方法和结果。国内相关学者在国家级相关课题中已经展开了不少与水环境安全相关的概念及评估模式的探索，例如，比较有影响力的环境保护部（现生态环境部）“全国重点湖泊水库生态安全调查及评估”项目，其赋予了湖库生态安全新的概念内涵，提供了综合评估、单项评估等不同的评估方式。在本书研究中，受上层级项目设置和划分等的影响，将水质安全定义为以“水环境质量”为终点的安全，不涉及“水生态”要素。据此，本书中的水质安全评估在内容要素上并没有超过前期研究，仅在相关技术方法的建立上有一定的创新和改进。本书中，出于研究任务设计和安排，将压力源与水质分开单独设置了专题研究任务，压力源识别技术以压力源自身为主、兼顾受体，水质安全评估技术则以水质受体为主、兼顾压力源要素。综上，本书关于水库型水质安全评估的解读不免存在局限，仅为未来的相关研究提供参考。

3. 关于水库型水体水质安全预警技术的业务化导向和管理适用性

“十一五”期间，面向“水环境累积性风险”，课题组提出的“SLLW”水环境综合预警模型框架及预测预警技术尚停留在“松散耦合”“局部试验”的阶段，与信息化管理平台之间难以做到快速地耦合和衔接。“十二五”期间，课题组优化、简化版的以 W 模块（EFDC 模型支持）为核心、以 SL 模块为外围支持的水环境综合预警技术，已经实现了与信息化管理平台的集成衔接，其能够适用于三峡库区重庆市多个环境保护部门多个业务应用场景的预测和预警。不言而喻，从业务化、支撑环境管理角度而言，“十二五”相比“十一五”有明显的成效。然而，仍然存在以下有待考虑和斟酌的问题：①预警模型业务化的过程实质上是一个如何大量、有效、科学“简化”的过程，包括尽可能简便直接但又能反映问题的模型、系统耦合集成过程中的模型参数简化等。然而，科学研究本身就是一个尽可能细化、详尽和精准的过程。二者的定位不一样导致以业务化为导向的科学研究工作具有双重属性，在“深化”或“简化”方面存在着一定的博弈。课题组以业务化应用为导向，“十二五”期间在预警模型业务化方面取得了较大的进步，但此前“十一五”期间试验性案例中的一些研究内容和模块被迫舍弃，从该角度而言，并不利于提升研究结果的科学性。②本书中所建立的预警模型即便经过了优化和简化、实现了平台系统的耦合和集成，但其中仍经历了十分复杂、多名专业人员高度联动配合的研发过程，耗费了大量时间和精力。该类模型的业务化对当地管理部门的信息化水平、前期数据共享、人员专业水平都有较高的要求，在实践过程中，部分地区可能难以快速实现和达到。事实上，“预警”的内涵十分宽泛和灵活，当模型等数学手段在某个地区难以在短期内被业务化应用时，可以将“预警”视为一种环境信息采集、综合分析，进而提出警示信息的模式，依托水环境信息的大数据管理来实现。从国家及地方环保部门的实际管理需求反馈来看，对有经验的水环境管理者而言，他们更愿意快速掌握多重水环境信息（包括水文气象、污染排放、人口增长、治污成效等），并根据上述信息、结合其管理经验和技巧做出人力和时间成本最小的预警判断，而这种预警信息在实践中往往是有效的。未来，依托大数据平台、科学化信息综合研判模式实现水环境预警，是水环境风险管理应用研究的一个方向。

附　　录

研究团队发表的本书相关论文与论著

敖亮, 雷波, 王业春, 等. 2014. 三峡库区城镇污染河流沉积物重金属风险评价与来源分析.北京工业大学学报, 40: 444-450.

敖亮, 雷波, 王业春, 等. 2014. 三峡库区典型农村型消落带沉积物风险评价与重金属来源解析. 环境科学, 35(1): 179-185.

方喻弘, 王丽婧, 韩梅, 等. 2016. 面向流域水质安全预警的土地开发压力源评估方法及其应用. 环境科学研究, 29(3): 449-456.

李虹, 王丽婧, 秦延文, 等. 2016. 面向水质安全预警的流域产业化和城镇化压力源评估方法. 环境科学研究, 29(12) : 1840-1846.

李虹, 王丽婧, 刘永. 2018. 水库型流域水质安全评估与预警技术框架. 水生态学杂志, 39(6): 1-7.

梁中耀, 余艳红, 王丽婧, 等. 2017. 湖泊水质时空变化特征识别的贝叶斯方差分析方法. 环境科学学报, 37(11): 4170-4177.

王国强, 田雅楠, 王丽婧, 等. 2015. 湖库水环境污染模拟——理论与应用. 北京: 中国环境出版社.

王丽婧. 2011. 三峡水库水生态安全评估研究. 北京: 北京师范大学.

王丽婧, 雷刚, 韩梅, 等. 2015. 数据缺失条件下基于 MLP 神经网络的水华风险预警方法研究. 环境科学学报, 35 (6): 1922-1929.

王丽婧, 李虹, 郑丙辉, 等. 2014. 三峡库区生态承载力探讨. 环境科学与技术, 3(11): 169-174.

王丽婧, 李小宝, 郑丙辉, 等. 2016. 基于过程控制的流域水环境安全预警模型及其应用. 中国环境科学学会学术年会(2016)论文集.

王丽婧, 席春燕, 付青, 等. 2010. 基于景观格局的三峡库区生态脆弱性评价. 环境科学研究, 23(10): 48-53.

王丽婧, 翟羽佳, 郑丙辉, 等. 2012. 三峡库区及其上游流域水污染防治规划. 环境科学研究, 25(12): 1370-1377.

王丽婧, 郑丙辉. 2010. 水库生态安全评估方法(I): IROW 框架. 湖泊科学, 22(2): 169-175.

翟羽佳, 王丽婧, 郑丙辉, 等. 2015. 基于系统仿真模拟的三峡库区生态承载力分区动态评价. 环境科学研究, 28(4) : 559-567.

张佳磊, 郑丙辉, 刘录三, 等. 2013. 三峡库区大宁河库湾水体混合过程中的营养盐行为. 水利水电科技进展, 33(6): 66-79.

张佳磊, 郑丙辉, 熊超军, 等. 2014. 三峡大宁河水体光学特征及其对藻类生物量的影响. 环境科学研究, 27(5): 492-497.

郑丙辉, 曹承进, 秦延文, 等. 2008. 三峡水库主要入库河流氮营养盐特征及来源分析. 环境科学, 29(1): 1-6.

郑丙辉, 曹承进, 张佳磊, 等. 2009. 三峡水库支流大宁河水华特征研究. 环境科学, 30(11): 3218-3226.

郑丙辉, 王丽婧, 李虹, 等. 2014. 湖库生态安全调控技术框架研究. 湖泊科学, 26(2): 169-176.

郑丙辉, 李开明, 秦延文, 等. 2015. 流域水环境风险管理与实践. 北京: 科学出版社.

中国环境科学研究院. 2017. 水库型流域水质安全评估与预警技术研究. 北京: 中国环境科学研究院.

中国环境科学研究院, 等. 2016. 湖泊生态安全保障策略. 北京: 科学出版社.

Cheng H, Liang A, Zhi Z. 2017. Phosphorus distribution and retention in lacustrine wetland sediment cores of Lake Changshou in the Three Gorges Reservoir area. Environmental Earth Sciences, 76: 425-432.

Liang A, Wang Y C, Guo H T, et al. 2015. Assessment of pollution and identification of sources of heavy metals in the sediments of Changshou Lake in a branch of the Three Gorges Reservoir. Environmental Science and Pollution Research, 22: 16067-16076.

Ren C P, Wang L J, Zheng B H, et al. 2015. Total nitrogen sources of the Three Gorges Reservoir—a spatio-temporal approach. PLoS One, 10(10): e0141458.

Ren C P, Wang L J, Zheng B H, et al. 2016. Ten-year change of total phosphorous pollution in the Min River, an upstream tributary of the Three Gorges Reservoir. Environmental Earth Sciences, 75: 1015.

Wang L J , Tian Z B, Li H, et al. 2016. Spatial and temporal variations of heavy metal pollution in sediments of Daning River under the scheduling of Three Gorges Reservoir. Proceedings of the 2016 International Forum on Energy, Environment and Sustainable Development (IFEESD), 75: 1036-1047.

Wang L J, Wu L , Hou X Y , et al. 2016. Role of reservoir construction in regional land use change in Pengxi River basin upstream of the Three Gorges Reservoir in China. Environmental Earth Sciences, 75: 1048.

Yang H C, Wang G Q, Yang Y, et al. 2014. Assessment of the impacts of land use changes on nonpoint source pollution inputs upstream of the Three Gorges Reservoir. The Scientific World Journal, 2014: 1-15.

Zhang J L, Wang L J, Zheng B H, et al. 2016. Eutrophication status of the Daning River within the Three Gorges Reservoir and its controlling factors before and after experimental impoundment. Environmental Earth Sciences, 75: 1182.

Zhao Y M, Qin Y W, Zhang L, et al. 2016. Water quality analysis for the Three Gorges Reservoir, China, from 2010 to 2013. Environmental Earth Sciences, 75(17): 1225. 1-1225. 12.

Zhao Y Y, Zheng B H, Wang L J, et al. 2016. Characterization of mixing processes in the confluence zone between the Three Gorges Reservoir mainstream and the Daning River using stable isotope analysis. Environmental Science & Technology, 50: 9907-9914.